·高等学校计算机基础教育教材精选·

# 计算机应用基础

屈立成 段玲 王俊 陈婷 编著

U0378147

清华大学出版社

北京

## 内 容 简 介

本书根据教育部高等教育司组织编订的《高等学校文科类专业大学计算机教学基本要求》中关于文、史、哲、法、教类计算机大公共课程"大学计算机应用基础"的具体要求,精选了其中建议的计算机基础、多媒体基础、计算机操作系统、计算机网络基础、Internet 基本应用和办公自动化 6 个模块进行编写。对每一个模块都力求紧密结合当前发展趋势,反映当前最新进展;特别是在办公软件部分采用了国产免费软件 WPS Office,并对其进行了详细讲解,以培养学生正视版权,使用国产正版软件的版权意识。

本书适合作为高等学校大文科类和非计算机专业学生计算机基础课程的教材,也可作为计算机应用技术考试的培训教材和自学用书。

**图书在版编目(CIP)数据**

计算机应用基础/屈立成等编著.--北京:清华大学出版社,2012.9(2023.8重印)
高等学校计算机基础教育教材精选
ISBN 978-7-302-29766-6

Ⅰ.①计… Ⅱ.①屈… Ⅲ.①电子计算机—高等学校—教材 Ⅳ.①TP3

中国版本图书馆 CIP 数据核字(2012)第 190374 号

责任编辑:焦 虹 顾 冰
封面设计:傅瑞学
责任校对:李建庄
责任印制:宋 林

出版发行:清华大学出版社
　　　　网　　　址:http://www.tup.com.cn,http://www.wqbook.com
　　　　地　　　址:北京清华大学学研大厦 A 座　　　　邮　　编:100084
　　　　社 总 机:010-83470000　　　　　　　　　　 邮　　购:010-62786544
　　　　投稿与读者服务:010-62776969,c-service@tup.tsinghua.edu.cn
　　　　质量反馈:010-62772015,zhiliang@tup.tsinghua.edu.cn
　　　　课件下载:http://www.tup.com.cn,010-83470236
印 装 者:三河市龙大印装有限公司
经　　销:全国新华书店
开　　本:185mm×260mm　　　　印　张:19.25　　　　字　数:474 千字
版　　次:2012 年 9 月第 1 版　　　　　　　　　　印　次:2023 年 8 月第 10 次印刷
定　　价:58.00 元

产品编号:048358-04

# 出版说明

在教育部关于高等学校计算机基础教育方案的指导下,我国高等学校的计算机基础教育事业蓬勃发展。经过多年的教学改革与实践,全国很多学校在计算机基础教育这一领域中积累了大量宝贵的经验,取得了许多可喜的成果。

随着科教兴国战略的实施及社会信息化进程的加快,目前我国的高等教育事业正面临着新的发展机遇,但同时也必须面对新的挑战。这些都对高等学校的计算机基础教育提出了更高的要求。为了适应教学改革的需要,进一步推动我国高等学校计算机基础教育事业的发展,我们在全国各高等学校精心挖掘和遴选了一批经过教学实践检验的优秀的教学成果,编辑出版了这套教材。教材的选题范围涵盖了计算机基础教育的三个层次,包括面向各高校开设的计算机必修课、选修课,以及与各类专业相结合的计算机课程。

为了保证出版质量,同时更好地适应教学需求,本套教材将采取开放的体系和滚动出版的方式(即成熟一本、出版一本,并保持不断更新),坚持宁缺毋滥的原则,力求反映我国高等学校计算机基础教育的最新成果,从而使本套丛书无论在技术质量上还是出版质量上均成为真正的"精选"。

清华大学出版社一直致力于计算机教育用书的出版工作,在计算机基础教育领域出版了许多优秀的教材。本套教材的出版将进一步丰富和扩大我社在这一领域的选题范围、层次和深度,以适应高校计算机基础教育课程层次化、多样化的趋势,从而更好地满足各学校由于师资和生源水平、专业领域等差异而产生的不同需求。我们热切期望全国广大教师能够积极参与到本套丛书的编写工作中来,把自己的教学成果与全国同行分享;同时也欢迎广大读者对本套教材提出宝贵意见,以便我们改进工作,为读者提供更好的服务。

我们的电子邮件地址是 jiaoh@tup.tsinghua.edu.cn。联系人:焦虹。

清华大学出版社

# 前言

随着计算机科学技术、网络技术和多媒体技术的飞速发展，计算机在各个方面的应用日益普及，已成为人们提高工作质量和工作效率的必要工具。特别是 Internet 所提供的服务，正深刻地影响着人们日常的工作、学习、娱乐、交友、出行和购物等各种活动，掌握计算机基本理论知识和应用技能已成为当代社会的基本要求。

本书根据教育部高等教育司组织编订的《高等学校文科类专业大学计算机教学基本要求》中关于文、史、哲、法、教类计算机大公共课程"大学计算机应用基础"的具体要求，精选了大纲建议的计算机基础、多媒体基础、计算机操作系统、计算机网络基础、Internet 基本应用和办公自动化 6 个模块进行编写，对每一个模块都力求紧密结合当前发展趋势，反映当前最新进展。在办公软件部分采用了国产免费软件 WPS Office，并进行了详细讲解，以培养学生正视版权，使用国产正版软件的版权意识。

本书从实际出发，以应用为目的，力求概念清楚、层次清晰、内容新颖、结构完整，强调基本理论的学习和扩展应用，注重理论知识与实际应用的紧密结合，内容翔实、示例丰富、图文并茂、通俗易懂、知识性和可读性较强。书中列举了大量典型实例，并配以清晰的操作步骤，展示了作者多年的应用经验和技巧。本书在编写时充分考虑了文科类学生文案工作的特点并因材施教，对文科类学生比较感兴趣的办公自动化方面着重笔墨予以精讲精练，受到了学生的一致好评，取得了较好的教学效果。本教材配套有实验指导教材与习题，适合作为高等学校教材，也可作为计算机应用技术考试的培训教材和自学用书。

全书共分为 7 章，由屈立成、段玲、王俊和陈婷共同编写完成。其中第 1～3 章由屈立成编写，第 4、5 章由段玲编写，第 6 章由王俊编写，第 7 章由陈婷编写。配套的《实验指导和习题集》由屈立成、段玲和王俊共同编写。全书由屈立成主编统稿。

在本书编写过程中，参阅了大量有关书籍和网站，在此对这些书籍和网站作者的辛勤劳动表示衷心感谢。同时感谢长安大学孙朝云、武雅丽教授在百忙之中审阅了本书，并对本书内容提出了宝贵的意见和建议。

由于编者水平有限，书中难免有错误或疏漏之处，敬请广大读者批评指正，我们将深表感谢。

编　者
于西安

# 目录

# 第 1 章 计算机基础知识

计算机也称为电子计算机,是一种信息处理的工具,是一种能够存储程序和数据,并能自动对数据进行加工、传送和处理的电子设备。计算机科学技术对人类社会发展进步和生产生活均产生了极其深远的影响,计算机已经融入了人类社会的各个领域,成为人们工作、学习和生活中不可缺少的重要组成部分,是人们必须接触和使用的最重要的一种工具,计算机科学已成为现代社会必须学习和掌握的内容。

## 1.1 计算机的发展与应用

计算机是人类在长期的社会活动中不断探索研究而发展形成的现代化计算工具。远古时代,人们使用石头、木棍进行简单的计算,公元前 5 世纪中国人发明的算板及以后演变而成的算盘极大地提高了计算的速度,体现了中国人民无穷的智慧。直到 17 世纪,计算设备才有了第二次重要的进步,文艺复兴时期的社会大变革使得欧洲陆续发明了机械加法器和包含现代计算机基本组成部分的分析机,这些卓越的发明无不记录了人类计算工具的发展历史,并最终导致了现代电子计算机的诞生。

### 1.1.1 计算机的诞生

现代计算机的历史开始于 20 世纪 40 年代。1946 年 2 月 15 日,世界上第一台通用电子数字计算机 ENIAC(Electronic Numerical Integrator And Calculator)在美国宾夕法尼亚大学研制成功,这是计算机发展史上的一座里程碑,它的问世标志着人类从此进入了电子计算机的时代。

ENICA 计算机的设计方案是由 36 岁的美国工程师莫奇利和他负责的研究小组完成的,最初的主要任务是分析计算炮弹轨道。ENIAC 长 30.48m,宽 1m,占地面积约 170m$^2$,有 30 个操作台,约相当于 10 间普通房间的大小,重达 30t,耗电量为 150kW,共使用了 18 000 个电子管,1500 个继电器以及其他器件,如图 1-1 所示。ENIAC 的运算速度为每秒 5000 次加法或 400 次乘法,被誉为"诞生了一个电子的大脑","电脑"的名称由此而来。

图 1-1　ENIAC 计算机

## 1.1.2　计算机的发展阶段

ENIAC 的问世具有划时代的意义,表明了计算机时代的到来,从此以后计算机科学以其他任何学科都无法比拟的速度飞速发展。计算机硬件性能与电子开关器件的性能密切相关,根据主要逻辑部件所采用的物质材料,计算机发展至今共经历了 4 代变迁。

(1) 第一代——电子管计算机(20 世纪 40 年代中期至 20 世纪 50 年代中期)。

逻辑元件采用电子管,主存储器采用汞延迟线、磁鼓、磁芯,外存储器采用磁带,软件采用机器语言和汇编语言编制应用程序,运算速度为每秒几千次至几万次。主要应用于国防和科学计算领域。

(2) 第二代——晶体管计算机(20 世纪 50 年代中期至 20 世纪 60 年代中期)。

逻辑元件为晶体管,主存储器采用磁芯,外存储器已采用磁盘,软件有了很大发展,出现了各种各样的高级语言及其编译程序,以及批处理为主的操作系统,运算速度为每秒几万次至几十万次。主要应用于工业控制、科学计算和各种事务处理。晶体管的发明推动了计算机的发展,逻辑元件采用了晶体管以后,计算机的体积大大缩小,耗电量减少,可靠性提高,性能比第一代计算机有很大的提高。

(3) 第三代——集成电路计算机(20 世纪 60 年代中期至 20 世纪 70 年代初期)。

逻辑元件采用小、中规模集成电路(SSI、MSI),在单个芯片可集成几十个晶体管,主存仍采用磁芯,出现了分时操作系统及会话式语言等多种高级语言,运算速度为每秒几十万次至几百万次。主要应用于科学计算、数据管理和工业控制等,小型机也蓬勃发展起来,应用领域日益扩大。

(4) 第四代——大规模集成电路计算机(20 世纪 70 年代初期至今)。

逻辑元件和主存储器都采用了大规模集成电路(LSL)。在一个芯片上集成几十万甚至几百万个晶体管,运算速度为每秒几百万次至上亿次。这时计算机发展到了微型化、耗电少、可靠性很高的阶段,大规模集成电路使军事工业、空间技术、原子能技术得到发展,有力地促进了计算机工业的空前发展。

1971 年年末，第一台微处理器和微型计算机在美国旧金山南部的硅谷应运而生，开创了微型计算机的新时代。到了 1980 年，计算机的价格降低并逐渐普及，个人计算机（PC）时代开始了。

## 1.1.3　计算机的发展趋势

未来的计算机将以超大规模集成电路为基础，向巨型化、微型化、网络化与智能化的方向发展。

**1. 巨型化**

巨型化是指计算机的运算速度更高、存储容量更大、功能更强。目前正在研制的巨型计算机，其运算速度可达每秒百亿次。

**2. 微型化**

微型计算机已进入仪器、仪表和家用电器等小型仪器设备中，同时也作为工业控制过程的心脏，使仪器设备实现"智能化"。随着微电子技术的进一步发展，笔记本型、掌上型等微型计算机必将以更优的性能价格比受到人们的欢迎。

**3. 网络化**

随着计算机应用的深入，特别是家用计算机越来越普及，一方面希望众多用户能共享信息资源，另一方面也希望各计算机之间能互相传递信息进行通信。

计算机网络是现代通信技术与计算机技术相结合的产物。计算机网络已在现代企业的管理中发挥着越来越重要的作用，如银行系统、商业系统和交通运输系统等。

**4. 智能化**

计算机人工智能的研究是建立在现代科学基础之上。智能化是计算机发展的一个重要方向，新一代计算机将可以模拟人的感觉行为和思维过程的机理，进行"看"、"听"、"说"、"想"、"做"，具有逻辑推理、学习与证明的能力。

目前，科学家还在不断研究使用新型材料、新型器件和新型理念的未来的计算机。

第五代智能电子计算机是一种有知识，会学习，能推理的计算机。它的智能化人机接口使人们不必编写程序，只需发出命令或提出要求，计算机就会完成推理和判断。

第六代电子计算机是模仿人的大脑判断能力和适应能力，并具有可并行处理多种数据功能的神经网络计算机。

光计算机是利用光作为载体进行信息处理的计算机，又叫光脑。使用生物芯片的计算机称为蛋白质电脑，或称为生物电脑。超导计算机是使用超导体元器件的高速计算机。研究中的量子计算机是指在某种条件下，光子能够发生相互作用，这个发现能够被用来制造新的信息处理器件，从而导致世界上性能最好的超级计算机的出现。

## 1.1.4　计算机的应用

计算机的应用领域已渗透到社会的各行各业，正在改变着传统的工作、学习和生活方式，推动着社会的发展。计算机的主要应用领域如下所述。

**1. 科学计算**

科学计算是指利用计算机来完成科学研究和工程技术中的数学计算。它是电子计算机的重要应用领域之一，利用计算机的高速计算、大存储容量和连续运算的能力，可以实现人工无法解决的各种科学计算问题。例如，在天文学、量子化学、空气动力学、核物理学和天气预报等领域中都需要依靠计算机进行复杂的大量的运算。

**2. 信息处理**

数据处理是对各种数据进行收集、存储、整理、分类、统计、加工和传播等任务的统称。据统计，80％以上的计算机主要用于数据处理，是计算机应用的主要方面。

当今的信息社会，面对积聚起来的浩如烟海的各种信息，为了全面、深入、精确地认识和掌握这些信息所反映的事物本质，只有用计算机才能及时进行处理。

目前，数据处理已广泛地应用于办公自动化、企事业计算机辅助管理与决策、情报检索、图书管理、电影电视动画设计、会计电算化等各行各业。

**3. 计算机辅助技术**

计算机辅助技术包括 CAD、CAM 和 CAI 等。

1）计算机辅助设计（Computer Aided Design，CAD）

计算机辅助设计是利用计算机系统辅助设计人员进行工程或产品设计，以实现最佳设计效果的一种技术，已广泛地应用于飞机、汽车、机械、电子、建筑和轻工等领域。

2）计算机辅助制造（Computer Aided Manufacturing，CAM）

计算机辅助制造是利用计算机系统进行生产设备的管理、控制和操作的过程。将 CAD 和 CAM 技术集成，实现设计生产自动化，这种技术被称为计算机集成制造系统（CIMS）。它的实现将真正做到无人化工厂（或车间）。

3）计算机辅助教学（Computer Aided Instructions，CAI）

计算机辅助教学是利用计算机系统进行各种教学活动。CAI 的主要特色是交互教育、个别指导和因人施教，以对话方式与学生讨论教学内容、安排教学进程、进行教学训练的方法和技术。CAI 综合运用多媒体、超文本、人工智能和知识库等技术，弥补了传统教学方式单一片面、教学内容不够生动的缺点。

**4. 过程控制**

过程控制是利用计算机采集检测数据，按最优值迅速及时地对控制对象进行自动调节或自动控制。采用计算机进行过程控制，不仅可以大大提高控制的自动化水平，而且可以提高控制的及时性和准确性，从而改善劳动条件，提高产品质量及合格率。计算机过程控制已在机械、冶金、石油、化工、纺织、水电和航天等部门得到广泛的应用。

例如，在汽车工业方面，利用计算机控制机床、控制整个装配流水线，不仅可以实现精度要求高、形状复杂的零件加工自动化，而且可以使整个车间或工厂实现自动化。

**5. 人工智能**

人工智能是计算机模拟人类的智能活动，将人脑中进行演绎推理的思维过程、规则和所采取的策略、技巧、经验等变成计算机程序，让计算机自动探索解决问题的方法。

例如，能模拟高水平医学专家进行疾病诊疗的专家系统，具有一定思维能力的智能机器人等。人工智能是计算机应用研究的前沿学科。

**6. 网络应用**

计算机技术与现代通信技术的结合构成了计算机网络。这不仅解决了一个单位、一个地区、一个国家中计算机与计算机之间的通信和各种软硬件资源的共享，也大大促进了国际间的文字、图像、视频和声音等各类数据的传输与处理。国际互联网的出现将计算机的应用推向了一个新的高潮。

# 1.1.5　计算机的分类

计算机按照其用途分为通用计算机和专用计算机；按照所处理的数据类型可分为模拟计算机、数字计算机和混合型计算机；按照运算速度和规模可分为巨型机、大型机、中型主机、小型机、工作站和个人计算机 6 类。

随着计算机技术的发展，特别是计算机网络、多媒体技术以及计算机系统结构的极大改进，计算机之间的速度界限已经逐渐变得模糊，现代的微型机在性能上已经远远超越了过去的大中型计算机，中型、小型计算机正逐步被市场淘汰，这种分类提法已不能正确反映当前计算机在性能、应用和发展趋势等方面的现状，目前的计算机正朝着巨型化和微型化两个方向发展，计算机的类型也可分为巨型计算机、微型计算机和嵌入式计算机三大类。

**1. 巨型计算机**

巨型机有极高的速度、极大的容量。通常包括超级计算机、大型集群计算机和大型服务器，主要用于国防尖端技术、空间技术、天气预报和石油勘探等方面。目前这类机器的运算速度可达到每秒千万亿次。这类计算机在技术上朝两个方向发展：一是开发高性能器件，特别是缩短时钟周期，提高单机性能；二是采用多处理器结构，构成超并行计算机，通常由上千台处理器组成超并行巨型计算机系统，达到高速运算的目的。

**2. 微型计算机**

微型计算机是当前最为流行的计算机，包括个人计算机、平板微型计算机、掌上微型计算机和 PC 服务器等，主要面向个人应用。微型机技术发展速度迅猛，平均每 2 或 3 个月就有新产品出现，一二年产品就更新换代一次。微型机芯片的集成度平均每两年可提高一倍，性能提高一倍，价格降低一半，并且还有加快的趋势。微型机已经广泛应用于办公自动化、数据库管理、图像识别、语音识别、专家系统和多媒体技术等领域，微型计算机已经成为一种常规的家用电器。

**3. 嵌入式计算机**

嵌入式计算机是以微处理器为基础，以特定应用为中心，软硬件可裁减的专用精简计算机系统。嵌入式系统集应用软件与硬件于一体，具有软件代码小、自动化程度高、响应速度快等特点，特别适合于要求实时和多任务的体系，是可独立工作的"器件"。

嵌入式系统是计算机市场中增长最快的领域，也是种类繁多、形态多样的计算机系统，几乎进入了生活中的所有方面。小到日常生活随处可见的手持数据设备（PDA）和智能电器设备，大到昂贵的工业智能仪器仪表和控制装置等都有嵌入式系统的身影。

嵌入式系统对功能、成本、可靠性、实时性、体积和功耗等有严格要求，系统结构和组成按需而定,根据使用用途尽量简化操作系统,最小化存储器、接口和功耗,以较低的成本来满足应用的要求。

## 1.1.6 计算机的特点

计算机是一种可以进行自动控制、具有记忆功能的现代化计算工具和信息处理工具。它有以下几个方面的主要特点。

**1. 运算速度快**

现在高性能计算机每秒能进行超过 10 亿次的加减运算,如此高的运算速度是其他任何计算工具无法比拟的,它使得过去需要几年甚至几十年才能完成的复杂运算任务,现在只需几天、几小时、甚至更短的时间就可完成,这正是计算机被广泛使用的主要原因之一。

**2. 计算精度高**

在计算机内部采用二进制数字进行运算,表示二进制数值的位数越多,精度就越高。电子计算机的计算精度在理论上不受限制,一般的计算机均能达到十几位到几十位的有效数字,通过技术处理可以达到任何精度要求。在高科技领域中,许多高精度的技术要求,没有计算机是根本无法实现的。

**3. 存储能力强**

计算机可以存储大量的数据和资料,这是人脑所无法比拟的。计算机中有一个承担记忆职能的部件称为存储器,能存储各类数据信息和加工处理这些数据信息的程序与过程。存储器的容量非常大,一个大型计算机的存储系统可以存储一个中等图书馆的全部图书资料。

**4. 具有逻辑判断能力**

计算机在程序的执行过程中会根据上一步的执行结果,运用逻辑判断方法自动确定下一步的执行命令。正是因为计算机具有这种逻辑判断能力,使得计算机不仅能解决数值计算问题,而且能解决逻辑问题,比如信息检索、图像识别等。

**5. 可靠性高、通用性强**

计算机是一个自动化程度极高的电子装置,在工作过程中不需人工干预,能自动执行存放在存储器中的程序。由于采用了大规模和超大规模集成电路,现在的计算机具有非常高的可靠性。现代计算机不仅可以用于数值计算,还可以用于数据处理、工业控制、辅助设计、辅助制造和办公自动化等,具有很强的通用性。

# 1.2 计算机系统的组成与工作原理

## 1.2.1 计算机系统的基本组成与功能

计算机是一种能够按照事先存储的程序,自动、高速地对数据进行输入、处理、输出和存储的系统。计算机系统由硬件系统和软件系统两大部分组成,如图 1-2 所示。

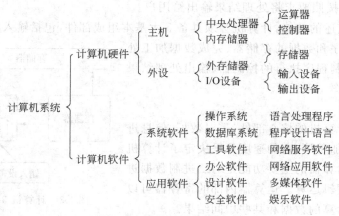

图 1-2    计算机系统的组成

计算机硬件是组成一台计算机的各种物理装置,由各种电子的、机械的、磁性的、光学的元器件和部件组成,是一些看得见、摸得着的物理实体。主机加上各种外部设备构成了整个计算机硬件系统。

计算机软件系统包括运行、维护、管理和应用计算机的所有程序和文档资料的总和,是一些看不见、摸不着,存储在计算机内部的"软设备"。系统软件和应用软件构成了整个计算机软件系统。

通常把不装备任何软件的计算机称为"裸机"。如果计算机中没有配置任何软件,计算机硬件的作用就无法得到充分的发挥;如果没有硬件的支持,计算机软件就失去了存在的意义。硬件是软件工作的基础,软件则是对硬件功能的扩充和完善,硬件和软件合起来构成了一个有机结合的整体,这就是计算机系统。

## 1.2.2    计算机硬件系统的组成

在电子计算机诞生之前,科学家们就已经开始对计算机的结构进行理论性的研究。美籍匈牙利数学家约翰·冯·诺依曼与他领导的莫尔小组意识到了存储程序的重要性,从而提出了著名的存储程序逻辑架构:

(1) 数字计算机的数制采用二进制;

(2) 计算机应该按照程序顺序执行。

这一卓越的思想为电子计算机的逻辑结构设计奠定了基础,已成为计算机设计的基本原则,人们把这个理论称为冯·诺依曼体系结构,直到今天大部分计算机的硬件逻辑设计还是采用冯·诺依曼体系结构,所以冯·诺依曼是当之无愧的数字计算机之父。

根据冯·诺依曼体系结构构成的计算机必须具有如下功能:

(1) 输入。把需要的程序和数据传送至计算机内。

(2) 存储。具有长期记忆程序、数据、中间结果及最终运算结果的能力。

(3) 运算。完成各种算术、逻辑运算和转换、传送等数据加工处理的能力。

(4) 控制。根据指令控制程序走向,依照指令控制机器各部件协调操作。

（5）输出。按照要求将处理结果输出给用户。

为了完成上述的功能，计算机必须具备 5 大基本组成部件，包括输入数据和程序的输入设备、记忆程序和数据的存储器、完成数据加工处理的运算器、控制程序执行的控制器、输出处理结果的输出设备，如图 1-3 所示。

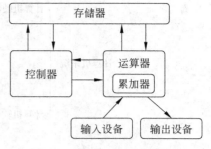

图 1-3　计算机 5 大部件组成

**1. 运算器**

运算器是计算机的核心部件，是对数据、信息进行加工、运算的加工厂，它的速度几乎决定了计算机的计算速度。运算器的主要功能是对二进制数据进行算术运算和逻辑运算。运算器内部的寄存器可以暂时存放参加运算的数据和某些中间结果。

**2. 控制器**

控制器是计算机的指挥控制中心，主要作用是控制协调计算机各部件之间的工作。在计算机工作过程中，控制器发出各种控制信号，使计算机各个部件协调地、自动地执行程序（指令），完成各种信息的传输与加工。

**3. 存储器**

存储器是计算机的记忆部件，负责存储程序和数据信息。计算机运行所需的所有程序和数据，包括输入数据、中间数据、处理结果和程序指令等都存放在存储器中。存储器根据指令访问这些程序和数据，通常把向存储器存入数据的过程称为写入，把从存储器取出数据和指令的过程称为读出。计算机的全部信息按"地址"存放在存储单元中，就像一座大楼的每个房间都有唯一的编号一样，存储器的每个存储单元都有一个唯一的编号，这个编号就是存储单元的地址，计算机工作时就是按照这个地址来存取存储器信息的。

根据存储器的存储介质与构成器件，可将其分为两大类：内存储器和外存储器。

（1）内存。内部存储器，也叫主存储器，使用半导体存储器件，可以直接与运算器、控制器交换存取信息。内存储器最突出的特点是存取速度快，但是容量小、价格贵，一般用于存放当前运行的程序和数据。根据工作方式的不同，内存储器又分为只读存储器（Read Only Memory，ROM）和随机存储器（Random Access Memory，RAM）。

（2）外存。外部存储器，也叫辅助存储器，采用铁磁存储介质，存放当前暂时不用的程序和数据信息，需要时调入内存。外存储器的容量大，价格低，而且可以移动，便于不同计算机之间进行信息交换。但是外存存取速度慢，只能与内存储器交换信息，不能被计算机系统的其他部件直接访问。

外存主要有磁盘存储器和光盘存储器。磁盘是最常用的外存储器，通常它分为软磁盘和硬磁盘两类。外存也属于输入输出设备。

计算机中的数值数据和非数值数据均以二进制形式存放在存储器的存储单元中。

位（b）是计算机中信息描述的最小单位。一个二进制位只能表示 0 和 1 两种状态，计算机中最直接、最基本的操作就是对二进制位的操作。

字节（B）是计算机数据存储的基本单位，1 个字节由 8 个二进制位组成。计算机中常以字节来表示存储空间及数据的大小，所谓存储容量指的就是存储器中能够存储的字节数。通常也用 K（Kilo）、M（Mega）、G（Giga）、T（Tera）和 P（Peta）等更大的单位来表示存储器的存储容量或文件的大小，如表 1-1 所示。

表 1-1　信息存储单位

| 单 位 名 称 | 表 示 符 号 | 换算关系（实际数值） |
|---|---|---|
| 千字节 | KB | $2^{10}=1024B$ |
| 兆字节 | MB | $2^{20}=1024KB=1\ 048\ 576B$ |
| 吉字节 | GB | $2^{30}=1024MB=1\ 073\ 741\ 824B$ |
| 太字节 | TB | $2^{40}=1024GB=1\ 099\ 511\ 627\ 776B$ |
| 皮字节 | PB | $2^{50}=1024TB=1\ 125\ 899\ 906\ 842\ 624B$ |

**4. 输入设备**

输入设备是用来向计算机系统输入信息和数据的设备，输入设备的主要功能是接收用户输入的原始数据和程序，并将它们变为计算机能识别的形式存放到内存中。它是重要的人机接口，是进行人机对话的主要部件。常用的输入设备有键盘、鼠标、触摸屏、操纵杆、摄像机、麦克风、光笔和扫描仪等。

**5. 输出设备**

输出设备是输出计算机处理结果的设备，在大多数情况下，输出设备是把存放在计算机内存中的运算结果或工作内容转变为人们所能接受的形式，或以控制现场能方便接受的形式表达出来。常用的输出设备有显示设备、打印机、音箱和绘图仪等。

上述的 5 大部分构成了计算机的基本硬件结构，其中运算器和控制器是计算机的核心部件，通常合在一起称为中央处理器（Central Processing Unit，CPU）。CPU 和主存储器（内存）一起又称为计算机的主机，辅助存储器（外存）加上输入输出设备统称为计算机的外部设备。

# 1.2.3　计算机的工作原理

计算机是一个能够自动进行信息处理的系统，它通过外部设备接收输入信息，根据存储在计算机内的程序对输入信息自动进行处理，并将处理结果输出。因此，计算机又可以称为是一个自动化地信息处理机器。

现代计算机大多都是冯·诺依曼结构的计算机，它的基本原理是"存储程序和程序控制"。如图 1-4 所示，计算机 5 大部件的功能与相互关系表明，计算机的工作过程就是控制、指挥数据流信号完成数据的传输与加工的过程。

**1. 指令与程序的基本概念**

计算机是在程序的控制下工作的，而程序又是预先存储在计算机中的。在这里必须了解指令与程序的概念，才能真正对计算机工作原理有一个比较清楚的认识。

所谓指令是能被计算机理解的，使计算机执行一个最基本操作的命令。指令作为计算机和人之间唯一的交互工具，要求计算机作不同的操作时需要用不同功能的指令向计

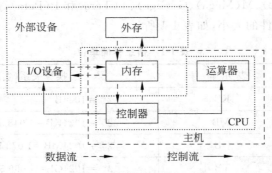

图 1-4　计算机工作过程

算机"提交"操作任务。一台计算机所有指令的集合称为"指令系统",代表了一台计算机的基本能力,不同的计算机其指令系统也不相同。

所谓程序是为完成一个任务而设计的一系列指令的有序集合。为了把一个任务提交给计算机自动地处理或运算,首先要将任务分解成一系列简单、有序的操作步骤,每一个操作步骤用一条计算机指令表示,形成一个有序的操作步骤序列,这就是程序。

**2. 计算机执行指令的过程**

要利用计算机完成一项任务时,首先要把任务转换成程序,并将程序存储在计算机的(内)存储器中,计算机从程序的开始位置(第一条指令)自动地执行并完成任务,直到所有的指令执行完为止。计算机执行指令的过程一般分为三个阶段:

第一阶段:取指。将要执行的指令从内存中读取到 CPU 内。

第二阶段:译码。CPU 对取入的指令进行分析译码,判断该条指令要完成的操作。

第三阶段:执行。CPU 向各部件发出执行该指令的控制命令。

计算机的工作过程就是连续不断地执行指令的过程,每条指令的执行又有三个步骤:读取指令、分析指令和执行指令。

# 1.3　微型计算机系统

微型计算机(microcomputer)简称微机,主要是面向个人用户使用,所以也称为个人计算机(personal computer,PC)。

## 1.3.1　微型计算机系统硬件的组成

微型计算机的基本硬件配置由主机和外部设备两大部分组成,如图 1-5 所示。

微型计算机的主机部分包装在主机箱内,包含有主板、CPU、内存、通信接口、通信适配器、硬盘、光驱和电源等。

图 1-5　微型计算机

　　　　计算机应用基础

外部设备包括输入和输出设备，包含有键盘、鼠标、显示器、音箱、麦克风、打印机、扫描仪和触摸屏等。

**1. 主板**

主板也称为母板（Mother Board），是安装在主机机箱内的一块矩形电路板，上面印刷有主要的电路系统。主板是计算机内最大的一块集成电路板，它包括中央处理器插座、内存插槽、控制芯片组、BIOS 芯片、总线扩展槽、输入输出接口以及面板控制开关接口、指示灯接口、直流电源接口等，如图 1-6 所示。CPU、内存条插接在主板的相应插槽中，驱动器、电源等硬件连接在主板相应接口上。主板上的接口扩充插槽用于插接各种接口卡，这些接口卡扩展了计算机的功能。常见接口卡有显示卡、声卡、网卡和视频卡等。

图 1-6　主板

主板侧面还预留有各种输入输出接口，如键盘接口、鼠标接口、串行接口、并行接口、网络接口、USB 接口、音箱和麦克风接口等，如图 1-7 所示。

**2. CPU**

把运算器和控制器集成在一块集成电路中，称为中央处理器（CPU），也称为微处理器，如图 1-8 所示。

图 1-7　主板侧面的接口

图 1-8　CPU 芯片

CPU 从存储器或高速缓冲存储器中取出指令，放入指令寄存器，并对指令译码，将指令分解成一系列的微操作，然后发出各种控制命令，执行微操作系列，从而完成一条指令的执行。

CPU 是微型计算机硬件系统中的核心部件，其品质的高低决定了一台计算机的性能，反映 CPU 品质的重要指标有主频、字长和缓存等。现代的计算机为了提高性能还发展了多核心、多线程以及超标量流水线等技术。

### 3. 总线

微型计算机硬件结构的最重要特点是总线（Bus）结构，通过一组导线把计算机各个部件连接成一个有机的整体，并通过总线传输信息，控制计算机的运行，CPU、内存与外设之间的数据交换都是通过总线进行的。总线分为内部总线和外部总线，内部总线是指CPU内部的连线，外部总线是指CPU和其他部件之间的连线。

外部总线按传输的内容分为数据总线（Date Bus，DB）、地址总线（Address Bus，AB）和控制总线（Control Bus，CB）三大类，如图1-9所示。数据总线用于传送数据信号，数据总线的数目反映了CPU一次可处理数据的能力（字长）；地址总线用于传送地址信号，地址总线的数目决定计算机系统存储空间的大小；控制总线用于传送控制器、存储器和外部设备之间的各种控制信号。

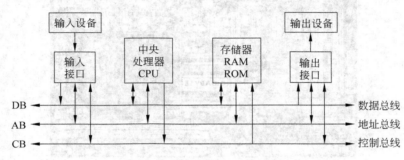

图 1-9　微型计算机总线结构

采用总线结构简化了系统各部件之间的连接，推动了接口的标准化，促进了计算机部件的模块化生产，便于系统的扩展，促进了计算机的普及。在微型计算机中采用的传统总线标准有工业标准总线（ISA）、扩展工业标准总线（EISA）、微通道结构总线（MCA）和外设部件互联总线（PCI）等，目前多数计算机系统使用PCI作为通用总线。

### 4. 内存储器

内存是计算机存储程序和数据的地方，一般采用半导体存储单元，包括只读存储器、随机存储器和高速缓冲存储器。

1) 只读存储器（ROM）

只读存储器中最初存储的数据和程序是由厂家一次性写入并永久保存的，不会因断电等故障而丢失。只读存储器一般用来存放专用的固定程序和数据，只允许读取访问，而不能由用户随意修改。

主机板上的BIOS（Basic Input/Output System，基本输入输出系统）是被固化到ROM中的一组程序，保存着计算机最重要的基本输入输出程序、开机上电自检程序（POST）、系统启动自举程序（BOOT）和系统设置程序（SETUP）。BIOS负责解决硬件的即时要求，为计算机提供最基本、最直接的硬件控制，是连接软件程序与硬件设备的一座桥梁。

早期主板上的BIOS芯片采用的是ROM存储器，其固件（Firmware）代码在芯片生产过程中固化，并且永远无法修改，如图 1-10 所示。现在主板上的 BIOS 芯片几乎都采用 Flash ROM，是一种可快速读写的 EEPROM（Electrically Erasable Programmable ROM），是一种在一定的电压、电流条件下，可对其内容进行更新的集成电路块。

2）随机存储器（RAM）

计算机执行一切程序时都必须先调入内存才能运行，随机存储器中保存着正在工作的用户程序和数据，并在工作过程中可以随时读取和修改。但其具有易失性，断电后其中存储的内容立即消失，所以平时用计算机时一定要养成随时存盘（即把数据存入外存储器）的习惯。

通常所说的内存存储容量就是指 RAM 的容量，RAM 的大小直接影响程序的运行。内存条就是将 RAM 集成块集中在一起的一小块电路板，它插在主板上的 SIMM（Single In-line Memory Modules，单边接触内存模组）接口插槽上，以减少 RAM 集成块占用的空间，如图 1-11 所示。不同规格的内存条引脚不兼容，目前市场上常见的内存条容量有 512MB、1G、2GB 和 4GB 等。

图 1-10　主板上的 BIOS 芯片

图 1-11　内存条

RAM 可以分为两种类型：静态随机存储器（Static RAM，SRAM）和动态随机存储器（Dynamic RAM，DRAM）。SRAM 的特点是存取速度快，主要用于高速缓冲存储器；DRAM 的特点是集成度高、价格便宜，主要用于大容量内存储器。在 DRAM 的基础之上又发展出了 SDRAM（Synchronous DRAM）、DDR SDRAM（Double Data Rate SDRAM）等多种系列。

3）高速缓冲存储器

高速缓冲存储器（Cache）是介于内存和 CPU 寄存器之间的容量较小的高速存储器，它先于内存与 CPU 交换数据，因此速度很快。将内存中经常被 CPU 访问到的程序和数据复制到 Cache 存储器中（该工作由系统自动完成），当 CPU 再次执行这部分程序时，可以用较快的速度从 Cache 中直接获取。

4）CMOS

CMOS 是计算机主板上的一块可读写的 RAM 芯片，用来保存当前系统硬件配置和用户对计算机某些运行参数的设定。CMOS 采用主板上的电池供电，即使系统掉电信息也不会丢失。CMOS RAM 本身只是一块存储器，只有数据保存功能，对 CMOS 中各项参数的设定要通过专门的程序。现在多数厂家将 CMOS 设置程序做到了 BIOS 芯片中，在开机时通过特定的按键就可进入 CMOS 设置程序方便地对系统进行设置，因此 CMOS 设置又被叫做 BIOS 设置。

## 5．外存储器

外存储容量大，价格低，在停电时能永久地保存信息。但外存储器只能通过内存储器与 CPU 交换信息，故外存储器比内存储器的存取速度慢。计算机中外存储器品种越来越丰富，常用的有以下几种。

### 1）硬盘

硬盘是个人计算机中主要的外部存储器，是计算机信息主要存放的地方。硬盘的最大特点就是存储容量大、存取速度快、不易受到污染和损坏。硬盘是由若干磁性盘片组成的盘片组（如图 1-12 所示），一般被固定在计算机机箱内。硬盘与计算机的接口有 IDE、SATA、SCSI 和 USB 等，当硬盘工作时，用户可通过主机前面的一个指示灯来观察硬盘的工作情况。

图 1-12　硬盘

目前硬盘容量一般在几百 GB 以上，甚至达到几千 GB。使用硬盘时应保持适宜的温度和湿度、防尘、防震等，不要随意拆卸。

### 2）优盘

优盘又称为 USB 盘，它是利用闪存在断电后还能保存数据不丢失的特点而制成的。其优点是体积小，重量轻，携带使用方便，一般只有几十克重，如图 1-13 所示。优盘通过计算机的 USB 接口即插即用，存储容量可达几十 GB。优盘已经代替软盘成为最重要的移动存储工具。

### 3）光盘

用于计算机系统的光盘主要有三类：只读光盘（Compact Disc ROM，CD-ROM）、一次性写入光盘（Compact Disk-Recordable，CD-R）和可擦写光盘（CD-ReWritable，CD-RW）。

CD-ROM（如图 1-14 所示）的存储容量为 700MB 左右。CD 的格式最初是为音乐的存储和回放设计的，后来因为声频 CD 的巨大成功，这种媒体的用途已经扩大到数据存储领域。CD 最适于储存大数量的数据，能存储任何形式或组合的计算机文件、软件应用程序、声频信号和视频数据等，用来存储视频时也被称为影音光碟（Video Compact Disc，VCD）。

数字通用光盘（Digital Versatile Disc ROM，DVD-ROM）是 CD-ROM 的升级产品，盘片单面单层容量为 4.7GB，主要用于存储高清晰度的影音视频，也可用于存储海量数据，如图 1-15 所示。

图 1-13　优盘

图 1-14　CD-ROM

图 1-15　DVD-ROM

光盘在使用时通过光盘驱动器读出存储的信息,如图 1-16 所示。光盘驱动器的数据传输速率以倍速为基本单位,通常记为 1x。CD-ROM 的 1 倍速基本传输速率为 150KB/s,DVD-ROM 的 1 倍速基本传输速率为 1350KB/s。

光盘刻录机可向写入性光盘内刻录各种资料,也可以当光盘驱动器读取资料使用。随着多媒体技术的发展,光盘驱动器已经成为计算机的基本配置。可以预见的是,今后的光盘驱动器会逐渐被 DVD 光盘刻录机所替代。

### 6. 输入设备

输入设备是用于将各种信息送入计算机中的装置。键盘、鼠标、触摸屏、麦克风、光笔、扫描仪和数码相机等设备是计算机中常用的输入设备。随着多媒体技术的发展,现在又有一些新的输入设备如语音输入设备、手写输入设备等问世。

1）键盘

键盘是计算机中最常用的输入设备。键盘有多种形式和规格,如有 84 键键盘、101 键键盘、带鼠标或轨迹球的多功能键盘以及一些专用键盘等,如图 1-17 所示。

2）鼠标

鼠标（Mouse）是一种用来移动光标和做选择操作的输入设备,如图 1-18 所示。常见的鼠标有光电式和机械式两种。

图 1-16　光盘驱动器

图 1-17　键盘

图 1-18　鼠标

### 7. 输出设备

输出设备是用于将计算机中的数据信息传送到外部介质上的装置。显示器、打印机和绘图仪等都是微型计算机常用的输出设备。

1）显示器

显示器是计算机最常用的输出设备之一,用于显示文字和图表等各种信息。按所用的显示器件分类,有阴极射线管（CRT）、液晶显示器（LCD）和等离子显示器等。液晶显示器方便携带,辐射量低,耗电量小,属于健康、环保型的新产品,得到越来越广泛的使用,如图 1-19 所示。

计算机的显示系统主要是由显示器和显示卡（又称为显示适配器）构成的。显示卡用于控制字符与图形在显示器屏幕上的输出,显示器的显示内容和显示质量（如分辨率）的高低主要是由显示卡的功能决定的。

2）打印机

打印机是计算机系统的主要输出设备,用于将计算机

图 1-19　显示器

中的信息以文本方式输出。按其工作原理,打印机可分为击打式打印机和非击打式打印机两类。

针式打印机(又称为点阵打印机)是最为常见的击打式打印机。针式打印机常用的有24针打印机。针式打印机方便耐用,消耗费用低,但噪声较大,打印速度较慢,分辨率较低,打印质量差。

非击打式打印机则是通过静电感应、激光扫描或喷墨等方法来印出文字和图形。激光打印机、喷墨打印机等非击打式打印机具有打印精度高、速度快、噪声小、彩色效果好、处理能力强等突出特点,但价格和消耗材料都较高,如图 1-20 所示。

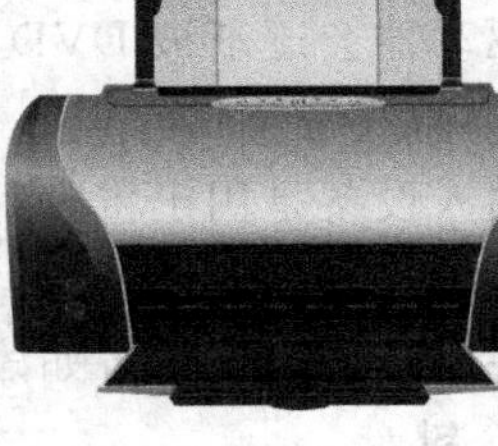

图 1-20　打印机

### 8. 直流电源

计算机工作时由直流电源供电,如图 1-21 所示。当电源中断时,内存中的信息就会丢失,文件和数据都会遭到破坏。使用一个不间断电源(Uninterruptable Power Supply,UPS)可以保护计算机系统免遭电源中断的影响。UPS用作计算机和主电源之间的接口,当 UPS 探测到电源下降或损失时,它立刻着手从自备的电池中提供电源,以便能够存储当前的工作文件并退出正在使用的应用软件。

### 9. 其他设备

微型计算机的硬件系统,除上述基本配置外,还有许多新型的外部设备不断涌现,可根据不同的用途增设。

1) 触摸屏

触摸屏是一种既可以输入又可以输出的外部设备,使用方便。用户只要通过手指触摸屏幕就可以选择相应菜单项,从而操作计算机。触摸屏主要在公共信息查询系统中广泛使用。

2) 扫描仪

扫描仪是一种如图 1-22 所示的桌面输入设备,用于扫描或输入平面文档,比如纸张、书页、照片和文件等。扫描仪常常用于输入图形。

3) 数码绘图板

数码绘图板是一种使用电磁技术,以手动的方式将数据或图像直接输入计算机的输入装置,它的使用方式是以专用的电磁笔在数码板表面的工作区上书写。一般多用来手写输入文字或数字化图形或地图数据,如图 1-23 所示。

图 1-21　直流电源

图 1-22　扫描仪

图 1-23　数码绘图板

4) 数码相机

数码相机是以电子存储设备作为摄像记录载体,在光圈和快门的控制下完成被摄影像的记录。数码相机记录的影像可以非常方便地由个人计算机再现被摄影像,也可以通过打印机完成拷贝输出。

5) 多媒体设备

一般家庭用计算机常配置声卡、音箱、图像采集卡和电视卡等多媒体设备。

## 1.3.2 微型计算机的主要性能指标

衡量一台微型计算机的性能,通常要根据该机器的字长、时钟频率、运算速度、内存及硬盘容量等主要技术指标进行综合考虑,而且不同用途的计算机,其侧重点也有所不同,即对不同部件的性能指标要求有所不同。例如,对于用作科学计算为主的计算机,对其主机的运算速度要求较高;对于用作大型数据库处理为主的计算机,对其主机的内存容量、存取速度和外存储器的读写速度要求较高;对于用作网络传输的计算机,则要求有很高的输入输出(I/O)速度,因此应当有高速的 I/O 输出总线和相应的高速 I/O 接口。

**1. 运算速度**

计算机的运算速度是指计算机每秒钟执行的指令数。单位为每秒百万条指令(MIPS)或者每秒百万条浮点指令(MFPOPS)。影响运算速度的主要因素有如下几个:

(1) 字长。字长是 CPU 能够同时处理的二进制数据的位数,字长越长,精度越高,计算机处理数据的能力越强,同时硬件成本也越高。字长由微处理器对外数据通路的数据总线条数决定,与计算机的功能和用途有很大的关系,是计算机的一个重要技术指标。

(2) 主频。指 CPU 的时钟频率,用来表示 CPU 运算处理数据的速度,在很大程度上决定着计算机的运算速度。主频的单位是兆赫(MHz)或吉赫(GHz)。主频越高,CPU 速度就越快。

(3) 外频。也称为系统时钟频率,用来表示系统总线的工作频率,单位是 MHz。外频是 CPU 乃至整个计算机系统的基准频率,决定着整块主板的运行速度。

**2. 存储器**

(1) 存取速度。内存储器完成一次读(取)或写(存)操作所需的时间称为存储器的存取时间或者访问时间。而连续两次读(或写)所需的最短时间称为存储周期。

(2) 存储容量。存储容量指的是内存储器中 RAM(随机存储器)的容量。它反映了计算机的内存储器存储信息的能力,是影响整机性能和软件功能发挥的重要因素。内存的容量越大,运算速度越快,处理数据的能力越强。

**3. I/O 速度**

主机 I/O 的速度取决于 I/O 总线的设计。这对于慢速设备(例如键盘、打印机)的影响效果不是很明显,但是对于高速设备则影响效果十分突出。

以上只是微型计算机的主要性能指标。评定一种微型机的优劣不能仅仅根据一两项指标,一般需要综合考虑。主要考虑经济合理、使用方便等。性能价格比是评价计算机的主要概念。除了上述这些主要性能指标外,还有其他一些指标,如外设配置、软件配置等。

### 1.3.3　微型计算机的配置方案

在学习了有关计算机系统的基本硬件结构和微型计算机系统硬件组成之后,有必要走进计算机市场,实际了解和认识计算机的各种设备和部件,设计一个计算机系统的配置清单,以增强对计算机的感性认识,为进一步学习和掌握计算机应用能力打下基础。

**1. 配置一台个人计算机的基本部件**

由于计算机技术更新很快,计算机的基本配置也会不断更新。下面是一份按照目前的计算机技术水平作出的个人计算机硬件系统的基本配置方案(如表 1-2 所示)。

表 1-2　计算机技术参数及配置清单

| 配　置 | | 技 术 参 数 |
|---|---|---|
| 中央处理器 | CPU 主频 | Intel® Pentium® 4 处理器 2.4GHz |
| | 前端总线 | 400MHz |
| | 二级缓存 | 512KB |
| 主板 | 主板芯片组 | Intel 845GL |
| 内存 | 内存容量 | 1G DDR |
| | 工作频率 | 333MHz |
| 多媒体 | 显示芯片 | Geforce2 MX400 |
| | 显存 | 64MDDR |
| | 声卡 | 主板集成 |
| 存储设备 | 硬盘 | 1000G/7200RPM |
| | 光存储设备 | 52XCD-ROM/16X DVD |
| 网络 | LAN | 主板集成 10/100M/1000M |
| 机箱 | 规格 | 爱国者立式机箱 |
| I/O 接口 | | 1 个串口,1 个并口,2 个 PS/2 口,8 个 USB 2.0 接口,2 组音频接口 |
| 扩展槽 | | 2 个 PCI,2 个 PCI Express |
| 电源 | | 300W |
| 输入输出设备 | 鼠标 | 光电鼠标 |
| | 键盘 | PS/2,标准 104 键键盘 |
| | 显示器 | 19″宽屏液晶显示器 |

**2. 如何选择计算机的基本配置**

学习计算机的基本配置应该包括两方面的知识:一是配置一台计算机应该有什么?二是如何配置一台经济实用、性能稳定的计算机?这里存在多方面的综合因素,包括用途、功能、性能、市场及价格等。下面介绍通常情况下需要考虑的问题。

1）需求原则

配置一台个人计算机应按用途选择配置。计算机能干的事情很多，如工作、学习、娱乐和生活等。不同用途的计算机对不同部件的性能指标要求有所不同，需要的外部设备也不同。例如，处理大量的数据时，应考虑配置大容量外存（硬盘、U 盘、光驱和刻录机等）；处理图像较多时，应考虑配置较好的显卡、扫描仪和数码相机等；如需要多媒体功能，则需要配置麦克风、DV 机和视频采集卡等。总之，物尽其用，功能不要超过需求，闲置不用等于浪费，计算机发展很快，永远没有"最新最好"的评价，只有"满足到位"的原则。

2）权衡取舍原则

配置计算机应列出初步的配备，核算金额与预算作比较，权衡调整再决定配置方案。在预算允许的范围内，应该重点掌握关键组件，基本性能的要求满足后，可以在需求不变，软件不升级，零件不坏的前提下无限期使用。所谓把钱花在刀口上，取舍时以功能优先，效能次之，舍弃非必要的功能与规格，在配置档次上应遵循价格与性能比的原则。

3）选择部件应注意的问题

主板是计算机的核心部件，许多配件都集成在主板上（声卡、显卡等）。选择主板需要注意三点：一是必须与所选 CPU 的系列匹配。二是其电源接头与 SATA 接口的布线很重要，影响其稳定性，注意多测试几块。三是主板应尽可能选择能向下兼容的新规格，以免日后找不到旧规格零组件搭配，也保留一点未来升级或置换新品种可供选择的弹性空间。

CPU 的主频首先考虑用途的需要，一般应在 2GHz 以上。CPU 主要有 Intel 与 AMD 两大系列，前者知名度高，用户较多；后者价格低廉，经济实惠，不论选择哪一系列，必须与所选主板的系列相匹配。

内存（或是内存不足）是导致各种页面错误及系统不稳定性的最大来源之一，应选择品牌内存，容量一般在 1GB 以上。同时，买一条 2GB 的内存比买两条 1GB 的内存要好，因为主板容易因为内存条数目的增多而不稳定。

硬盘的容量至少在 1000GB。硬盘的传输率是很重要的，但不一定是越高越好，还有稳定性的问题。一般用户硬盘转速用 5400RPM 就够了，再高一档可到 7200RPM。

显卡的内存一般在 128MB。选择显示器时不光要考虑分辨率，还要从保护眼睛出发，选择大一点的屏幕，目前常用 19″液晶显示器。

机箱是一个非常重要但又容易被忽视的角色，它的尺寸、设计、空气对流和风扇卡榫等都大大的影响整机的性能。一个设计精良的大机箱不会贵多少，但却能提供较大的空气对流空间，布线方便，也方便安装其他部件。

机箱的散热必须得到重视。处理器的种类与速度和散热息息相关，处理器越快温度就会越高，散热片就要越大，风扇的转速也得更快，当然噪音也就越大。使用大一些的风扇（标准是 80mm）、低转速的散热组是降低噪音的上佳选择。

4）品牌机与兼容机

上述种种都是基于组装配置计算机的方法，一般称为 IBM 兼容机。对于具备一定计算机基本知识和维护能力的人，这是一种经济实惠的选择，而普通用户选择品牌机则比较稳定，但价格较高，这也是一个权衡取舍的问题。目前流行的品牌机有 LENOVO（联想)、FOUNDER(方正)、ACER(宏基)、DELL(戴尔)和 HP(惠普)等。

除了必需的硬件以外,配置必要的软件是必不可少的,如 Windows 操作系统、Office 办公软件、常用工具软件及显示卡、声卡等设备的驱动程序等。

# 1.4 计算机软件系统

计算机的硬件配置提供了计算机系统的物质基础,然而仅有硬件的计算机并不能做任何有意义的事情,还需要在此基础上配备不同层次、不同功能的软件系统,才能成为具有不同的处理能力和完成各种不同任务的完整的计算机系统。

## 1.4.1 计算机软件的基本概念

### 1. 软件的基本概念

计算机是一种工具,软件也是一种工具。人类借助软件这个工具达到完成某个处理任务的目的,软件则利用计算机硬件的基础得以运行,以体现软件自身的能力。

计算机软件是由程序、数据和相关文档组成的。程序是指某项任务的指令序列,即用计算机能够接受的方式,描述用计算机完成某项任务的步骤与方法。数据是程序在计算机上运行的操作对象,而文档是软件开发过程中建立的技术资料,用来描述程序的内容、组成、设计、功能规格、开发情况、测试结果及使用方法等,如程序设计说明书、流程图和用户手册等。

### 2. 计算机软件系统的分类

计算机软件系统主要包括系统软件和应用软件两大部分,具体分类如图 1-24 所示。

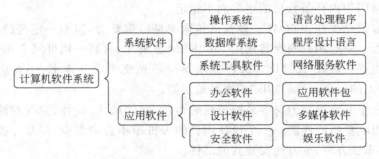

图 1-24　计算机软件系统

## 1.4.2 系统软件

系统软件是计算机必须具备的,用以实现计算机系统的管理、控制、运行、维护,并且完成应用程序的装入、编译等任务的程序。如图 1-24 所示,系统软件主要包括操作系统、程序设计语言及其处理程序(如汇编程序、编译程序和解释程序等)、数据库管理系统、系统服务程序(如故障诊断程序、调试程序和编辑程序等工具软件)。

**1. 操作系统**

操作系统是系统软件中最重要的一种,是系统软件的核心。操作系统是控制和管理计算机系统资源的一组程序和数据结构的集合。它用于在用户和程序之间分配、组织和管理整个计算机系统的硬件和软件资源,使之协调一致地、高效地完成各种复杂的任务。

操作系统的主要功能是负责控制和管理计算机系统的各种硬件和软件资源,合理地组织计算机系统的工作流程,提供用户与操作系统之间的软件接口。

操作系统可以增强系统的处理能力,使系统资源得到有效的利用,为应用软件的运行提供支撑环境,为用户提供良好方便的操作界面。操作系统是最底层的系统软件,是计算机软件的核心和基础。所有其他软件都必须在它的支持和服务下运行。

目前,微型计算机中使用的操作系统主要有 DOS、Windows 98、Windows 2000、Windows XP、Windows NT、UNIX 和 Linux 等。

**2. 计算机语言处理程序**

人与人之间交流的语言称为自然语言,人与计算机之间的交互语言则称为计算机语言。为了使计算机按人的意图自动而有序地工作,以解决某个实际问题,人们必须用计算机能够"懂"得的语言和语法格式编写程序并由计算机执行来实现。编写程序所采用的语言就是计算机语言,也称为程序设计语言。

1) 计算机语言的发展

从计算机诞生至今,随着计算机应用范围和规模的发展,计算机语言不断升级换代,大体上经历了三代:

第一代是机器语言。机器语言的每一条指令都是由 0 和 1 组成的二进制代码序列。机器语言是最底层的面向机器硬件的计算机语言。机器语言指令执行的速度快,效率高。机器语言的缺点是:二进制形式的指令代码记忆困难,编写和阅读程序的难度大;机器语言的通用性和可移植性较差。每一种计算机都有自己的机器语言。也就是说,针对一种计算机提供的机器语言程序不能在另一种计算机上运行。

机器语言编写的程序称为目标程序,目标程序是唯一可以直接被机器识别和执行的。

第二代是汇编语言。将二进制形式的机器指令代码序列用符号(或称为助记符)来表示的计算机语言称为汇编语言。用汇编语言编写的程序(称为汇编语言源程序)计算机不能直接执行,必须由汇编程序将其翻译成机器语言目标程序后,计算机才能执行。

汇编语言是机器语言的符号化,所以又称为符号语言。开发汇编语言的出发点是用符号表示指令的操作码和地址,而不再用很不直观的二进制数。

第三代是高级程序设计语言。高级语言是一种接近人类自然语言的计算机语言。机器语言和汇编语言都是面向机器的语言,而高级语言则是面向问题的语言。高级语言与具体的计算机硬件无关,其表达方式接近于人们对求解问题的描述方法,容易理解、掌握和记忆。用高级语言编写的程序的通用性和可移植性好。

高级语言编写的程序不能直接执行,必须翻译成目标程序才能在计算机中运行。目前,世界上有上百种计算机高级语言,其中 C、C++、Java、Visual Basic 和 Object Pascal 等是人们最为熟知和广泛使用流行的高级语言。

2）语言处理程序

所有的计算机语言中，唯一能够被计算机直接识别和接受的只有用机器语言编写的指令代码程序。用汇编语言编写的程序（称为汇编语言源程序）和用高级语言编写的源程序（称为高级语言源程序）都必须被解释、翻译成机器语言后才能被计算机接受和执行，完成这个过程和功能的程序就是语言处理程序。不同计算机语言有不同的语言处理程序，通常有汇编程序、编译程序和解释程序三种类型。

（1）将汇编语言源程序翻译成机器语言目标程序的语言处理程序称为汇编程序，这个过程称为汇编，如图 1-25 所示。

图 1-25　高级语言程序的处理和运行

（2）在编译方式下，源程序必须经过语言编译程序的编译处理来产生相应的目标程序，然后再通过连接和装配生成最终的可执行程序（目标机器代码）。因为编译的最终结果是目标机器语言代码，所以其执行效率较高，但是可移植性较差，如图 1-26所示。

图 1-26　编译语言程序的处理和运行

（3）在解释方式下，源程序由语言解释程序边"解释"边执行，不生成目标程序，解释方式执行程序的速度通常较慢，但是移植性较好，如图 1-27 所示。

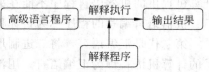

图 1-27　解释语言程序的处理和运行

**3. 数据库管理系统**

快速处理大量的信息和数据是计算机突出的特点之一，数据库技术也是计算机科学中发展最快的领域之一。使用数据库管理系统可以有效地实现数据信息的存储、更新、查询、检索、分类和统计等，主要用于财务、图书资料、档案和仓库等领域的数据管理。

在数据库系统中，数据库是以一定的形式组织起来存放在存储介质上的数据的集合。数据库管理系统（DBMS）是管理数据库的软件，是管理、维护数据库的核心程序。数据库应用程序是指以数据库为基础的各种应用程序，它们必须通过 DBMS 才能访问数据库。进行数据库的规划、设计、协调、维护和管理等工作的人员称为数据库管理员（DBA）。

**4. 系统实用程序**

系统实用程序是一些日常使用的服务性、工具性程序,是支持和维护计算机正常工作的一组系统软件,主要有连接装配程序、测试程序、调试程序和诊断程序等。

(1)诊断程序、调试程序负责对计算机设备的故障及程序中的错误进行检测,以便操作者排除和纠正。常见的诊断程序有 DEBUG、QAPLUS 等。

(2)连接装配程序用于对用户分块编译的目标程序模块进行装配连接,组成一个更大的、完整的目标程序。常见的连接装配程序有 LINK.EXE。

# 1.4.3  应用软件

应用软件是指为解决各种实际问题而编制的程序。常见的应用软件有科学计算程序、图形与图像处理软件、自动控制程序、情报检索系统、工资管理程序、人事管理程序、财务管理程序以及计算机辅助设计与制造、辅助教学等软件。

**1. 应用软件包**

应用软件包是为实现某种特殊功能而设计的、结构严密的独立系统,具有通用性。例如,金山软件公司(Kingsoft)发布的 Office 应用软件包包含 Writer(文字处理)、Spread(电子表格)和 Presentation(演示文稿)等应用软件,是实现办公自动化的很好的应用软件包。还有日常使用的杀毒软件(瑞星杀毒、金山毒霸等)以及各种游戏软件等。

**2. 用户程序**

用户程序是用户为了解决特定的具体问题而开发的软件,应用软件随着计算机应用领域的不断扩展而与日俱增。编制用户程序应充分利用计算机系统的各种现成软件,在系统软件和应用软件包的支持下可以更加方便、有效地研制用户专用程序。例如,火车站或汽车站的票务管理系统、人事管理部门的人事管理系统和财务部门的财务管理系统等。

# 1.4.4  计算机软件系统的层次结构

计算机系统是一个由系统软件、应用软件及硬件系统构成的有机结合的整体,它们有各自独立的任务与功能,但又存在着相互依存、相互依赖的层次关系。

如图 1-28 所示,最接近计算机物理实体的软件是系统软件(操作系统和语言处理程序等),应用软件(应用软件包和用户程序等)是在操作系统的平台上存在的。系统软件在计算机物理硬件的基础上为应用软件的开发提供了必要的环境,应用软件作为一种面向最终用户的软件,必须在系统软件的支持下才能开发和应用。有了计算机硬件的物质基础和各层次系统软件的支持,应用软件的不断发展意味着计算机应用水平的不断提高。

图 1-28  计算机软件系统的层次结构

# 1.5　计算机中的信息表示

信息必须首先在计算机内被表示，然后才能被计算机识别、加工和处理。与我们日常生活中习惯使用的十进制不同，计算机内部是一个二进制的数字世界，一切数字、文字、符号、图形、图像、声音和动画等信息都是采用二进制代码来表示的，计算机唯一能够直接识别的信息表示方式就是二进制代码，包括二进制代码形式组成的数字编码、字符编码以及各种文字编码等。

## 1.5.1　进位记数制及其表示

在日常生活中，人们最常用的是十进位记数制，即按照逢十进一的原则进行计数的。在与计算机打交道时，常会接触到二进制、八进制和十六进制等，这些都属于进位计数制。

**1. 数制的概念**

数制也称为计数制，是指用一组固定的符号和统一的规则来表示数值的方法。按进位的方法进行计数称为进位计数制。这种以数字符号在各数位上的排列来表示不同数的方式，可以用有限的数字符号代表所有的数值。一种计数制包含 4 个基本因素：

（1）基数。是指进制中可使用数码的个数。基数为 $r$，即可称该数制为 $r$ 进位制，简称 $r$ 进制。例如，十进制的基数是 10，二进制的基数是 2。

（2）数码。一组用来表示数制的符号，符号的个数由该进位制的基数确定。

（3）数位。是指数码在一个数中所处的位置。数码所处的位置不同，代表数的大小也不同。

（4）位权。位权是基数的幂，表示数码在不同位置上所代表的倍率值。对于 $r$ 进制数，整数部分第 $i$ 位的位权为 $r^{i-1}$，而小数部分第 $j$ 位的位权为 $r^{j}$。

**2. 数制的表示**

不同进制的基数和位权不同，对一个数的表示方法也不相同。为了区别不同进制数，一般把具体数字用括号括起来，在括号的右下角标上相应表示数制的数字或进制符号。表 1-3 所示是计算机中常用的几种进位数制。

表 1-3　计算机中常用的几种进位数制

| 进位数制 | 二 进 制 | 八 进 制 | 十 进 制 | 十 六 进 制 |
|---|---|---|---|---|
| 规则 | 逢二进一 | 逢八进一 | 逢十进一 | 逢十六进一 |
| 基数 | $r=2$ | $r=8$ | $r=10$ | $r=16$ |
| 数码 | 0,1 | 0,1,…,7 | 0,1,…,9 | 0,1,…,9,A,B,C,D,E,F |
| 位权 | $2^i$ | $8^i$ | $10^i$ | $16^i$ |
| 进制符号 | B | O | D | H |

各种进位计数制中位权的值恰好是基数的幂。因此,任何一种 $r$ 进位计数制表示的数 $N$ 都可以写成按其位权展开的多项式之和,如公式 1-1 所示。

$$N = \sum_{i=n-1}^{-m} D_i \times r^i \tag{1-1}$$

式中的 $r$ 是基数, $r^i$ 是位权, $i$ 是数位, $m$ 是小数位位数, $n$ 是整数位位数, $D_i$ 为该数位 $i$ 上的数码符号。按照数制的位权展开式,所有不同基数的数字都可以展开成最常用的十进制数,例如:

$$(1010)_{10} = 1 \times 10^3 + 0 \times 10^2 + 1 \times 10^1 + 0 \times 10^0$$
$$(1010)_2 = 1 \times 2^3 + 0 \times 2^2 + 1 \times 2^1 + 0 \times 2^0 = (10)_{10}$$
$$(1010)_8 = 1 \times 8^3 + 0 \times 8^2 + 1 \times 8^1 + 0 \times 8^0 = (520)_{10}$$
$$(5AEF)_{16} = 5 \times 16^3 + 10 \times 16^2 + 14 \times 16^1 + 15 \times 16^0 = (23279)_{10}$$

**3. 计算机内部的数制**

计算机采用二进制作为基本数制,一切数值和信息都以二进制代码形式进行存取、处理和传送,计算机的存储器件也是以二进制位作为最小存储单位的。计算机中采用二进制表示信息是因为二进制具备了如下几方面的特点:

1) 易于物理实现

二进制只有 0 和 1 两个数字,可以表示 0 和 1 两种状态的电磁器件很多,如开关的接通和断开、晶体管的导通和截止、电位电平的低与高、磁元件的正负磁极等。使用二进制,计算机电路设计在物理上很容易实现,数字装置简单可靠。

2) 运算规则简单

二进制数的运算规则简单,两个二进制数和、积运算组合各有三种,有利于简化计算机内部结构,提高运算速度。

3) 适合逻辑运算

二进制的 0 和 1 正好和逻辑代数的假(false)和真(true)相对应,符合逻辑代数的理论基础,用二进制表示逻辑值很自然,可以方便地利用逻辑代数来综合分析逻辑电路。

# 1.5.2 数制间的相互转换

**1. $r$ 进制数转换为十进制数**

基数为 R 的数字,按照权展开式将各位数字与位权相乘,所得结果相加就是十进制数。

**例 1-1** $(1101101.0101)_B = 1 \times 2^6 + 1 \times 2^5 + 0 \times 2^4 + 1 \times 2^3 + 1 \times 2^2 + 0 \times 2^1 + 1 \times 2^0 + 0 \times 2^{-1} + 1 \times 2^{-2} + 0 \times 2^{-3} + 1 \times 2^{-4} = (109.3125)_D$

**例 1-2** $(3506.2)_O = 3 \times 8^3 + 5 \times 8^2 + 0 \times 8^1 + 6 \times 8^0 + 2 \times 8^{-1} = (1862.25)_D$

**例 1-3** $(0.2A)_H = 2 \times 16^{-1} + 10 \times 16^{-2} = (0.1640625)_D$

**2. 十进制数转换为 $r$ 进制数**

(1) 整数部分的转换——除 $r$ 取余法。

把一个十进制的整数不断除以所需要的基数 $r$,直到商数为 0。取每次得到的余数逆序排列,这种方法称为除 $r$ 取余法。

**例 1-4** 将十进制整数 56 转换成二进制数。

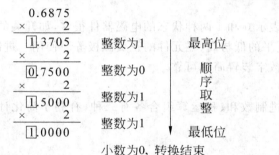

```
2 | 56        余数为0     ↑  最  低
  2 | 28      余数为0     
    2 | 14    余数为0        逆
                           序
      2 | 7   余数为1        取
                           余
        2 | 3 余数为1     
          2 | 1 余数为1   ↑  最  高
            0   商数为0, 转换结束
```

因此,十进制数 $(56)_{10}$ 转换成二进制数是 $(111000)_2$。

(2) 小数部分的转换——乘 $r$ 取整法。

将十进制小数部分不断地乘以 $r$,直到小数部分为 0,或达到所要求的精度为止(小数部分可能永不为 0)。取每次得到的整数顺序排列,这种方法称为乘 $r$ 取整法。

**例 1-5** 将十进制小数 0.6875 转换成二进制小数。

将十进制小数 0.6875 转换成二进制小数的过程如下:

```
      0.6875
    ×      2
   ─────────
    ①.3705      整数为1    ↑  最高位
    ×  . 2
   ─────────
    ⓪.7500      整数为0       顺
                              序
    ×  . 2                    取
   ─────────                  整
    ①.5000      整数为1    
    ×  . 2
   ─────────
    ①.0000      整数为1    ↓  最低位
```

小数为 0, 转换结束

按先后顺序将每次得到的整数部分(0 或 1)从左到右排列得到所对应的二进制小数。十进制小数 $(0.6875)_{10}$ 转换成二进制小数为 $(0.1011)_2$。

如果十进制数包含整数和小数两部分,则必须将十进制小数点两边的整数和小数部分分别进行相应转换,然后再把获得的 $r$ 进制整数和小数部分组合在一起。

**例 1-6** 将十进制数 57.3125 转换成二进制数。

只要将整数和小数部分组合在一起即可,即 $(57.3125)_D = (111001.0101)_B$。

**例 1-7** 将十进制数 193.12 转换成八进制数。

```
                                            0.12
                                          ×    8
                                        ─────────
8 | 193    余数为1   ↑  最  低            ⓪.96      整数为0   ↑  最  高
  8 | 24   余数为0                        ×    8
    8 | 3  余数为3   ↑  最  高          ─────────
      0    商数为0, 转换结束             ⑦.68      整数为7
                                          ×    8
                                        ─────────
                                         ⑤.44      整数为5   ↓  最  低
```

达到精度要求, 转换结束

所以 $(193.12)_D \approx (301.075)_O$。

**3. 非十进制数间的转换**

通常两个非十进制数之间的转换方法是采用上述两种方法的组合，即先将被转换数转换为相应的十进制数，然后再将十进制数转换为其他进制数。由于二进制与八进制、十六进制之间存在特殊关系，因此转换方法就比较容易，其关系如表 1-4 和表 1-5 所示所示。

表 1-4　二进制与八进制之间的关系

| 二　进　制 | 八　进　制 |
| --- | --- |
| 000 | 0 |
| 001 | 1 |
| 010 | 2 |
| 011 | 3 |
| 100 | 4 |
| 101 | 5 |
| 110 | 6 |
| 111 | 7 |

表 1-5　二进制与十六进制之间的关系

| 二　进　制 | 十六进制 | 二　进　制 | 十六进制 |
| --- | --- | --- | --- |
| 0000 | 0 | 1000 | 8 |
| 0001 | 1 | 1001 | 9 |
| 0010 | 2 | 1010 | A |
| 0011 | 3 | 1011 | B |
| 0100 | 4 | 1100 | C |
| 0101 | 5 | 1101 | D |
| 0110 | 6 | 1110 | E |
| 0111 | 7 | 1111 | F |

根据这种对应关系，二进制转换为八进制十分简单。将二进制数从小数点开始，整数部分从右向左每 3 位一组，不足 3 位前面补 0；小数部分从左向右每 3 位一组，不足 3 位后面补 0，最后根据表 1-4 即可完成转换。将八进制转换成二进制的过程正好相反，一个八进制位直接查表转换成 3 个二进制位。二进制同十六进制之间的转换也是使用上述的转换方法，不同之处只是每 4 位划分成一组。

**例 1-8**　将二进制数$(10100101.01011101)_B$ 转换成八进制数。

$$010 \quad 100 \quad 101.010 \quad 111 \quad 010$$
$$2 \quad \ 4 \quad \ 5.\ 2 \quad \ 7 \quad \ 2$$

所以$(10100101.01011101)_B = (245.272)_O$。

**例 1-9**　将二进制$(1111111000111.100101011)_B$ 转换成十六进制数。

$$0001 \quad 1111 \quad 1100 \quad 0111.1001 \quad 0101 \quad 1000$$
$$1 \quad \ \ F \quad \ \ C \quad \ \ 7.\ 9 \quad \ \ 5 \quad \ \ 8$$

所以$(1111111000111.100101011000)_B = (1FC7.958)_H$。

# 1.5.3　计算机中的字符编码

计算机处理的信息除了数字之外还需要处理字母、符号及文字等，称为非数值数据。以二进制代码形式表示的字符称为二进制编码，即字符编码。字符编码方式有多种，微型机中普遍采用的是 ASCII 码。

ASCII 码(American Standard Code for Information Interchange，美国标准信息交换

码)是国际标准化组织确定的,国际上通用的字符编码标准。

每个 ASCII 编码占用一个字节,由 8 个二进制位组成。ASCII 码中的二进制数的最高位(最左边一位)为数字 0 的称为基本 ASCII 码,其范围为 0~127。基本 ASCII 编码在所有的计算机上都是通用的,共可表示 128 个不同的字符,其中有 33 个控制字符和 95 个可显示字符(1 个空格、10 个数字字符、26 个英文小写字母、26 个英文大写字母、32 个标点符号和运算符号),如表 1-6 所示。

**表 1-6 ASCII 编码表**

| $b_3b_2b_1b_0$ ＼ $b_6b_5b_4$ | 000 | 001 | 010 | 011 | 100 | 101 | 110 | 111 |
|---|---|---|---|---|---|---|---|---|
| 0000 | NUL | DLE | | 0 | @ | P | ` | p |
| 0001 | SOH | DC1 | ! | 1 | A | Q | a | q |
| 0010 | STX | DC2 | " | 2 | B | R | b | r |
| 0011 | ETX | DC3 | # | 3 | C | S | c | s |
| 0100 | DOT | DC4 | $ | 4 | D | T | d | t |
| 0101 | ENG | NAK | % | 5 | E | U | e | u |
| 0110 | ACK | SYN | & | 6 | F | V | f | v |
| 0111 | BEL | ETB | ' | 7 | G | W | g | w |
| 1000 | BS | CAN | ( | 8 | H | X | h | x |
| 1001 | HT | EM | ) | 9 | I | Y | i | y |
| 1010 | LF | SUB | * | : | J | Z | j | z |
| 1011 | VT | ESC | + | ; | K | [ | k | { |
| 1100 | FF | FS | | < | L | \ | l | | |
| 1101 | CR | GS | | = | M | ] | m | } |
| 1110 | SO | RS | . | > | N | ^ | n | ~ |
| 1111 | SI | US | / | ? | O | _ | o | DEL |

在 ASCII 编码中,10 个数字字符、26 个英文大写字母和 26 个英文小写字母都是按从小到大的顺序连续编码的。因此,只要知道了一个数字或字母的 ASCII 编码,就可以根据顺序推算出其他数字或字母的 ASCII 编码。

## 1.5.4 汉字在计算机中的表示

在计算机系统中使用汉字,需要为每一个汉字分配一个唯一的二进制编码。汉字结构复杂,字型繁多,其编码是一个复杂的过程,需要在汉字处理的不同环节,如输入、编辑、存储、输出和交换等过程中使用不同的编码,主要包括用于信息交换的国标码、用于汉字输入的输入码、用于在计算机内部存储处理汉字的机内码和用于显示、打印汉字的字形码。

### 1. 国标码

国标码是国家标准信息交换汉字编码字符集的简称。国家标准局于 1980 年颁布了《信息交换用汉字编码字符集——基本集》，代号为 GB2312—80（简称为汉字交换码或 GB2312 编码）。GB2312—80 标准编码是计算机可以识别的编码，适用于汉字在计算机系统之间的信息交换，共对 6763 个汉字和 682 个图形字符进行了编码，其编码原则为：汉字用两个字节表示，每个字节用 7 位码（高位为 0），将汉字和图形符号排列在一个 94 行 94 列的二维代码表中，每两个字节分别用两位十进制编码，前字节的编码称为区码，后字节的编码称为位码，此即区位码。

然而，国标码并不等于区位码，它是由区位码稍作转换得到，其转换方法为：先将十进制区码和位码转换为十六进制的区码和位码，再将这个代码的第一个字节和第二个字节分别加上 20H，这样就得到一个与区位码有一个相对位置差的代码，这就是国标码。

### 2. 输入码

输入码所解决的问题是如何使用西文标准键盘把汉字输入到计算机内。有多种不同的输入码，主要可以分为三类：数字编码、拼音编码和字型编码。

（1）数字编码。以汉字区位编码为基础的输入编码。每一个汉字或符号都对应着一个唯一区位码，所以这种输入法中，汉字编码无重码，但若想记住全部区位码是相当困难的。

（2）拼音编码。以汉字读音为基础的输入编码。这种输入法简单易学，易于被大众掌握，但是由于汉字同音字太多，输入后一般要进行二次选择，影响了输入速度。

（3）字型编码。以汉字的笔画形状为基础的输入编码，按照汉字的笔画部件用字母或数字进行编码。这种输入方法重码率低，可连续无间断输入，但其需要记忆大量的字根和编码规则，入门较难。

### 3. 机内码

汉字机内码是在设备和信息处理系统内部存储、处理、传输汉字用的代码。无论采用何种汉字输入编码，输入计算机后将立即被转换为机内码。

国标码是汉字信息交换的标准编码，但因其前后字节的最高位为 0，与基本 ASCII 编码发生冲突，显然国标码是不可能在计算机内部直接采用的。为了使汉字在使用时区别于基本 ASCII 编码，汉字的机内码采用变形国标码，其变换方法为：将国标码的每个字节都加上 80H，即将两个字节的最高位由 0 改为 1，其余 7 位不变，这样就得到了汉字的机内码。

### 4. 字形码

字形码是表示汉字字形的字模数据，因此也称为字模码，是汉字的输出形式。通常用点阵、矢量函数等表示。用点阵表示时，字形码指的就是这个汉字字形点阵的代码。根据输出汉字精度的要求不同，点阵的多少也不同。简易型汉字为 16×16 点阵（如图 1-29

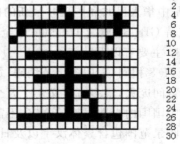

| 0 02H | 1 00H |
|---|---|
| 2 01H | 3 04H |
| 4 7FH | 5 FEH |
| 6 40H | 7 04H |
| 8 80H | 9 08H |
| 10 00H | 11 00H |
| 12 3FH | 13 F8H |
| 14 01H | 15 00H |
| 16 01H | 17 00H |
| 18 1FH | 19 F0H |
| 20 01H | 21 00H |
| 22 01H | 23 40H |
| 24 01H | 25 20H |
| 26 01H | 27 20H |
| 28 7FH | 29 FCH |
| 30 00H | 31 00H |

图 1-29  汉字点阵

所示),提高型汉字为 24×24 点阵、48×48 点阵等。

# 1.5.5 常用汉字编码标准

### 1. GB 2312

GB 2312 编码是中华人民共和国国家汉字信息交换用编码,全称为《信息交换用汉字编码字符集——基本集》,由国家标准总局于 1980 年发布,1981 年 5 月 1 日起实施,通行于中国大陆,新加坡等地也使用此编码,标准号是 GB 2312—1980。

在 GB 2312—80 的字符集中共收集了 7445 个常用汉字和图形符号,放置于 94 区×94 位的大表格里。682 个数字和符号包括标点符号、数学符号、数字序号、全角数字字母、日文平假名、片假名、希腊字母、俄文字母、图形符号、制表符、拼音和注音符号等,放置于 01~09 区。6763 个常用汉字分为两级,将其中使用频度高的常用汉字(3755 个)作为第一级汉字,放置于 16~55 区,按照拼音字母和笔形顺序排列;较不常用的汉字(3008 个)作为第二级汉字,放置于 56~87 区,按照部首和笔画顺序排列。其余各空白区留待以后进一步标准化使用。

GB 2312 的出现基本满足了汉字信息的计算机处理需要,但对于繁体字和人名、古汉语等方面出现的生僻字没有收录,这导致了后来 GBK 及 GB 18030 汉字字符集的出现。

### 2. BIG5

大五码(Big5),又称为五大码,是使用繁体中文社群中最常用的计算机汉字字符集标准,共收录 13 060 个中文字,包括繁体汉字、标点符号、希腊字母及特殊符号。Big5 常用于中国台湾、中国香港和中国澳门等使用繁体中文的地区。

### 3. GBK

GBK 是《汉字内码扩展规范》,GBK 编码标准兼容 GB2312,是对 GB2312—80 的扩展,同时在字汇一级支持 ISO/IEC10646—1 和 GB13000—1 的全部中、日、韩(CJK)汉字,共收录汉字 20 902 个、符号 883 个,并提供 1894 个造字码位,融简、繁体字于一库。

GBK 并非国家标准,只是由国家技术监督局标准化司、电子工业部科技与质量监督司公布为"技术规范指导性文件",原始的国家标准 GB 13000《信息技术 通用多八位编码字符集(UCS)第一部分:体系结构与基本多文种平面》一直未被业界采用。

### 4. GB 18030

GB 18030 最新版本为中华人民共和国国家标准 GB 18030—2005《信息技术 中文编码字符集》,是中华人民共和国现时最新的内码字集。与 GB 2312—80 完全兼容,与 GBK 基本兼容,支持 GB 13000 及 Unicode 的全部统一汉字,共收录汉字 70 244 个。

GB 18030 主要有以下特点:

- 与 UTF-8 相同,采用多字节编码,每个字可以由 1 个、2 个或 4 个字节组成。
- 编码空间庞大,最多可定义 161 万个字符。
- 支持中国国内少数民族的文字,不需要动用造字区。
- 汉字收录范围包含繁体汉字以及日韩汉字。

GB 18030 标准的初版是 GB 18030—2000《信息技术 信息交换用汉字编码字符集 基

本集的扩充》，由国家质量技术监督局于 2000 年 3 月 17 日发布。GB 18030 标准从生效之日起，同时代替原国家技术监督局标准化司和原电子工业部科技与质量监督司发布和实施的技术规范指导性文件《汉字内码扩展规范（GBK）》。

# 1.6   多媒体基础知识

目前，计算机处理的信息主要是字符和图形，人机交互的设备主要是键盘和显示器。这与人类通过听、说、读、写，甚至通过表情和触摸进行交流相比，当前人与计算机交流的方式还处于非常初级的阶段。在人们所接受的信息中，有 80％来自视觉，这不仅包括文字、数字和图形，更重要的是图像。声音和语言也是人们获取信息的重要方式。因此，为了改善人与计算机之间的交互界面，集声、文、图像于一体，就要开发和应用多媒体技术。

随着微电子、计算机、通信和数字化声像技术的飞速发展，多媒体计算机技术应运而生。由于多媒体技术使计算机产生了与人类沟通更加形象化的特点，全世界已形成一股开发应用多媒体技术的热潮。

## 1.6.1   多媒体技术的基本概念

我们所熟悉的报纸、杂志、电影、电视和广播等都是通过不同的媒体形式进行传播的，人们从这些媒体接受信息的方式都是被动的。多媒体则与此不同，它为人们提供了交互的信息获取方式，使人们与信息的交流方式发生了深刻的变化。

**1. 信息媒体的类型**

媒体（medium）指的是信息传递和存储的最基本的技术和手段，是信息的存在形式和表现形式。简单地说，媒体就是人与人之间交流思想和信息的中介物。

通常所讨论的媒体主要包括文字、声音、图像、动画和视频等几种形式。

- 文字。文字一直是一种最基本的表示媒体，也是多媒体信息系统中出现最频繁的媒体。由文字组成的文本常常是许多媒体演示的重要连接部分。使用文字最基本的要求是整洁和准确。
- 声音。声音的使用可使多媒体信息的传播具有声情并茂的效果。常见的声音表现形式有解说、音效和背景音乐等。声音的实现需要在计算机中配备相应的音频硬件和音响设备。
- 图像。这里说的图像是指静态的图片，包括图形（由绘图工具制作的简单几何图形组合而成）和图像（通过拍摄手段获得的静态的真实自然图像等）。图像的使用能够很好地丰富信息的表现形式，使之更直观和活泼。
- 动画。动画一般是指利用计算机动画制作软件或其他动画设计手段得到的非自然实景的动态画面，如计算机卡通动画和游戏动画等。它一般可分为二维动画（平面）和三维（立体）动画。
- 视频。视频是指利用摄像设备摄制的动态图像，有时也称为视频影像或电影。它能够真实地记录和反映现实世界。视频的实现需要在计算机中配备相应的视频硬件。

**2. 多媒体技术的特征**

所谓多媒体（Multimedia），就是在信息表现中综合使用了多种媒体形式。同样，多媒体技术就是以计算机技术为基础，综合处理图、文、声、像等多种信息媒体，并将它们整合成为具有交互性的有机整体。

多媒体技术的显著特点是改善了人机交互界面，集文字、声音、静止图像和活动图像于一体，更接近人们自然的信息交流方式。

一般来说，多媒体技术具有以下特性：

1）集成性

集成性是指以计算机为中心综合处理多种信息媒体。这包括两个方面的含义：一是信息媒体的集成化处理；二是处理各种媒体的设备的集成。

首先，多媒体不仅仅是媒体形式的多样性，而且各种媒体形式在计算机内是相互关联的，如文字、声音、画面的同步等。其次，多媒体计算机系统应具有能够处理多媒体信息的高速 CPU、大容量的存储设备、适合多媒体数据传输的输入输出设备等。

2）交互性

交互性是指用户可以对计算机应用系统进行交互式操作，从而更加有效地控制和使用信息。这种特性可以增加用户对信息的理解和注意力，延长信息保留的时间。用户借助交互式的沟通，可以按照自己的意愿来学习、思考和解决问题。从用户角度来讲，交互性是多媒体技术中最重要的一个特性。它改变了以往单向的信息交流方式，用户不再是像看电视、听广播那样被动地接收信息，而是能够主动地与计算机进行交流。目前作为教学改革的一个重要方面就是开发和使用多媒体课件。除了能够提高课堂教学效果外，多媒体课件还可以提供学生课后自学，每个学生都可以针对各自不同的情况有选择地学习自己感兴趣的内容，从而变被动学习为主动学习。

3）实时性

在多媒体系统中，像文本、图像等媒体是静态的，与时间无关；而声音及活动的视频图像则完全是实时的。多媒体技术提供了对这类实时性媒体信息的处理能力。

# 1.6.2 多媒体技术的表示方式

多媒体技术实际是面向三维图形、立体声和彩色全屏幕画面的"实时处理"技术。实现实时处理的技术关键是如何解决好视频、音频信号的采集、传输和存储问题。其核心则是"视频、音频的数字化"和"数据的压缩与编码"。此外，在应用多媒体信息时，其表达方法也不同于单一的文本信息，而是采用超文本和超媒体技术。

**1. 视频、音频的数字化**

视频、音频的数字化是将原始的视频、音频"模拟信号"转换为便于计算机进行处理的"数字信号"，然后再与文字等其他媒体信息进行叠加，构成多种媒体信息的组合。

**2. 数据的压缩与编码**

数字化后的视频、音频信号的数据量非常之大,不进行合理压缩和编码根本就无法传输和存储。因此,视频、音频信息数字化后,必须再进行压缩编码才有可能存储和传送。播放时则需逆向解压缩解编码以实现真实场景还原。

**3. 超文本和超媒体技术**

(1) 超文本(hypertext)。传统的文本信息是按"线性结构"组织的,即按顺序排列,用户只能依次提取。超文本则采用"非线性的网状结构"来组织文本信息,各部分文本之间没有顺序、不分层次,但都有"指针"链接(link)。用户可以随心所欲地进行跳转,调用非常灵活。所以超文本指的是使用链接方式连接相关文件的一项技术,并且不限于文本文件。

(2) 超媒体(hypermedia)。传统的信息媒体只是数字和文本,表现形式单调。超媒体概念除了针对文、图、声、像多种媒体信息之外,还包含必须采用超文本技术的要求。所以超媒体指的是使用超文本方式链接文、图、声、像多种媒体文件的一项技术。

多媒体技术是基于计算机技术的综合技术,它包括数字信号处理技术、音频和视频技术、计算机硬件和软件技术、人工智能和模式识别技术、通信和图像技术等。它是正处于发展过程中的一门跨学科的综合性高新技术。

# 1.6.3　多媒体技术的应用

多媒体技术是一种实用性很强的技术,其社会影响和经济影响都十分巨大,相关的研究部门和产业部门都非常重视技术的产品化工作,因此多媒体技术的发展和应用日新月异,发展迅猛,产品更新换代的周期很快。多媒体技术几乎覆盖了计算机应用的绝大多数领域,进入了社会生活的各个方面。多媒体技术的应用主要包括以下几个方面。

**1. 教育与培训**

多媒体系统的形象化和交互性可为学习者提供全新的学习方式,使接受教育和培训的人能够主动地创造性地学习,具有更高的效率。传统的教育和培训通常是听教师讲课或者自学,两者都有其自身的不足之处。多媒体的交互教学改变了传统的教学模式,不仅教材丰富生动,教育形式灵活,而且有真实感,更能激发人们学习的积极性。

**2. 电子出版物**

伴随着多媒体技术的发展,出版业突破了传统出版物的种种限制,进入了新时代。多媒体技术使静止枯燥的读物变成了融合文字、声音、图像和视频的休闲享受。同时,光盘的应用使出版物的容量增大,而体积大大缩小。

**3. 娱乐应用**

精彩的游戏和风行的 VCD、DVD 都可以利用计算机的多媒体技术来展现,计算机产品与家电娱乐产品的区别越来越小。视频点播(Video on Demand,VOD)也得到了广泛地应用,电视节目中心将所有的节目以压缩后的数据形式存入图像数据库,用户只要通过网络与中心相连,就可以在家里按照指令菜单调取任何一套节目,或调取节目中的任何一段,实现家庭影院般的享受。

**4. 视频会议**

视频会议的应用是多媒体技术最重大的贡献之一。这种应用使人的活动范围扩大而距离更近,其效果和方便程度比传统的电话会议优越得多。通过网络技术和多媒体技术,视频会议系统使两个相隔万里的与会者能够像面对面一样随意交流。

**5. 咨询演示**

在旅游、邮电、交通、商业和宾馆等公共场所,通过多媒体技术可以提供高效的咨询服务。在销售、宣传等活动中,使用多媒体技术能够图文并茂地展示产品,使客户对商品能够有一个感性、直观的认识。

**6. 艺术创作**

多媒体系统具有视频绘图、数字视频特技和计算机作曲等功能。利用多媒体系统创作音像作品,不仅可以节约大量人力物力,而且为艺术家提供了更好的表现空间和更大的艺术创作自由度。

**7. 模拟训练**

利用多媒体技术丰富的表现形式和虚拟现实技术,研究人员能够设计出逼真的仿真训练系统,如飞行模拟训练、航海模拟训练等。训练者只需要坐在计算机前操作模拟设备,就可得到如同操作实际设备一般的效果。不仅能够有效地节省训练经费,缩短训练时间,也能够避免一些不必要的损失。F-16、波音 777 以及我国的载人航天器在飞上太空之前都做许多模拟飞行。在美国加利福尼亚海洋学院和其他商业性海事官员培训学校,由计算机控制的模拟器可教你油轮的操作以及集装箱船只的复杂装卸过程。

# 1.6.4 多媒体计算机系统

多媒体计算机系统是在普通计算机基础上配以多媒体软、硬件环境,并通过各种接口部件连接而成。最初的多媒体计算机只是在普通计算机上添加声卡、视频卡、光驱和相应的软件,使其能够处理声音、视频等多媒体要素。随着多媒体应用的不断扩展,多媒体计算机的功能越来越强大,但是其基本的结构并没有多大的变化。

**1. 硬件组成**

一般计算机硬件由主机、显示器、键盘和鼠标等器件组成,多媒体计算机在此基础上加上各类适配卡及专用输入输出设备后组成。多媒体计算机硬件组成的一般结构如图 1-30 所示。

可见,除了 CPU、硬盘、内存、显示卡、鼠标和键盘等普通计算机的基本硬部件外,多媒体计算机还包括其他一些部件。

音频卡(又称为声卡)一般是作为附加插卡安装在主板的扩展槽内,用于对音频信号进行采样、处理和重放,是多媒体计算机的一个重要部件。世界上率先支持数字化录音、放音功能的 PC 音频卡是由新加坡 Creative Labs 公司生产的 Sound Blaster,号称"声霸卡"。现在,许多计算机主板都已经集成了声卡的功能。

视频卡主要用于视频节目的处理,按照功能可以分为视频捕捉卡、视频播放卡、视频解压卡和电视转换卡等类型。视频捕捉卡可以将录像机或摄像机上的视频信号采集到计

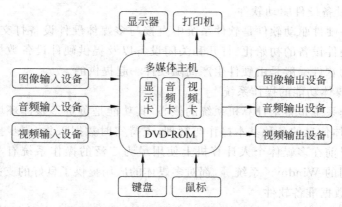

图 1-30 多媒体计算机的硬件组成示意图

算机中,经过压缩处理,转换成能够被计算机识别和播放的数字视频格式的文件,并存储在计算机的硬盘中。视频播放卡可以把计算机上生成的文字、图形、动画或处理过的视频等数字信号转换为某种制式(PAL 或 NTSC)的模拟信号,并在电视机上播出。

视频解压卡是一种使用硬件方式解压缩视频数据并播放的视频输出卡,即视频硬解压技术,在早期的计算机中较为常见。随着计算机性能的不断提高,计算机软件已经能够完全承担起对视频解压缩的任务,即视频软解压技术。正是软解压技术的发展,现在的计算机中已经基本看不到解压卡的身影,但是在某些特殊应用场合,解压卡仍得到使用。

CD-ROM 就是我们常说的数据光盘。相对于磁盘介质的存储器,它具有存储容量大、易保存、流通方便等特点,成为存储多媒体信息的最佳手段。要在计算机上使用光盘,必须安装光盘驱动器(简称光驱),它已经成为多媒体计算机的标准配置。随着存储技术的发展,DVD 光盘和光驱也已经在计算机上得到了广泛的使用。

除了这些必需的部件外,还有一些与多媒体有关的输入输出(I/O)设备,这些设备并不是必需的,但各种设备都有其独特的功能。常见的设备主要有以下几种。

- 图像输入设备:扫描仪、数字照相机等。
- 图像输出设备:绘图仪、打印机等。
- 音、视频输入设备:话筒、摄/录像机、广播等。
- 音、视频输出设备:音响、录像机、电视机和投影仪等。

此外,触摸屏是一种附着在显示器上的膜状感应设备,它可以接受用户的点击等操作,也是一种典型的多媒体 I/O 设备。

**2. 软件组成**

如果说硬件是多媒体系统的基础,那么软件就是其灵魂。多媒体硬件的各种功能必须通过多媒体软件的作用才能得到淋漓尽致的发挥。多媒体软件系统具有综合使用各种媒体及传输和处理数据的功能。它可以被划分为不同的层次,如图 1-31 所示。

图 1-31 多媒体软件系统的层次结构

1) 多媒体设备硬件驱动软件

多媒体设备硬件驱动软件是软件系统中直接与多媒体硬件设备打交道的部分,其主要功能是完成硬件设备的初始化、打开和关闭设备以及提供硬件设备数据接口等。多媒体设备硬件驱动软件一般是由硬件生产商随硬件一起提供的。

2) 支持多媒体功能的操作系统

计算机操作系统是整个计算机系统的核心,其功能是负责多媒体环境下多个任务的调度,提供多媒体信息的各种基本操作与管理,支持实时数据采集、同步播放等多媒体数据处理流程。目前在多媒体个人计算机上使用最为广泛的操作系统有苹果公司的 IOS 系统和微软公司的 Windows 系统等,都对多媒体的应用提供了良好的支持。

3) 多媒体数据准备软件

它是用于采集和处理各种媒体数据的工具软件,如声音录制与编辑软件、图像扫描和处理、动画生成和编辑、视频采集和编辑等软件。目前市场上流行的多媒体数据准备软件主要有 3D MAX(三维动画制作软件)、Flash MX(平面和网页动画制作软件)、Photoshop(图像处理软件)和 Premiere(影视制作软件)等。

4) 多媒体编辑创作软件

多媒体编辑创作软件是创作人员进行多媒体创作的工具。利用这个工具,创作人员能够将分散的多媒体素材整合到一起,形成一个融合了图、文、声、像等多种媒体表现手段,具有良好交互性的多媒体作品。目前比较常用的多媒体创作工具有 Authorware、Director 和 Presentation 等。

5) 多媒体应用系统

多媒体应用系统是借助多媒体技术开发的面向用户使用的软件系统,如多媒体数据库系统、多媒体教学软件和电子图书等。

# 习 题 1

**一、选择题**

1. 世界上首次提出存储程序计算机体系结构的是(　　)。

    A. 莫奇莱　　　　B. 艾仑·图灵　　　　C. 乔治·布尔　　　　D. 冯·诺依曼

2. 世界上第一台电子数字计算机采用的主要逻辑部件是(　　)。

    A. 电子管　　　　B. 晶体管　　　　C. 继电器　　　　D. 光电管

3. 下列叙述正确的是(　　)。

    A. 世界上第一台电子计算机 ENIAC 首次实现了"存储程序"方案

    B. 按照计算机的规模,人们把计算机的发展过程分为 4 个时代

    C. 微型计算机最早出现于第三代计算机中

    D. 冯·诺依曼提出的计算机体系结构奠定了现代计算机结构的理论基础

4. 一个完整的计算机系统应包括(　　)。

    A. 系统硬件和系统软件　　　　　　B. 硬件系统和软件系统

C. 主机和外部设备　　　　　　　D. 主机、键盘、显示器和辅助存储器

5. 微型计算机硬件系统的性能主要取决于（　　　）。

  A. 微处理器　　B. 内存储器　　　　C. 显示适配卡　　　D. 硬磁盘存储器

6. 微处理器处理的数据基本单位为字。一个字的长度通常是（　　　）。

  A. 16 个二进制位　　　　　　　B. 32 个二进制位

  C. 64 个二进制位　　　　　　　D. 与微处理器芯片的型号有关

7. 计算机字长取决于（　　　）的宽度。

  A. 控制总线　　B. 数据总线　　　C. 地址总线　　　D. 通信总线

8. Pentium Ⅱ 350 和 Pentium Ⅲ 450 中的 350 和 450 的含义是（　　　）。

  A. 最大内存容量　　　　　　　B. 最大运算速度

  C. 最大运算精度　　　　　　　D. CPU 的时钟频率

9. 微型计算机中，运算器的主要功能是进行（　　　）。

  A. 逻辑运算　　　　　　　　　B. 算术运算

  C. 算术运算和逻辑运算　　　　　D. 复杂方程的求解

10. 下列存储器中，存取速度最快的是（　　　）。

  A. 软磁盘存储器　　　　　　　B. 硬磁盘存储器

  C. 光盘存储器　　　　　　　　D. 内存储器

11. CPU 不能直接访问的存储器是（　　　）。

  A. ROM　　　B. RAM　　　　C. Cache　　　　D. CD-ROM

12. 微型计算机中，控制器的基本功能是（　　　）。

  A. 存储各种控制信息　　　　　B. 传输各种控制信号

  C. 产生各种控制信息　　　　　D. 控制系统各部件正确地执行程序

13. 下列 4 条叙述中，属于 RAM 特点的是（　　　）。

  A. 可随机读写数据，断电后数据不会丢失

  B. 可随机读写数据，断电后数据全部丢失

  C. 只能顺序读写数据，断电后数据部分丢失

  D. 只能顺序读写数据，断电后数据全部丢失

14. 在微型计算机中，ROM 是（　　　）。

  A. 顺序读写存储器　　　　　　B. 随机读写存储器

  C. 只读存储器　　　　　　　　D. 高速缓冲存储器

15. 计算机同外部世界进行信息交换的设备是（　　　）。

  A. 输入输出设备　　　　　　　B. 磁盘

  C. 显示器　　　　　　　　　　D. 打印机

16. 计算机能直接执行的程序是（　　　）。

  A. 源程序　　B. 机器语言程序　　C. 汇编语言程序　　D. BASIC 语言程序

17. 微型计算机采用总线结构连接 CPU、内存储器和外部设备，总线包括（　　　）。

  A. 数据总线、传输总线和通信总线　B. 地址总线、逻辑总线和信号总线

  C. 控制总线、地址总线和运算总线　D. 数据总线、地址总线和控制总线

18. 在计算机中，VGA 的含义是（    ）。
    A. 计算机型号　　　　B. 键盘型号　　　　C. 显示标准　　　　D. 显示器型号

19. 下列设备中，属于输入设备的是（    ）。
    A. 声音合成器　　　　B. 激光打印机　　　　C. 光笔　　　　D. 显示器

20. 微型计算机配置高速缓冲存储器是为了解决（    ）。
    A. 主机与外设之间速度不匹配问题
    B. CPU 与辅助存储器之间速度不匹配问题
    C. 内存储器与辅助存储器之间速度不匹配问题
    D. CPU 与内存储器之间速度不匹配问题

21. 磁盘存储器存取信息的最基本单位是（    ）。
    A. 字节　　　　　　　B. 字长　　　　　　　C. 扇区　　　　D. 磁道

22. 32 位计算机中的 32 是指该计算机（    ）。
    A. 能同时处理 32 位二进制数　　　　B. 能同时处理 32 位十进制数
    C. 具有 32 根地址总线　　　　　　　D. 运算精度可达小数点后 32 位

23. 和 1KB 等价的是（    ）。
    A. 1024MB　　　　　B. 1024B　　　　　C. 1000GB　　　　D. 1000B

24. 目前使用的计算机采用的主要电子元器件是（    ）。
    A. 电子管　　　　　　　　　　　　　B. 晶体管
    C. 中小规模集成电路　　　　　　　　D. 超大规模集成电路

25. 将十进制数 93 转换为二进制数为（    ）。
    A. 1110111　　　　　B. 1110101　　　　　C. 1010111　　　　D. 1011101

二、填空题

1. 一台计算机所能执行的全部指令的集合称为_____。

2. 十进制数 4567 表示为二进制数是_____，表示为八进制数是_____，表示为十六进制数是_____。

3. _____是最小的存储单位，_____是数据处理的最基本单位。

4. 2GB 的硬盘容量是_____MB，它可以存储大约_____个汉字。

5. ASCII 码是使用最多、最普遍的_____编码，称为_____。

6. CPU、存储器和外部设备共同使用一组总线的计算机结构方式称为_____结构。

7. 计算机执行一条指令所需的时间称为_____。

8. 为解决某一具体应用问题而设计的指令序列称为_____。

9. 将用高级语言编写的源程序转换成等价的目标程序的过程称为_____。

10. 微型计算机硬件系统的最小配置应包括主机、键盘、鼠标和_____。

三、思考题

1. 组装一台计算机，需要哪些硬件配置和软件配置？

2. 多媒体计算机的硬件主要包括哪些部件？

3. 计算机系统是由哪几部分组成？

4. 解释 CPU、RAM、ROM、CD-ROM 的含义?

5. 画出计算机的硬件系统结构图,并说明每个部分的主要功能。

6. 简述计算机的工作原理。

7. 微型计算机的主要性能指标有哪些?

8. 什么是媒体? 什么是多媒体?

9. 常用多媒体开发工具有哪些?

10. 试举出一两个身边的实例,说明多媒体在我们生活中的应用。

# 第2章 计算机操作系统 Windows

操作系统是计算机软件系统的核心，负责控制和管理整个计算机系统的软件和硬件资源，任何软件都必须在操作系统的支持之下才能运行，用户对计算机资源的访问也必须通过操作系统才能完成。操作系统是硬件和软件之间的接口，也是用户和计算机的接口。操作系统位于计算机底层硬件与用户之间，是两者沟通的桥梁。用户可以通过操作系统的用户界面输入命令；操作系统对命令进行解释，驱动硬件设备，实现用户要求。

操作系统的主要功能是资源管理、程序控制和人机交互等。计算机系统的资源可分为设备资源和信息资源两大类。设备资源指的是组成计算机的硬件设备，如中央处理器、主存储器、磁盘存储器、打印机、显示器、键盘输入设备和鼠标等。信息资源指的是存放于计算机内的各种数据，如文件、程序库、知识库、系统软件和应用软件等。

Windows 是微软公司从 1985 年开始推出的一系列操作系统。起初，Windows 仅仅是 MS-DOS 的桌面环境，其后续版本逐渐发展成为个人计算机和服务器用户设计的操作系统，并最终获得了计算机操作系统软件的垄断地位。Windows 操作系统可以在几种不同类型的平台上运行，如个人计算机、服务器和嵌入式系统等，其中在个人计算机领域内应用最为普遍。

## 2.1 Windows 操作基础

### 2.1.1 Windows 的启动与关闭

#### 1. 启动计算机

启动计算机时应按照顺序打开设备和主机电源开关，计算机在加电后首先执行相关的硬件测试，然后开始引导操作系统，加载并初始化 Windows 系统内核，直到出现用户登录界面，如图 2-1 所示，此时系统启动完成，等待用户登录。

#### 2. 用户登录

Windows 系统启动完成后，用户需要登录才可以使用系统。在单用户无口令的情况下用户会自动登录，直接进入桌面使用计算机。若设置了多用户，则先进入图 2-1 所示的用户登录界面，选择一个用户，并输入密码，然后进入用户桌面，如图 2-2 所示。

图2-1　用户登录界面

图2-2　用户初始桌面

常用的用户类型有两种：标准用户和管理员。标准用户可以使用大多数软件，更改不影响其他用户和计算机安全的系统设置，编辑修改自己创建的文件。管理员有计算机的完全访问权限，可作任何需要的更改和设置，建立新用户，更改用户权限，安装应用软件，编辑修改其他用户创建的文件等。

设置了单独账户的用户可以自定义系统桌面的外观方式；保护个性化的计算机设置；拥有个人的"我的文档"文件夹；使用密码保护私有的文件；在多个用户之间快速切换，而无须关闭系统和程序。

由于管理员具有完全控制计算机的超级权限，为了避免普通用户对系统的误操作以及病毒木马等恶意程序对系统的破坏，在一般工作时常常选用普通用户账户登录系统，而在需要安装软件或对系统设置进行更改时使用管理员账户。

**3. 用户注销**

Windows是一个多用户操作系统，可以支持多个用户同时使用计算机，用户使用登录界面登录使用计算机，当前用户不再使用计算机系统时，通过注销用户来结束退出系统。单击"开始"菜单中的"注销"按钮，出现图2-3所示对话框，单击"注销"按钮即可。用户注销时系统关闭当前账户使用的程序和文件并释放其所占用的内存空间，用户注销后系统重新返回到用户登录画面，用户可使用其他账户重新登录进入系统。

使用注销功能可使用户不必重新启动计算机就可以实现多用户登录，而用户切换功能可以在不注销当前用户、不改变当前用户工作环境的情况下重新以另一个账户来登录系统。此时系统中同时存在多个用户账户，用户可方便地在各个账户之间进行切换，使用各个账户特有的功能和个性化设置。

**4. 关闭计算机**

为保护计算机硬件特别是磁盘设备在关机时不受损害，退出Windows时不能简单的关闭电源，必须正常关闭系统后退出。单击"开始"菜单中的"关闭计算机"按钮，出现图2-4所示对话框，然后再单击"关闭"按钮，系统在保存了相关信息、停止了所有的设备操作并注销了所有登录用户后，切断电源关闭计算机。

图 2-3　用户注销界面　　　　　　　　　　　图 2-4　关闭计算机界面

"关闭计算机"对话框中的"待机"按钮并没有完全关闭计算机，而只是关闭了一些外部设备并将计算机处于低功耗状态。"重新启动"按钮关闭了计算机，但是却没有切断电源，所以计算机在关闭后会重新自动启动。

## 2.1.2　鼠标和键盘的使用

Windows 主要的操作工具是鼠标和键盘，对一个对象进行操作时，应遵循"先选择、后操作"的原则，先选中需要操作的对象，然后再选择操作命令进行操作，熟练地掌握鼠标和键盘的使用会极大地提高工作效率。

**1. 鼠标指针形状**

通常鼠标指针会显示成一个指向箭头形状 ，在不同情况下鼠标指针还可以显示出不同的形状，用户可通过观测鼠标指针的形状来了解计算机正在完成什么任务以及用户当前可以进行什么操作。Windows 默认的指针形状如表 2-1 所示。

表 2-1　默认鼠标指针形状

| 指 针 形 状 | 指 针 含 义 | 指 针 形 状 | 指 针 含 义 |
| --- | --- | --- | --- |
|  | 正常选择 | ⊘ | 不可用 |
|  | 帮助选择 | ↕ | 垂直调整 |
|  | 后台运行 | ↔ | 水平调整 |
| ⌛ | 忙 | ↘ ↗ | 沿对角线调整 |
| ＋ | 精确定位 | ✛ | 移动 |
| Ⅰ | 选定文本 | ↑ | 候选 |
|  | 手写 |  | 链接选择 |

**2. 鼠标的基本操作**

常用的鼠标一般有左右两个键和中间的滚轮键，左键的功能一般是正常选择和拖动，右键的功能一般是弹出快捷菜单，滚轮键主要在浏览窗口内容时使用，如表 2-2 所示。

**3. 键盘的基本操作**

键盘主要是用于输入原始数据及快捷键的使用，快捷键一般是多个按键的组合，表示

表 2-2　鼠标的基本操作

| 鼠标操作 | 操作说明 |
|---|---|
| 移动 | 移动鼠标指针位置 |
| 指向 | 用鼠标将光标放置于某一位置或对象上 |
| 单击 | 单击鼠标左键,主要用于选择某个对象 |
| 双击 | 快速连续按动两次鼠标左键,主要用来执行某个任务 |
| 右击 | 单击鼠标右键,常用来弹出快捷菜单 |
| 拖动 | 按住鼠标左键同时移动位置,常用来移动指定对象 |
| 滚动 | 前后滚动鼠标滚轮,常用来滚动显示窗口内容 |

时常用+将这几个键连接起来,使用时按顺序同时按下这些键再同时释放即可。使用键盘可以便捷的完成很多操作,如表 2-3 所示。

表 2-3　键盘快捷键操作

| 快捷键 | 按键说明 | 快捷键 | 按键说明 |
|---|---|---|---|
| Alt+Print | 截取当前窗口图像到剪切板 | Print | 截取屏幕图像到剪切板 |
| Alt+Esc | 在打开的窗口之间切换 | Ctrl+Esc | 打开/关闭"开始"菜单 |
| Alt+Tab | 选择打开的窗口进行切换 | Ctrl+Tab | 在选项卡/标签页之间切换 |
| Alt+空格 | 打开窗口控制菜单 | Ctrl+空格 | 切换中英文输入法 |
| Alt+F4 | 关闭当前窗口 | Ctrl+Shift | 滚动切换输入法 |
| Tab | 制表或在窗口元素之间切换 | Ctrl+. | 中英文符号切换 |
| F1 | 启动帮助 | Shift+空格 | 全角与半角切换 |

## 2.1.3　菜单

菜单最初指餐馆提供的列有各种菜肴的清单,现引申为计算机软件窗口上显示的功能列表和命令清单,是应用程序和用户交互的重要途径。

**1. 菜单的种类**

菜单根据其出现的方式和位置分为下拉式菜单、级联式菜单和弹出式菜单三种。

1) 下拉式菜单

下拉式菜单是所有菜单类别中最常见的一种,几乎在每一个应用程序中都可以找到它的身影。下拉式菜单由菜单标题及其菜单项组成,当用户单击菜单标题时,所对应的菜单项就会以下拉列表的形式展现在用户面前。

2) 级联式菜单

如果一个下拉菜单的菜单项中还包含有其他的子菜单,这时就需要通过级联菜单的形式给出。级联式菜单是由该菜单项右面的黑色三角形标记导出的,该标记表明此菜单项指向另外的一个级联菜单。级联菜单不受层次的限制,用户可以根据程序的需要恰当地使用多层级联式菜单。

3)弹出式菜单

弹出式菜单一般用于在某个事件的执行过程中被触发。由于用户可以指定弹出式菜单在同一个界面下不同的操作区域中使用不同的选项,因此它的表现形式非常灵活。没有被固定地加载到菜单栏中,通常也称为右键菜单或快捷菜单。

**2. 菜单符号的含义**

菜单项上除了文字外还用一些特定符号和颜色来表达特定的意义,如表 2-4 所示。

表 2-4　菜单符号的含义

| 鼠 标 操 作 | 操 作 说 明 |
| --- | --- |
| 菜单的两种颜色 | 黑色表示可以操作(可用),灰色表示不能操作(禁用) |
| 菜单标题后的字母 | 打开相对应的下拉菜单,快捷键是 Alt+字母 |
| 分组线 | 将同一种类型的命令用线条分开 |
| 命令前对勾 | 复选项,同一组选项中可以同时选择多个,有对勾表示该选项被选中 |
| 命令前圆点 | 单选项,同一组选项中只能选择一个,有圆点表示该选项被选中 |
| 命令后的省略号 | 执行该命令后,将有对话框出现 |
| 命令后的字母 | 命令热键,打开菜单时输入命令后的字母可执行该命令 |
| 命令快捷键 | 不需要打开菜单直接通过键盘输入快捷键执行命令,一般是 Ctrl+字母 |

**3. 菜单的基本操作**

1)打开菜单

- 在菜单栏上单击菜单名或按 Alt+字母组合键。
- 按 F10 功能键,再用左右键选定后按 Enter 键。
- 对于快捷菜单,在对象上单击右键即可。

2)关闭菜单

- 执行菜单命令后自动关闭。
- 在非菜单区单击鼠标左键。
- 按 Esc 键退出当前菜单或返回上一级菜单。

## 2.1.4　桌面

"桌面"是用户登录进入 Windows 系统后的工作界面,是用户和计算机进行交流的平台,用户通过桌面可以有效地操作和管理自己的计算机。桌面上存放一些用户经常用到的应用程序和文件夹图标(快捷方式),用户可以根据自己的需要在桌面上添加或删除各种图标,使用时通过鼠标双击或选定后按 Enter 键就能快速打开相应的程序或文件。

桌面由图标和任务栏组成。图标是一些应用程序执行的快捷方式,它的多少是根据用户的设置来决定；任务栏中的内容也是根据用户的需要而设置。

**1．桌面图标**

图标是排列在桌面上的，代表文件或程序的一些图形符号，由一张简洁的小图片和说明文字两部分组成。将鼠标移动到图标上停留片刻，桌面上会出现对图标所表示内容或文件存放路径的说明，鼠标单击选择图标，鼠标双击打开或执行相应功能。为了使用户能方便快捷地完成操作，桌面上常常放置图 2-5 所示的图标。

图 2-5　用户工作桌面和常用图标

（1）我的文档：用于打开"我的文档"文件夹。可以查看保存的图像、音乐、邮件和报告等文档。一般在文档保存时若不特别说明，系统会默认保存在此文件夹中。

（2）我的电脑：用于对计算机软硬件资源的管理。可对硬盘、光盘和移动盘等外存储器中的文件和文件夹，以及安装在计算机中的硬件设备和系统信息进行配置管理。

（3）网上邻居：用于在网络上与其他计算机进行资源共享。可相互共享程序文件、数据信息等软件资源以及打印机、扫描仪等硬件资源，主要用于同一个网络中的计算机。

（4）回收站：存放用户已经删除的文件或文件夹信息。这些信息并没有真正的删除，可以从回收站中恢复还原，所以称为逻辑删除。若从回收站中再次删除，这些信息将永久删除，不能恢复，所以也称为物理删除。

（5）Internet Explorer：用于打开 IE 浏览器浏览因特网上的信息。双击打开后输入网址就可以畅游因特网了。

**2．图标的操作**

桌面上的图标由文件、文件夹和应用程序快捷方式组成，文件和文件夹的操作属于文件管理的内容，此处图标的操作仅限于应用程序快捷方式。

1）创建图标

桌面快捷方式图标是一个应用程序启动的快捷方式，在桌面上空白处单击鼠标右键，弹出如图 2-6 所示的快捷菜单,从中选择"新建"→"快捷方式"命令启动快捷方式创建向导;或者打开文件夹查找应用程序文件,在程序文件上单击鼠标右键,弹出图 2-7 所示快捷菜单,选择"发送到"→"桌面快捷方式"命令,或者选择"创建快捷方式"命令均可创建一个新的应用程序快捷方式。

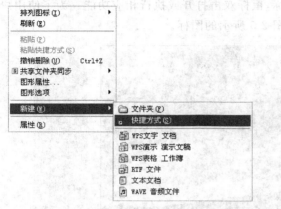

图 2-6　启动快捷方式创建向导

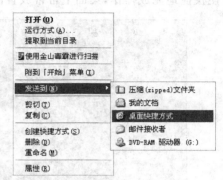

图 2-7　发送到桌面快捷方式

2)选择图标

用户在桌面上对图标进行操作时需要预先选中图标,选择的目的是为了后续的操作。图标的选择通常使用鼠标来完成,使用鼠标可以选择一个图标,也可以同时选择多个图标。

- 选择一个图标:单击图标。
- 选择多个不连续的图标:按住 Ctrl 键逐个单击图标。
- 选择多个连续的图标:按住鼠标左键拖动,选中拖动区域内的全部图标;或按住 Shift 键单击第一个和最后一个图标。

3)图标重命名

在图 2-7 所示的图标右键快捷菜单中选择"重命名"命令,然后输入新名称即可。

4)图标删除

桌面上快捷方式图标的删除并不会删除实际的应用程序。删除时首先需要选中图标,然后在键盘上按 Delete 键,或在图 2-7 所示的图标右键快捷菜单中选择"删除"命令,删除后的图标被移动到回收站中。

5)图标的排列

桌面上的图标可以按名称、大小、类型和修改时间排列。在桌面空白处单击右键弹出上下文菜单,移动鼠标指针到"排列图标"菜单项,然后再根据要求选择排列方式,如图 2-8 所示。

6)桌面清理

对于桌面上一些不经常使用的图标,用户可手工清理,或在图 2-8 所示的快捷菜单中选

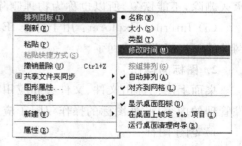

图 2-8　图标的排列

择"运行桌面清理向导"命令,将这些快捷方式图标放到一个"未使用的桌面快捷方式"文件夹中,以保证用户桌面工作环境的干净整洁。

**3. 任务栏**

任务栏位于桌面的底部,用于提供用户访问计算机的入口,同时显示用户正在执行的任务,包括正在运行的应用程序、打开的文件夹等。Windows 系统是一个多任务的操作系统,通过任务栏用户可以方便地在多个任务间进行切换,如图 2-9 所示。任务栏由以下几部分组成。

图 2-9 任务栏

(1)"开始"菜单按钮。提供用户访问计算机的入口,单击后打开图 2-10 所示的"开始"菜单。"开始"菜单中提供有计算机中安装的所有软件列表和控制使用计算机硬件资源的相关工具,用户对于计算机的一切操作都从这里开始。"开始"菜单中还提供"注销"和"关闭计算机"按钮。

(2)快速启动工具栏。由一些最常用的小型快捷按钮组成,单击可以快速启动相应的应用程序,可用鼠标拖动图标在桌面和此工具栏之间移动。

(3)任务按钮。当前已经打开的任务窗口的表示按钮。用户每启动一项任务或打开一个窗口,任务栏上就会显示一个相应的按钮,表明当前任务正在运行。用户可同时运行多个任务,打开多个窗口,但是能获得键盘和鼠标焦点的当前活动窗口只有一个。用户可使用鼠标单击这些任务按钮来将其中某一个窗口切换成为当前活动窗口。

图 2-10 "开始"菜单

(4)语言栏。显示当前正在使用的键盘布局、语言和输入方法。语言栏可能会隐藏、悬浮于桌面上方或者是停靠在任务栏上。

(5)信息提示栏。用来显示后台运行的系统任务图标和通知信息。通常有时间提示小图标,可以显示日期、时间,双击则可以出现日期和时间设置对话框。如果计算机上安装有声卡就会显示音量控制小喇叭图标,在此图标上单击会出现音量调节对话框,双击则出现音量控制对话框。

## 2.1.5 窗口

窗口是图形化操作系统最基本的要素,任何需要和用户进行交互的软件都要提供一个窗口以便用户能够进行输入输出操作。在 Windows 系统中，桌面也是一个特殊的窗口。

**1．窗口的组成**

一个标准的窗口是由标题栏、菜单栏、工具栏、状态栏和用户工作区几部分组成，如图 2-11 所示。

（1）标题栏。位于窗口的顶部，显示窗口的标题（或应用程序的名称），左侧有控制菜单按钮，右侧有最小化、还原、最大化、关闭等几个用于窗口操作的按钮。

（2）菜单栏。位于标题栏的下方，列出了应用软件提供的各种操作命令。

（3）工具栏。位于菜单栏下方，由一系列的工具按钮组成，是一些经常使用的操作命令的图形表示。工具栏的显示和隐藏可由用户自定义设置。

（4）状态栏。位于窗口的最底部，显示当前操作的相关信息和窗口状态。

（5）工作区。通常位于工具栏和状态栏之间，是整个窗口中面积最大的显示区域，显示应用程序的功能或文档编辑界面。不同的窗口工作区的内容不同，当工作区的大小不能满足用户需要时，常常在工作区右侧和下侧显示滚动条来扩展工作空间。

（6）窗口边框。矩形窗口的外框，可用于改变窗口的大小。

（7）滚动条。通过滚动条可显示出窗口中未显示出来的信息。使用时可用鼠标拖动滚动滑块，也可用鼠标单击滚动条两侧的滚动箭头。

**2．窗口的操作**

窗口的操作包括打开、关闭、缩放和移动等。用鼠标左键单击标题栏上的控制菜单按钮、右键单击标题栏或者右键单击窗口任务按钮均可弹出图 2-12 所示的窗口控制菜单，窗口操作可以通过键盘使用快捷键或组合键来操作，也可以通过鼠标使用各种命令来完成。

图 2-11　窗口的组成

图 2-12　窗口控制菜单

1）打开窗口

打开窗口其实就是执行一个应用程序，常用方法如下：

- 选中程序或图标，双击鼠标左键。
- 选中程序或图标，单击鼠标右键，从弹出的快捷菜单中选择"打开"命令。
- 选中程序或图标，按 Enter 键。

2）窗口移动

在标题栏上按住鼠标左键拖动到合适位置即可移动窗口，也可以使用控制菜单中的"移动"命令通过键盘操作。在控制菜单中选择"移动"命令，屏幕上出现十字移动指针形状✥，再用键盘的上下、左右键来移动窗口，最后按 Enter 键确认其位置。

3）窗口缩放

用户可随意改变窗口的大小，将窗口调整到合适的尺寸。一种方法是使用鼠标在边框线上按住左键向 8 个方向拖动，另一种方法是在窗口控制菜单中选择"大小"项，然后使用键盘的上下左右键来改变窗口大小，最后按 Enter 键确认操作。

说明：窗口最大化或最小化时，窗口不能移动，也不能改变大小。

4）窗口的最大化、最小化和还原

- 最大化：将当前正在使用的窗口置于桌面最上层，并最大限度地铺满整个屏幕。
- 最小化：将暂不使用的窗口缩小至任务栏上，可以有效节省桌面空间。
- 还原：将最大化或最小化后的窗口恢复到原来的状态。

最大化、最小化和还原操作可以通过控制菜单中的"最大化"、"最小化"和"还原"命令操作，也可以通过标题栏中的按钮操作。

5）窗口关闭

用户可以关闭不再使用的窗口，终止应用程序的运行，关闭其打开的文件，释放其占用的系统资源。窗口关闭的方法有如下几种：

- 直接单击窗口标题栏中的"关闭"按钮。
- 在"文件"菜单中选择"关闭"或"退出"命令。
- 双击控制菜单按钮（窗口左上角）。
- 在控制菜单中选择"关闭"命令。
- 在 Windows 任务管理器中"结束任务"。
- 按 Alt＋F4 组合键。

6）窗口切换

用户可同时打开多个窗口，但是能够获得输入焦点并与用户进行交互操作的当前活动窗口只有一个，所以切换窗口实质上就是改变当前活动窗口，常用的方法有：

- 用鼠标直接在要设为当前的窗口上单击（可见窗口）。
- 在任务栏中单击窗口按钮。
- 按 Alt＋Esc 组合键在已经打开的窗口中循环选择。
- 按 Alt＋Tab 组合键选择当前窗口。

7）窗口排列

当打开的多个窗口需要在桌面上全部显示出时，就要使用窗口的排列。在任务栏的空白处单击鼠标右键,出现图 2-13 所示任务栏快捷菜单。

- 层叠窗口:将打开的窗口按先后顺序重叠排列在桌面上,显示标题栏以供切换。
- 横向平铺窗口:将打开的窗口按先后顺序水平方向排列显示,每个窗口大小相同。
- 纵向平铺窗口:将打开的窗口按先后顺序垂直方向排列显示,每个窗口大小相同。

图 2-13　任务栏快捷菜单

## 2.1.6　对话框

对话框是操作系统用户界面的一个重要组成部分,是提供给用户输入信息或选择内容的对话窗口,也是用户与计算机进行交流的特殊窗口。

**1. 对话框的主要组成**

对话框是一个特殊的窗口,具有窗口的基本外观和功能,如图 2-14 所示。一般情况下,对话框没有菜单栏、工具栏和状态栏,对话框窗口大小固定,不能进行缩放,也不能最大化和最小化,模式对话框不能进行窗口切换。

(1)标题栏:显示对话框的名称和右侧的帮助与关闭按钮。

(2)选项卡:又称为标签,通过选项卡可切换得到不同的操作页面。

(3)文本框:用于从键盘输入文字信息的矩形区域。

(4)列表框:用于从列表中选取所需选项。

(5)命令按钮:带文字或图片的矩形按钮,用于命令的执行。如果命令按钮呈现灰色,则表示此按钮暂时不能选择。如命令按钮上的文字后面带省略号,则表示该命令按钮将打开一个新的对话框。

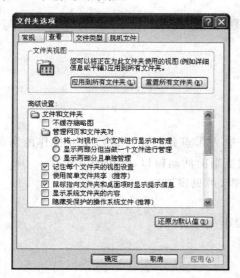

图 2-14　对话框的组成

（6）单选按钮：带文字描述的圆形按钮，通常一组单选按钮中只有一个可以被选中，选中时其圆形按钮中间有一个小圆点。

（7）复选框：带文字描述的方形框，通常一组复选框可有多个被选中，选中时其方形框中间有一小对勾。

（8）数字增减按钮：由一个文本框和两个三角小按钮紧靠在一起构成，按动两个小三角按钮可以增减数字，也可以直接在文本框中输入数字。

（9）滑动按钮：鼠标按住按钮左右滑动可以在一个范围内改变设置和选择。

**2. 对话框的操作**

（1）对话框的移动：在标题栏上按住左键拖动；也可以在标题栏上单击右键，从弹出的快捷菜单中选择"移动"命令，然后用键盘操作移动。

（2）对话框的关闭：单击标题栏右侧的"关闭"按钮，或者按 Esc 键均可以关闭对话框。也可以通过对话框底部通常都会有的命令按钮来关闭对话框。"确定"按钮是确认当前设置并使应用生效，同时关闭对话框；"取消"按钮是取消当前的设置并关闭对话框；"应用"按钮确认当前设置并应用生效，但不关闭对话框。

（3）对话框选项卡的切换：有些对话框由很多选项卡组成，每个选项卡对应着一组功能，多个选项卡重叠在一起可有效节省对话框所占用的空间。每个选项卡都有一个标签，单击此标签可在多个选项卡之间进行切换，也可以按 Ctrl＋Tab 组合键从左到右切换或按 Ctrl＋Shift＋Tab 组合键从右到左进行切换。

**3. 使用对话框中的帮助**

在对话框中有很多操作选项或按钮，如果不清楚它们的含义，可以在标题栏上单击"帮助"按钮，这时鼠标指针变为带问号的箭头形状，此时用户可以在不明白的对象上单击鼠标，就会出现一个对该对象进行详细说明的文本框，当用户看完信息说明后，在对话框内任意位置单击鼠标，文本框将会自动消失。

第二种方法是在要了解的选项上单击右键，这时会弹出一个"这是什么？"的文本框，用户再在这个文本框上单击左键，也会得到同样的效果。

# 2.1.7 帮助和支持

一个完整的系统软件，"帮助"系统是必不可少的，当用户在使用计算机的过程中遇到了疑难问题无法解决时，可以在帮助系统中寻求解决问题的方法。Windows 的帮助系统提供了全部的帮助功能，用户可以不用参考任何资料，仅仅使用帮助系统就完全可以自己学会 Windows 的操作使用。不仅如此，基于 Web 的帮助还能使用户从因特网上享受 Microsoft 公司的在线帮助服务。

**1. 了解"帮助和支持"窗口**

当用户在"开始"菜单中选择"帮助和支持"命令，或者在 Windows 的任何一个窗口的菜单栏中选择"帮助和支持中心"命令都会出现一个图 2-15 所示的"帮助和支持中心"窗口，为用户提供帮助主题、指南、疑难解答和其他支持服务。

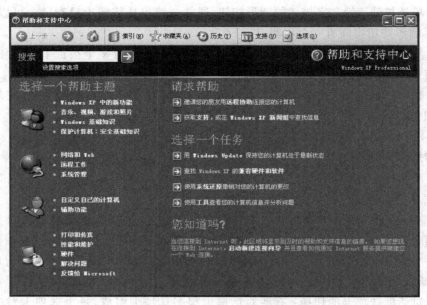

图 2-15　"帮助和支持中心"窗口

Windows 的帮助系统以 Web 页的风格显示所需的内容,以超链接的形式打开相关的主题,结构层次更少,索引更全面,每个选项都有相关主题的链接,这样用户可以方便地找到自己所需的内容。

(1) 工具栏。可以使用户在查看帮助信息时方便的向前或向后移动一页,也可以返回主页,还可以打开索引栏,查找用户所要的信息。

(2) 搜索文本框。用户可以直接输入要求帮助的关键字,单击"开始搜索"按钮(向右的箭头),就会得到相关主题的检索信息。

(3) 选择帮助区域。用户在此区域选择一个主题,在左侧窗口中得到一个目录结构,选择相应主题会在右侧窗口中得到对应的帮助信息。

**2. 使用帮助系统**

在"帮助和支持中心"窗口中,用户可以通过各种途径找到自己所需的内容。

(1) 使用直接选取相关选项并逐级展开的方法(目录结构),使用时选择一个主题,窗口会打开相应的详细列表框,用户可在该主题的列表框中选择具体内容单击,在窗口右侧的显示区域就会显示相应的内容。

(2) 直接在窗口的"搜索"文本框中输入要查找内容的关键字,然后单击右箭头按钮,可以快速找到相关信息,如图 2-16 所示。

(3) 单击"索引"按钮,使用关键字索引功能查找有关帮助信息,如图 2-17 所示。输入要查找的关键字或在列表区中选择关键字,在窗口右侧将显示出相应的帮助信息。

(4) 如果用户接入 Internet,可以通过远程获得在线帮助或与专业支持人员联系。在窗口的工具栏上单击"支持"按钮,就可以打开"支持"页面,用户可以向自己的朋友求助,或直接向 Microsoft 公司寻求在线帮助。

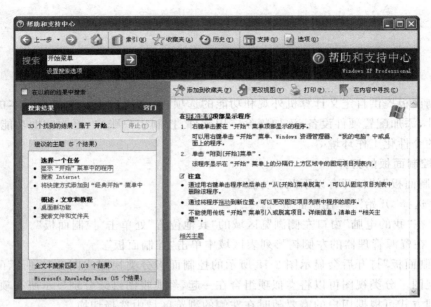

图 2-16　帮助主题搜索窗口

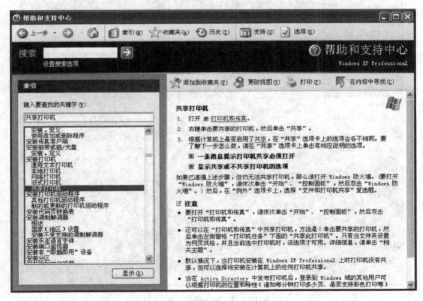

图 2-17　帮助关键字索引窗口

# 2.2　个性化设置

个性化设置即是按照自己的爱好或个人风格对操作系统进行系统美化和主题设置，自定义系统桌面的外观主题和计算机外部设备的使用方式等，体现用户与众不同的独特风格和个人的操作习惯,提高工作效率。

## 2.2.1　控制面板

控制面板提供自定义计算机外观和功能的选项,允许用户查看并操作基本的系统设置和属性,添加配置硬件设备、添加删除应用软件、控制用户账户、更改辅助功能选项、设置用户的个性化工作环境等。

**1. 控制面板的打开**

"控制面板"的打开有以下几种方法:

(1) 选择"开始"→"控制面板"命令。

(2) 在"我的电脑"窗口左侧浏览区域的"其他位置"处单击"控制面板"。

(3) 在资源管理器的左侧树形列表区域中单击"控制面板"。

"控制面板"打开后会显示图 2-18 所示的控制面板分类视图或图 2-19 所示的控制面板经典视图。分类视图可以将类似项组合在一起,经典视图继续分别显示所有项,这两种视图展现方式可根据用户的需要随时在左侧的浏览区域中选择切换。

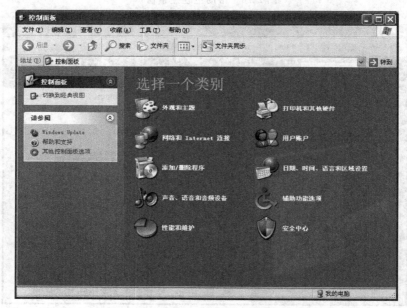

图 2-18　控制面板分类视图

**2. 控制面板的操作**

首次打开"控制面板"时将看到"控制面板"中最常用的项,这些项目按照分类进行组织。要在"分类"视图下查看"控制面板"中某一项目的详细信息,可以将鼠标指针悬停在该图标或类别名称上面,然后阅读显示的文本。单击该项目图标或类别名称,某些分类项目会打开可执行的任务列表和选择的单个控制面板项目。例如,单击"外观和主题"时,将与单个控制面板项目一起显示一个任务列表。

图 2-19　控制面板经典视图

如果打开"控制面板"时没有看到所需的项目,则单击"切换到经典视图"链接。要在"经典控制面板"视图下查看"控制面板"中某一项目的详细信息,可以将鼠标指针悬停在该图标上面,然后阅读显示的文本。在经典视图中选择想要打开的项目,双击项目图标即可打开相应的项目设置对话框,然后按照对话框中的要求分步骤进行设置。

## 2.2.2　鼠标和键盘的设置

鼠标和键盘是用户操作计算机时使用最多的设备之一,几乎所有的操作都要用到鼠标和键盘,当 Windows 安装后的默认设置不能满足用户的使用习惯时,可以通过"控制面板"来重新调整设置。

**1. 鼠标的设置**

(1) 在"控制面板"中打开"鼠标"设置对话框,如图 2-20 所示。

(2) 设置的主要内容如下。

- 鼠标键:设置左右手习惯、双击速度等。
- 指针:设置指针的形状配置方案。
- 指针选项:设置指针移动的速度、指针移动的踪迹等。
- 轮:鼠标中间滚轮按钮的设置。

**2. 键盘的设置**

(1) 在"控制面板"中打开"键盘属性"对话框,如图 2-21 所示。

(2) 设置的内容主要是字符重复的延迟快慢和光标闪烁速度快慢。

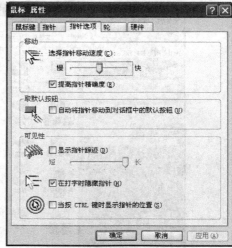

图 2-20　鼠标属性设置对话框

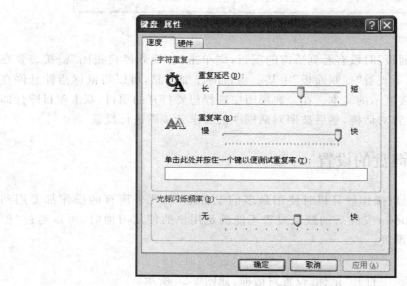

图 2-21　键盘属性设置

## 2.2.3　桌面的设置

桌面是用户工作的一个平台,桌面背景就是用户启动计算机进入操作系统后首先出现的桌布的颜色或图片;屏幕保护是用户在设置的一段时间内没有使用计算机时,系统将自动启动一个保护程序保护显示屏幕或节约能源。

### 1. 打开显示对话框

打开图 2-22 所示显示对话框的方法有两种:

（1）在桌面的空白处单击鼠标右键，从弹出的快捷菜单中选择"属性"命令。

（2）在"控制面板"中双击"显示"设置图标。

图 2-22　"显示属性"对话框

**2. 设置的内容**

（1）主题。是背景和一组声音、图标以及个性化的外观设置元素。

（2）桌面。设置桌面的背景，自定义桌面上显示的图标、清理桌面图标。

（3）屏幕保护程序。设置屏幕保护的程序及等待时间。

（4）外观。设置窗口的样式、按钮、色彩方案、字体大小及效果。

（5）设置。屏幕分辨率、颜色质量、显卡和监视器的高级设置。

## 2.2.4　任务栏和"开始"菜单的设置

**1. 打开任务栏和"开始"菜单设置对话框**

打开图 2-23 所示任务栏设置对话框的方法有两种：

（1）在任务栏的空白处单击鼠标右键，从弹出的快捷菜单中选择"属性"命令。

（2）在"控制面板"中双击"任务栏和开始菜单"设置图标。

**2. 任务栏设置的内容**

（1）锁定任务栏。当任务栏锁定后就不能任意移动或改变大小。

（2）隐藏任务栏。任务栏隐藏可以最大化地显示窗口内容。

（3）任务栏在其他窗口前端。当打开窗口后，任务栏总是显示在最上层，不会被遮盖。

（4）显示快速启动。在任务栏上显示快速启动工具栏。

（5）分组相似任务栏按钮。将已经打开的同类程序窗口归类在一个按钮中便于查找，这主要适合打开相同窗口较多时，特别是上网浏览信息时更显得方便。

**3. "开始"菜单设置的内容**

在图 2-23 中选择"「开始」菜单"选项卡将会打开图 2-24 所示对话框，在此选项卡中可以设置默认或者是经典的"开始"菜单的风格,也可以单击"自定义"按钮,弹出图 2-25 所示的"自定义「开始」菜单"对话框,并可以进行如下内容的设置。

图 2-23　任务栏属性设置对话框

图 2-24　"开始"菜单属性设置对话框

（1）设置程序图标的大小。

（2）常用程序快捷方式的数目。

（3）清除常用程序快捷方式列表。

（4）显示最近使用的文档。

（5）清除最近使用的文档列表。

（6）鼠标悬停在菜单项上时打开子菜单。

（7）在"开始"菜单上显示"帮助和支持"。

（8）在"开始"菜单上显示"控制面板"。

（9）在"开始"菜单上显示"打印机和传真"。

## 2.2.5　日期和时间的设置

### 1. 在任务栏中显示或隐藏时间指示器

日期和时间是计算机系统中不可缺少的一个因素,在任务栏的通知区域有一个时间指示器用于显示当前系统时间,任务栏属性设置对话框中的"显示时钟"复选框可用于显示或隐藏该时间指示器。

### 2. 打开日期和时间对话框

打开"日期和时间属性"对话框（如图 2-26 所示）的方法有三种:

（1）在任务栏的"时间指示器"上双击左键。

（2）在任务栏的"时间指示器"上单击右键,从弹出的快捷菜单中选择"调整日期/时间"命令。

 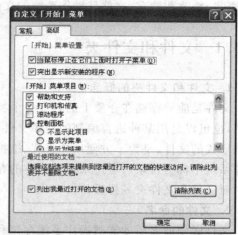

图 2-25  "自定义「开始」菜单"对话框

（3）在"控制面板"中双击"日期和时间"。

图 2-26  "日期和时间属性"对话框

**3. 日期和时间的设置方法**

（1）日期的设置：在"年份"微调框中输入或者单击微调按钮选择年份，在"月份"下拉列表中选择月份，在"日期"列表框中选择日期。

（2）时间的设置：在"时间"选项区域中直接输入当前时间，或者选择调整的项目后用微调按钮分别调整小时、分钟和秒。

# 2.3  文件管理

计算机中的信息都是以文件的形式存储在外存储器中的，操作系统将这些存储在外存储器中的各式各样的文件以一定的结构组织起来，进行统一的管理，以方便用户进行分类、查找、修改和储存,这就是操作系统的文件管理功能。

## 2.3.1　文件和文件夹

**1. 文件和文件夹的概念**

文件是能够存储在介质上的具有一个特定名字的信息集合。文件可以是用户创建的文档,也可以是用某种语言编制的程序文件,或是一张图片、一段声音等。文件夹是一种特殊形式的文件,是为了方便用户查找、维护和存储文件而设置的一个特殊区域(在 DOS 操作系统中称为目录),可用来分门别类的存放不同的文件和文件夹,一般的文件操作管理中对文件和文件夹一样看待。

**2. 文件的命名**

文件必须命名后才能被操作系统存储和检索,没有名字的文件甚至都无法正常保存。文件名由文字、数字和符号组成,一个完整的文件名由主文件名和扩展名两部分组成,中间用符号".隔开。文件命名规则如下:

(1) 文件名称最多可由 255 个字符组成。

(2) 文件扩展名一般由不超过 4 个字符组成。

(3) 文件名中不能出现以下特殊符号: \、/、:、* 、?、"、<、>、|。

(4) 同一文件夹下的文件不允许重名。

(5) Windows 文件名不区分大小写。

**3. 文件通配符**

通配符是一个键盘字符,在搜索操作中,当忘记了完整的名称或不必输入完整的名称时可以使用通配符来代表一个或多个字符。

通配符有两个:一个是"*"号,代表任意多个字符;另一个是"?"号,代表任意一个字符。例如,*.jpeg 表示所有扩展名为 jpeg 的图像文件;hao?.html 表示以 hao 开头,第 4 个字符任意的 html 网页文件。

**4. 文件的分类**

文件可以按照其存储的信息内容或者创建该文件的应用程序进行分类,文件的扩展名常用来标识这种文件的类别,在图形化界面显示中文件扩展名常会显示成相应的图标。常见的文件分类如表 2-5 所示。

表 2-5　文件的分类

| 扩展名 | 含　义 | 扩展名 | 含　义 |
|---|---|---|---|
| bat | 批处理文件 | com | 命令文件 |
| exe | 可执行文件 | sys | 系统文件 |
| txt | 文本文件 | tmp | 临时文件 |
| bmp | 位图文件 | jpeg | 图像文件 |
| zip | 压缩文件 | html | 网页文件 |

　　　　　　　　计算机应用基础

**5. 文件路径**

文件路径表示文件在磁盘中存放的位置,路径指出了文件所在的驱动器和文件夹,完整的路径名由盘符、各级文件夹和文件名组成,各部分之间以"\"号连接,如下所示:

盘符:\文件夹\子文件夹\子文件夹\ …\主文件名.扩展名

文件路径有绝对路径和相对路径两种,绝对路径是从盘符开始表示的完整的文件路径;相对路径是从当前正在使用的工作目录开始表示的部分路径,是一种文件路径的简略表示方式。使用相对路径时常用"."表示当前文件夹,使用".."表示上级文件夹。

例如,C:\Program Files\Kingsoft\WPS Office Personal\office6\wps. exe 是一个完整的绝对路径,如果用户当前已经进入到 C:\Program Files\Kingsoft\WPS Office Personal 文件夹下,则使用下列相对路径与使用上述绝对路径均指向同一个文件。

(1) office6\wps. exe。

(2) .\office6\wps. exe。

(3) ..\..\Kingsoft\WPS Office Personal\office6\wps. exe。

**6. 文件和文件夹属性**

正常的文件和文件夹的属性包括只读和隐藏两种,在 NTFS 文件系统下还可以设置文件或文件夹的存档、索引、压缩和加密等高级属性。

(1) 只读:该文件或文件夹不允许更改或删除。

(2) 隐藏:该文件或文件夹在常规显示方式下不能被查看和使用。

(3) 存档:文件或文件夹已被存档,有些程序使用此选项来确定哪些文件需要备份。

(4) 索引:为了快速检索,允许编制该文件或文件夹的索引。

(5) 压缩:指定该文件或文件夹是否被压缩以节省存储空间。

(6) 加密:指定该文件或文件夹是否被加密以保护内容,只有加密者才能访问。

修改文件或者文件夹的属性时,在被选对象上单击鼠标右键,然后从弹出的快捷菜单中选择"属性"命令,将会得到图 2-27 所示属性设置对话框。对于多个文件,选中复选框则所有的文件都设置属性,清除复选框则所有的文件都取消该属性。如果复选框呈现出绿色的方块,则表明有一部分文件设置了该属性。

## 2.3.2　资源管理器

资源管理器是 Windows 中主要用于管理资源的一个系统工具。资源管理器可以分层显示"我的文档"、"我的电脑"、"网上邻居"和"回收站"内的各种信息,使用资源管理器可以方便地实现对文件和文件夹的各种操作,用户可以不必打开多个窗口,在一个窗口中就可以浏览管理所有的磁盘、文件和文件夹。

**1. 资源管理器的打开**

打开图 2-28 所示"资源管理器"窗口的方法有以下几种。

(1) 选择"开始"→"所有程序"→"附件"→"Windows 资源管理器"命令。

(2) 双击桌面上"我的电脑"图标,然后选择"文件"→"资源管理器"命令。

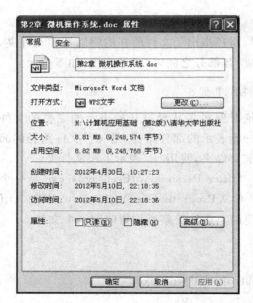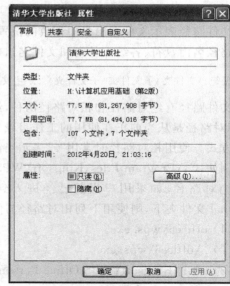

图 2-27　文件或文件夹属性对话框

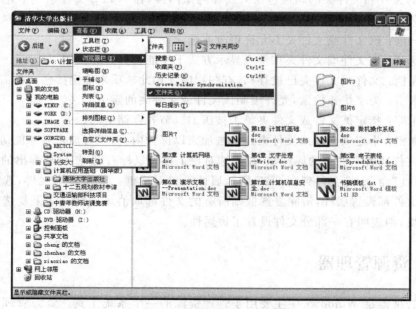

图 2-28　"资源管理器"窗口

（3）双击桌面图标进入"我的文档"、"我的电脑"、"网上邻居"或"回收站"，然后在工具栏上选择"文件夹"按钮。

（4）在桌面上"我的文档"、"我的电脑"、"网上邻居"或"回收站"图标上单击鼠标右键，从弹出的快捷菜单中选择"资源管理器"命令。

（5）在"我的电脑"中的任意驱动器图标或文件夹图标上单击鼠标右键，从弹出的快捷菜单中选择"资源管理器"命令。

**2. "资源管理器"窗口组成**

"资源管理器"窗口由标题栏、菜单栏、工具栏、状态栏和工作区组成，是一个标准的Windows 窗口。

"资源管理器"窗口的工作区分为左侧的浏览器栏和右侧的列表视图栏。左侧浏览器栏的显示内容有 5 种，分别为管理（默认）、文件夹、搜索、收藏夹和历史记录，这 5 种显示方式的切换可通过"查看"菜单中"浏览器栏"级联菜单来操作，如图 2-28 所示。

在浏览器栏中以树形结构显示计算机中所有磁盘和文件夹的列表，若驱动器或文件夹前边有"＋"或"－"号，表明其下还有子（下一级）文件夹，"＋"号表示此级有待展开，"－"表示此级已经展开，用鼠标在符号上单击即可实现这两种符号间的切换，同时此级项目也会相应的展开或者折叠。

右侧列表视图栏用于显示选定的磁盘和文件夹的内容，可以显示为缩略图、平铺、图标、列表和详细信息 5 种视图方式，显示方式可通过"查看"菜单来切换，如图 2-28 所示。

资源管理器的工具栏由标准工具和地址栏组成，如图 2-29 所示。地址栏用来显示或输入当前文件夹位置，标准工具按钮提供了最常用的一些操作命令。

图 2-29　"资源管理器"窗口工具栏

（1）后退：返回前一操作位置。

（2）前进：当后退时可使用此命令前进到原来的位置。

（3）向上：将当前位置设定到上一级文件夹中。

（4）搜索：管理视图与搜索视图之间的切换，可启动搜索界面来查找文件和文件夹。

（5）文件夹：默认视图与文件夹视图之间的切换，可以树形视图方式来展示文件夹结构。

（6）查看：切换右侧列表视图的缩略图、平铺、图标、列表和详细信息 5 种视图方式。

**3. 选择操作对象**

在资源管理器中操作的对象一般都是文件或文件夹，在操作之前必须要先选择对象，选中的对象将会以高亮颜色显示。选择单个对象时可以在左侧浏览器窗口中进行，选择多个对象时只能在右侧列表窗口中完成。常用选择方法如表 2-6 所示。

表 2-6　常用对象选择方法

| 选择项目 | 操作方法 |
| --- | --- |
| 单个对象 | 在对象上单击鼠标左键 |
| 多个相邻对象 | 按住鼠标左键从空白处拖动，选中选择框内的对象 |
| 多个连续对象 | 先选中第一个对象，同时按住 Shift 键单击左键选中最后一个 |
| 多个不连续对象 | 按住 Ctrl 键的同时逐个单击需要选择的对象 |
| 全部对象 | 按 Ctrl＋A 键；或者选择"编辑"→"全部选定"命令 |
| 反向选择 | 选择"编辑"→"反向选择"命令 |

## 2.3.3　文件和文件夹的管理

文件和文件夹的操作是 Windows 中的基本操作,一般使用资源管理器进行操作。

**1. 创建新文件夹**

用户可以创建新文件夹来存放具有相同类型或相似用途的文件,文件夹下还可以创建下级的子文件夹。创建新文件夹的过程如下:

(1) 选定新文件夹的存放位置,可以是某个盘符下,也可以在某个文件夹下。

(2) 选择"文件"→"新建"→"文件夹"命令;或者在所选盘或文件夹列表视图的空白处单击鼠标右键,从弹出的快捷菜单中选择"新建"→"文件夹"命令。

(3) 为新建的文件夹输入名字,按 Enter 键或用鼠标单击其他地方即可。

**2. 创建新文件**

新文件一般是通过相应的应用软件来建立,如记事本中的文本文件就是直接启动记事本软件来建立。用户也可以在"资源管理器"窗口中建立一个空文件,然后启动应用软件输入内容。在"资源管理器"中建立文件的方法与文件夹的方法相同。在"资源管理器"中可以建立的文件取决于系统中安装的应用软件,常见的文件类型如图 2-30 所示。

**3. 移动与复制**

在实际的应用中,有时用户可以将一个或多个文件或文件夹移动或复制到另一个地方,移动文件或文件夹,原来的对象消失;复制文件或文件夹,原来的对象还存在。移动和复制在操作时既有相同的部分,又有不同的地方,在操作时一定要注意。操作的方法有多种:

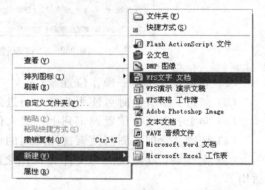

图 2-30　新建快捷菜单中的文件类型

(1) 使用菜单。

① 选中要复制的文件或文件夹;

② 打开"编辑"菜单或单击右键,选择"剪切"(移动)或"复制"命令;

③ 选定目标位置;

④ 再次打开"编辑"菜单或单击右键,选择"粘贴"命令。

(2) 使用快捷键。

① 选中要复制的文件或文件夹;

② 按 Ctrl+X(剪切)或 Ctrl+C(复制)组合键;

③ 选定目标位置;

④ 按 Ctrl+V(粘贴)组合键。

(3) 使用鼠标左键拖动。

① 选中要复制的文件或文件夹;

　　计算机应用基础

② 按住鼠标左键拖动到目标位置即可。在拖动的同时若按下了 Ctrl 键则完成复制的操作，若按下了 Shift 键则为移动操作。

说明：在不同盘符间复制时可以不按 Ctrl 键，在同盘移动时可以不按 Shift 键。

（4）使用鼠标右键拖动。

① 选中要复制的文件或文件夹；

② 按住右键拖动到目标位置后释放，弹出一个快捷菜单，如图 2-31 所示，根据需要选择移动还是复制。

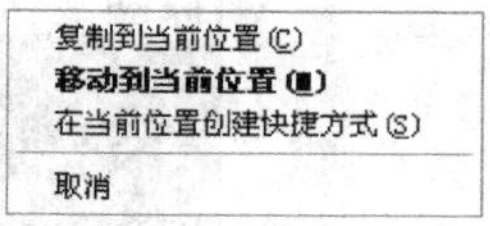

```
复制到当前位置(C)
移动到当前位置(M)
在当前位置创建快捷方式(S)

取消
```

图 2-31　右键移动菜单

**4. 重命名**

重命名是对已有的文件或文件夹重新取一个名字。方法有如下两种：

（1）用菜单。

① 选定一个文件或文件夹；

② 打开"文件"菜单或在对象上单击右键，选择"重命名"命令；

③ 在"名字"文本框中输入新的名字，按 Enter 键即可。

（2）用鼠标。

① 在选定一个文件或文件夹的名字处双击左键（激活"名字"文本框）；

② 在"名字"文本框中输入新的名字，按 Enter 键即可。

**5. 删除**

当用户有些文件不用时，为了回收磁盘空间可以将其删除，删除的方式有两种：一种叫逻辑删除，将文件或文件夹放入回收站，以后后悔时还可以重新恢复。另一种叫物理删除，是从磁盘上真正的删除，这种删除不能恢复。

（1）逻辑删除。

① 选中文件或文件夹；

② 按 Delete 键，或在被选对象上单击右键，从弹出的快捷菜单中选择"删除"命令，或将对象直接拖入回收站。

（2）物理删除。

① 选中文件或文件夹；

② 在被选对象上单击右键，从弹出的快捷菜单中选择"删除"命令的同时按住 Shift 键，或按 Delete 键的同时也按住 Shift 键。

说明：对于逻辑删除的文件或文件夹可以在回收站中再进行物理删除；对于物理删除或逻辑删除，系统都会有提示信息，在确认前需要仔细阅读。

## 2.3.4　搜索文件和文件夹

一台计算机上有很多文件或文件夹，有时用户需要查看某个文件或文件夹，但又不知它存放的具体位置或具体的名字，此时使用资源管理器的搜索功能就可以帮助用户查找该文件或文件夹。选择"开始"→"搜索"命令，或者在资源管理器工具栏上选择"搜索"按钮可打开搜索窗口，如图 2-32 所示。

搜索文件或文件夹的方法：

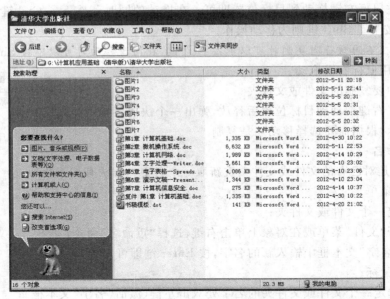

图 2-32　搜索窗口

（1）在"搜索助理"任务窗格中选择查找类型,例如选择"所有文件和文件夹";

（2）在出现的对话框中,在"要搜索的文件或文件夹名为"处输入文件或文件夹的名字,也可以只输入部分名字或使用通配符 * 或?;

（3）在"搜索范围"下拉列表中选择要搜索的范围;

（4）单击"搜索"按钮,Windows 便开始在指定的盘中进行搜索,搜索的结果将显示在右侧列表视图窗口中,此时可对搜索的文件或文件夹进行各种操作。

**说明**：若文件名字不知道,可以在"文件中的一个词或词组"处输入你要查找文件内容的文字,也可以按类别搜索（大小、类型和日期等）。在查找过程中可以随时单击"停止"按钮来提前结束搜索。

## 2.3.5　回收站

回收站是硬盘上的一个特殊区域,专门用于存放删除的文件和文件夹,为用户提供了一个删除文件和文件夹的安全方案。用户从硬盘中删除的文件或文件夹首先会被放入回收站（逻辑删除）,直到用户将其清空（物理删除）或还原（恢复删除）。

**1. 打开"回收站"窗口**

在桌面上双击"回收站"图标,或者在"资源管理器"的左侧文件夹浏览栏中选择"回收站",均可打开图 2-33 所示"回收站"窗口。

**2. 回收站的操作**

（1）清空回收站。将回收站中的内容全部清除,物理清空后不能恢复。

（2）删除。将所选项目从回收站中删除,物理删除后不能恢复。

（3）还原所有项目。将回收站中的所有内容全部还原到原来位置。

　计算机应用基础

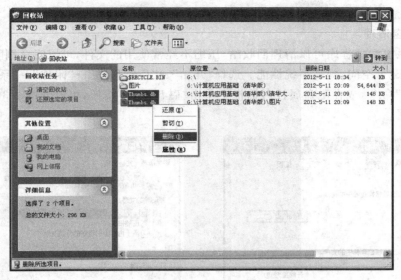

图 2-33　"回收站"窗口

（4）还原所选项目。将所选项目从回收站中还原到原来位置，也称为恢复删除。

**说明**：回收站只存放硬盘删除的文件或文件夹。回收站的大小可以设置，系统默认大小是硬盘的 10％，当然也可以在删除文件或文件夹时不存入回收站，直接物理删除。

## 2.3.6　磁盘管理

在计算机的使用过程中，用户可能会频繁地进行应用程序的安装与卸载，完成文件的移动、复制和删除操作，或者在因特网上浏览网页、下载文件等多种操作，这样操作过一段时间后，计算机硬盘上将会产生很多磁盘碎片或大量的临时文件，致使硬盘的运行空间不足，应用程序访问文件的速度变慢，计算机系统的性能也明显下降。因此，用户需要定期对磁盘进行管理，以便使计算机系统处于最佳工作状态。

**1. 查看磁盘属性**

磁盘的属性通常包括磁盘的类型、文件系统、空间大小及卷标等信息。打开"我的电脑"，选择需要查看的磁盘，单击鼠标右键，从弹出的快捷菜单中选择"属性"命令，出现图 2-34 所示磁盘属性对话框，在该对话框中显示该磁盘的类型、使用的文件系统、已用空间、可用空间和总容量，此处还有一个按钮可以进行磁盘清理。在图 2-35 所示"工具"选项卡里还有磁盘

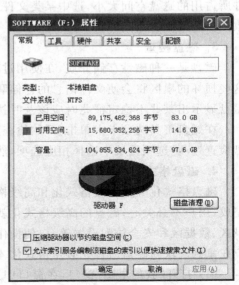

图 2-34　磁盘属性对话框

查错、碎片整理和磁盘备份工具按钮。

**2. 磁盘清理**

使用磁盘清理程序可以清理回收站,压缩不经常使用的文件,可以安全删除不需要的文件,释放磁盘空间,提高系统性能。选择"开始"→"所有程序"→"附件"→"系统工具"→"磁盘清理"命令,或在磁盘属性对话框中单击"磁盘清理"按钮,可打开图 2-36 所示磁盘清理对话框。

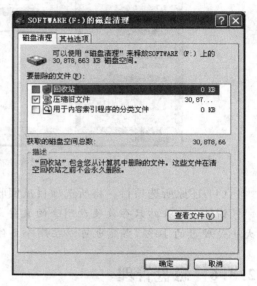

图 2-35　磁盘工具选项卡　　　　　　　　图 2-36　磁盘清理对话框

磁盘清理对话框中的"要删除的文件"列表框中列出了可以删除的文件类型及各类文件所占用的磁盘空间大小,选中某类文件,单击"确定"按钮,在清理时即可将其删除,并回收其占用的磁盘空间。

**3. 磁盘检查**

磁盘是一种磁性存储介质,在使用过程中可能会因为各种原因出现损坏的磁盘扇区,这些损坏的扇区将会使文件信息的存储和读取变得极不可靠甚至可能完全丢失,所以在磁盘显示出某些不稳定征兆时应该及时执行磁盘查错程序,进行修复或恢复坏扇区。

在磁盘工具选项卡中单击"开始检查"按钮,出现图 2-37 所示磁盘检查对话框,在"磁盘检查选项"选项区域中选择相应选项,然后单击"开始"按钮即可进行磁盘检查操作。

**4. 磁盘格式化**

磁盘格式化分为低级格式化和高级格式化。低级格式化一般在磁盘出厂之前就已经完成,用户不必关心;磁盘的高级格式化就是在磁盘上建立文件系统,包括文件分配表、目录区、数据区和安全访问设置等,以使操作系统能够正确地识别和读写磁盘上的数据。用户在拿到一块新磁盘后首先必须格式化才能够正常使用,格式化操作过程如下:

(1) 打开"我的电脑"窗口,在窗口中选定需要格式化的磁盘,如果是 USB 盘应该先插在计算机上。

（2）在被选对象上单击右键弹出快捷菜单，或者打开"文件"菜单，然后选择"格式化"命令，出现图 2-38 所示磁盘格式化对话框。

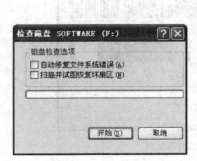

图 2-37　磁盘检查对话框

图 2-38　磁盘格式化对话框

（3）在对话框中进行有关设置，一般都是系统自动识别为默认值，若想快速格式化就选定"快速格式化"复选框（只删除磁盘文件，不扫描坏扇区）。

（4）单击"开始"按钮会出现警告消息框，提示用户格式化将删除磁盘上的所有数据，单击"确定"按钮正式开始格式化该磁盘。

**5. 整理磁盘碎片**

磁盘经过长时间的使用，有些文件删除后难免会出现很多零散的空间和磁盘碎片，若要存储一个较大的文件时可能会被分别存放在不连续的磁盘扇区中，这样在访问该文件时系统就需要到不同地方的磁盘空间中去寻找该文件，从而影响系统速度；同时由于磁盘中的可用空间零散分布，创建新文件或文件夹的速度也会降低。

使用磁盘碎片整理工具可以重新安排文件在磁盘中的存储位置，将文件的存储空间整理集中到相邻的连续的扇区上，同时合并可用空间，实现提高程序运行速度的目的。

选择"开始"→"所有程序"→"附件"→"系统工具"→"磁盘碎片整理程序"命令，或在磁盘属性对话框中单击"磁盘碎片整理"按钮，可打开图 2-39 所示"磁盘碎片整理程序"窗口。

图 2-39 所示窗口中的"分析"按钮用来分析是否需要对该磁盘进行碎片整理；"查看报告"按钮可弹出分析报告或碎片整理报告。

单击"碎片整理"按钮可开始磁盘碎片整理，系统会在图 2-39 中的"整理前"和"整理后"处分别用不同颜色表示碎片整理的情况，这个过程所用时间长短会因磁盘中文件的多少和碎片零散程度的不同而有很大的差异，当整理完成后弹出碎片整理报告。

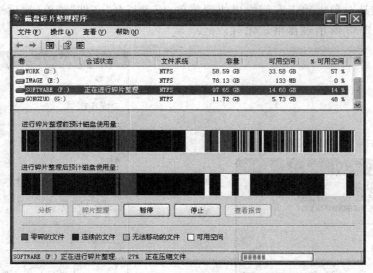

图 2-39　"磁盘碎片整理程序"窗口

# 2.4　系统管理

Windows 提供了许多功能强大的系统管理与维护工具,利用这些工具用户可以方便地管理、维护计算机,及时有效地解决系统在运行中出现的一些问题。这些功能包括:

- 安全策略;
- 服务;
- 计算机管理;
- 事件查看器;
- 数据源;
- 性能;
- 组件服务。

启动这些管理工具的方法是进入"控制面板",打开"管理工具"窗口,如图 2-40 所示,然后再双击启动相应的管理工具。

## 2.4.1　计算机管理

"计算机管理"是一组 Windows 管理工具,可用来管理本地或远程计算机。这些工具被组合到一个控制台中,这样查看管理属性和访问执行计算机管理任务所需的工具就方便多了。在"我的电脑"上右击,再选择管理菜单项即可打开计算机管理控制台;或者从"控制面板"中进入"管理工具"窗口,双击打开计算机管理控制台,如图 2-41 所示。

　　　　　　　计算机应用基础

图 2-40 "管理工具"窗口

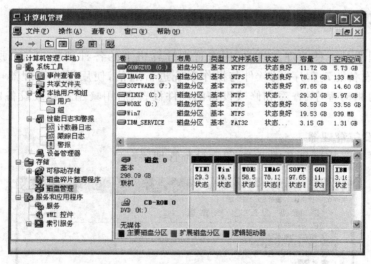

图 2-41 计算机管理控制台

### 1. 计算机管理控制台

"计算机管理"控制台包含一个分为两个窗格的窗口。左侧窗格包含控制台树；右侧窗格包含详细信息。当单击控制台树中的项目时，在详细信息窗格中就会显示有关该项目的特定信息。在控制台树中将"计算机管理"中的管理工具分为以下三类，每个类别包括几个工具或服务。

### 2. 系统工具

（1）事件查看器。管理和查看在应用程序、安全和系统日志中记录的事件。可以监视这些日志以跟踪安全事件，并找出可能的软件、硬件和系统问题。

（2）共享文件夹。查看计算机上使用的连接和资源。可以创建、查看和管理共享，查看打开的文件和会话,以及关闭文件和断开会话。

(3) 本地用户和组。创建和管理本地用户账户和组。

(4) 性能日志和警报。配置性能日志和警报,以监视和收集有关计算机性能的数据。

(5) 设备管理器。查看计算机上安装的硬件设备,更新设备驱动程序,修改硬件设置,以及排除设备冲突问题。

**3. 存储**

(1) 可移动存储。跟踪可移动的存储媒体,并管理库或包含库的数据存储系统。

(2) 磁盘碎片整理程序。使用"磁盘碎片整理"工具分析和整理硬盘上卷的碎片。

(3) 磁盘管理。使用"磁盘管理"工具执行与磁盘有关的任务,如转换磁盘或创建和格式化卷。"磁盘管理"可以帮助用户管理硬盘以及硬盘包含的分区或卷。

**4. 服务和应用程序**

(1) 服务。管理本地和远程计算机上的服务。可以启动、停止、继续或禁用服务。

(2) WMI 控件。配置和管理 Windows Management Instrumentation(WMI)服务。

(3) 索引服务。管理"索引"服务,以及创建和配置附加目录以存储索引信息。

## 2.4.2　设备管理器

设备管理器是一种管理工具,可用来管理计算机上的各种硬件设备。所有设备都通过一个称为"设备驱动程序"的软件与操作系统进行通信,使用设备管理器可以安装和更新硬件设备的驱动程序、查看和修改设备的硬件设置、启用禁用和卸载设备以及解决设备使用问题等。

**1. 打开设备管理器**

以下三种方式均可打开图 2-42 所示设备管理器窗口。

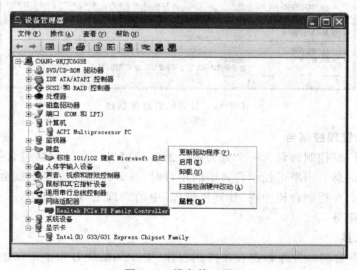

图 2-42　设备管理器

（1）右击"我的电脑"图标，从弹出的快捷菜单中选择"管理"→"设备管理器"命令。

（2）右击"我的电脑"图标，从弹出的快捷菜单中选择"属性"→"硬件"→"设备管理器"命令。

（3）打开"我的电脑"，单击左侧任务中的"查看系统信息"→"硬件"→"设备管理器"命令。

**2. 设备管理器中的图标符号**

设备管理器是管理计算机硬件设备的工具，可以借助设备管理器查看计算机中所安装的硬件设备。设备管理器中显示了本地计算机安装的所有硬件设备，例如处理器、磁盘驱动器、显示器、显卡和网络适配器等。有时，在这些设备前面会出现一些特殊的图标符号，用来提醒用户这些设备存在问题，如表 2-7 所示。

表 2-7　设备管理器中的图标符号

| 图 标 符 号 | 表 示 含 义 | 处 理 方 法 |
|---|---|---|
| 红色的叉号 | 该设备已经被停用 | 启用该设备 |
| 黄色的问号 | 该设备未能被操作系统所识别 | 检查设备或重新连接 |
| 黄色的叹号 | 该设备未安装驱动程序或驱动程序安装不正确 | 重新安装正确的驱动程序 |

## 2.4.3　打印机

**1. 打开打印机管理窗口**

选择"开始"→"控制面板"→"打印机和传真"命令，或者直接选择"开始"→"打印机和传真"命令，打开图 2-43 所示打印机管理窗口。

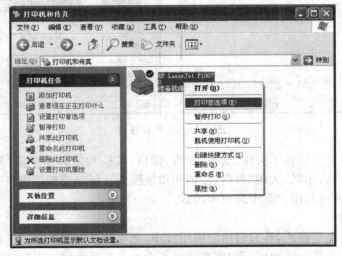

图 2-43　"打印机和传真"对话框

**2. 设置的内容**

（1）添加打印机：为新打印机安装驱动程序。

（2）查看现在正在打印什么：查看目前正在打印和排队的任务。

（3）设置打印首选项：设置选定打印机的纸张类型、打印质量等选项。

（4）共享此打印机：与其他用户通过网络共享这台打印机。

（5）删除此打印机：从系统中删除此打印机及其驱动程序。

（6）设置打印机属性：打开打印机的属性窗口，设置纸张、端口和安全等选项，打印测试页等。

# 2.5  任  务  管  理

## 2.5.1  任务管理器

任务管理器提供了计算机性能的实时信息，并显示了计算机上所运行的程序和进程的详细情况。如果连接到网络，那么还可以查看网络状态并迅速了解网络是如何工作的。

在任务栏空白处单击鼠标右键，从弹出的快捷菜单中选择"任务管理器"命令或者按Ctrl＋Alt＋Delete 组合键，均可打开任务管理器，如图 2-44 所示。

图 2-44  任务管理器

任务管理器窗口提供了文件、选项、查看、窗口、关机和帮助菜单项，其中在"关机"菜单下可以完成待机、休眠、关闭、重启、注销和切换操作。任务管理器窗口工作区由应用程序、进程、性能、联网和用户 5 个选项卡组成。

**1. 应用程序**

显示当前正在运行的，具有窗口的应用程序，那些以系统服务形式运行的程序或者运行后最小化至系统托盘区的应用程序在这里不会显示。单击"结束任务"按钮可以直接关闭某个应用程序；单击"新任务"按钮可以创建一个新的任务。

**2. 进程**

显示所有当前正在运行的进程，包括应用程序、后台服务等，那些隐藏在系统底层深

计算机应用基础

处运行的病毒程序或木马程序都可以在这里找到踪影。选中需要结束的进程名,然后执行右键菜单中的"结束进程"命令,就可以强行终止该进程,不过这种结束方式将丢失未保存的数据,而且如果结束的是系统服务,则系统的某些功能可能无法正常使用。

**3. 性能**

从任务管理器中可以看到计算机性能的动态图形,可以查看到当前系统的进程数、CPU 使用比率、更改的内存容量等数据,默认设置下每隔两秒钟对数据进行一次自动更新。

**4. 联网**

显示本地计算机所连接的网络通信量的指示,使用多个网络连接时,可以在这里比较每个连接的通信量,只有安装网卡后才会显示该选项。

**5. 用户**

显示当前已登录和连接到本机的用户及其活动状态、客户端名称等,可以单击"注销"按钮重新登录,或者通过"断开"按钮断开与本机的连接,如果是局域网用户,还可以向其他用户发送消息。

## 2.5.2 添加和删除程序

操作系统使用一段时间后,需要对一些软件进行安装、更新、卸载和删除,而这些操作都需要在"添加或删除程序"中进行,特别是一些应用软件的删除不能简单地从资源管理器中将其使用的文件删除,必须要借助"添加或删除程序"进行彻底的卸载才能完成。

"添加/删除程序"包括"更改或删除程序"、"添加新程序"、"添加/删除 Windows 组件"、"设定程序访问和默认值"几部分,可以管理和维护计算机上的程序和组件,可以从光盘、软盘或网络上添加程序,或者通过 Internet 添加 Windows 升级或新的功能。"添加/删除程序"还可以添加或删除在初始安装时没有选择的 Windows 组件(例如网络服务)。

**1. 添加或删除程序窗口的打开**

在"控制面板"中双击"添加或删除程序"图标,或者打开"我的电脑",在左侧系统任务中单击"添加/删除程序",就会出现图 2-45 所示窗口。

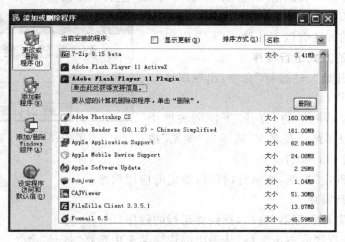

图 2-45 "添加或删除程序"窗口

**2. 操作的方法**

（1）更改或删除程序：可以更改或删除系统安装的应用程序。

（2）添加新程序：安装系统软件或者应用程序，选择后系统会提示安装的来源。

（3）添加或删除 Windows 组件：Windows 自带的一些可以选择安装的系统工具和应用程序，在需要时可以安装（添加）或卸载（删除）。选择此选项后会出现图 2-46 所示的组件安装向导，可根据向导提示依次完成。

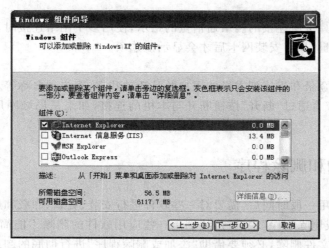

图 2-46 "Windows 组件向导"对话框

（4）设定程序的访问值和默认值：指定某些动作的默认程序，例如网页浏览、发送邮件和媒体播放等。

## 2.5.3 运行程序

程序的运行过程就是启动应用程序窗口与用户进行交互的过程，在 Windows 下运行的应用软件都以窗口的形式展示给用户。启动运行一个程序的方法有以下几种。

**1. 以命令的方式运行程序**

（1）单击"开始"→"运行"命令，出现图 2-47 所示对话框。

（2）在该对话框中的"打开"下拉列表框中输入要执行的程序路径及名字，或单击"浏览"按钮查找相应程序执行文件。

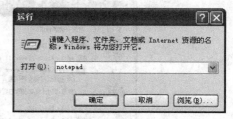

图 2-47 "运行"对话框

（3）单击"确定"按钮，便执行（打开）指定的应用程序。

**2. 直接运行程序**

（1）打开"资源管理器"窗口，找到要运行的程序。

（2）双击该程序或右击鼠标，从弹出的快捷菜单中选择"打开"命令。

**3. 利用快捷方式运行程序**

若要运行的软件在桌面上已有启动的快捷方式,双击该快捷方式,或单击右键,从弹出的快捷菜单中选择"打开"命令。如果桌面上没有该软件的快捷方式,可按照创建快捷方式的操作步骤来建立。

**4. 在"开始"菜单中运行程序**

若要运行的软件在"开始"菜单中,那么选到该程序后单击左键即可,"开始"菜单中没有该程序的快捷菜单时可以手工添加。

# 2.6 附件中的实用程序

在 Windows 系统中自身带有很多应用程序,这些程序给用户带来很多方便之处,如画图、计算器和记事本等。附件菜单如图 2-48 所示。

## 2.6.1 画图

"画图"是一种绘图工具,可以创建黑白或彩色的图形,可以对多种图像格式的位图图像进行编辑处理,用户可以自己绘制图画,也可以从扫描仪、照相机中输入制作好的图片,在编辑完成后可以将这些图像保存为 BMP、JPEG、PNG 或 TIFF 等多种图像文件格式。

**1. 画图程序的启动**

选择"开始"→"所有程序"→"附件"→"画图"命令,就会出现图 2-49 所示的画图窗口。

图 2-48 "附件"菜单

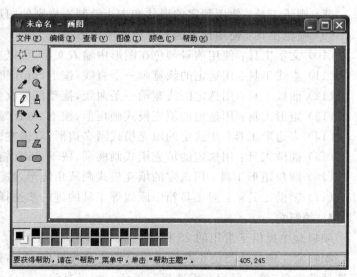

图 2-49 画图窗口

**2．窗口的组成**

（1）标题栏：用户正在使用的程序和正在编辑的文件名。

（2）菜单栏：用户在操作时要用到的各种命令。

（3）工具箱：常用的 16 种绘图工具。

（4）颜料盒：显示多种颜色的小方块，最左边的是当前前景和背景颜色。

（5）绘图区：为用户提供一个绘图画板。

（6）状态栏：显示当前操作的信息和鼠标位置信息。

**3．绘图工具**

"画图"程序的使用，关键是要熟悉工具箱中每个工具的功能，会根据需要选择使用工具箱中合适的工具。绘图工具箱位于窗口左侧，如图 2-50 所示，使用工具时先用鼠标单击选中工具，然后再在绘图区域进行功能操作，一般情况下按下鼠标左键使用前景颜色，按下右键使用背景颜色。

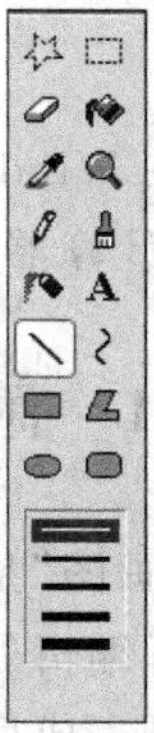

图 2-50　绘图工具

（1）裁剪工具：从图形中裁剪任意区域进行移动、复制和编辑。

（2）选择工具：从图形中选择一个矩形区域进行移动、复制和编辑。

（3）橡皮工具：使用当前背景色擦除部分区域。

（4）填充工具：使用当前绘图色填充某块区域，单击左键用前景颜色填充；单击右键用背景色填充。

（5）取色工具：在当前图形上吸取一种颜色来改变当前前景或背景色。单击左键吸取前景颜色；单击右键吸取背景色。

（6）放大镜工具：可以放大图形便于查看细节，再次使用时还原。

（7）铅笔工具：绘制一个像素宽的不规则的线条。

（8）刷子工具：使用预定的形状和大小绘制不规则的图形。

（9）喷枪工具：使用预定的大小绘制喷绘效果。

（10）文字工具：使用前景颜色在图形中输入文字，可以选择字体、字号等。

（11）直线工具：用选定的线宽画一条直线，按下 Shift 键可以保证线条的斜率。

（12）曲线工具：用选定的线宽画一条曲线，拖动鼠标改变线的曲率。

（13）矩形工具：用选定的填充模式画矩形，按下 Shift 键时画正方形。

（14）多边形工具：用选定的填充模式画多边形，双击左键封闭首尾顶点。

（15）椭圆工具：用选定的填充模式画椭圆，按下 Shift 键时画正圆形。

（16）圆角矩形工具：用选定的填充模式画圆角矩形，按下 Shift 键时画圆角正方形。

（17）辅助工具箱：对工具箱中画线等工具的进一步选择。

**4．颜料盒**

颜料盒中提供了常用的 28 种颜色，如图 2-51 所示。

颜料盒左侧显示当前正在使用的前景色和背景色，在右侧相应的方格内单击鼠标左键选择前景色，单击鼠标右键选择背景色。如果当前颜料盒内没有想要的颜色时，找出一个不常用的颜色格子，双击打开图 2-52 所示"编辑颜色"对话框，选择需要的颜色。

计算机应用基础

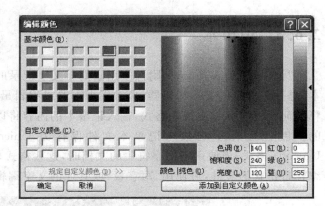

图 2-51　颜料盒　　　　　　　　　　　图 2-52　"编辑颜色"对话框

## 2.6.2　计算器

"计算器"是 Windows 附件中的一个小计算工具,使用方式与经常使用的计算器基本相同。计算器有"标准型"和"科学型"两种,图 2-53 为标准型计算器,图 2-54 为科学型计算器,可使用"查看"菜单在这两种型号间进行切换。

图 2-53　标准型计算器　　　　　　　　图 2-54　科学型计算器

(1) 标准型计算器可进行加(+)、减(-)、乘(*)、除(/)、开方(sqrt)、百分数(%)、倒数(1/x)等简单算术计算。计算时可使用鼠标单击按钮进行操作,也可在键盘数字锁定键呈开启状时,通过数字键区的按键进行操作。

(2) "科学型"计算器用于进行统计计算和科学计算,还可以进行不同进制数的转换。

统计计算:可计算一系列数据的和、平均值等。

科学计算:可进行函数、对数运算,以及阶乘、幂运算等。

数制的转换:可进行二进制、八进制、十进制、十六进制整数的相互转换。

### 2.6.3 记事本

　　"记事本"是 Windows 附件中用于简单文字记录的编辑程序,如图 2-55 所示。"记事本"是一个基本的文本编辑器,最常用来查看或编辑最基本的文本文件,自身不包含和解释任何的转义标签或特殊格式,输入记事本的内容将以纯文本文件的形式存放,文件默认的扩展名为 txt。可以将记事本文件保存为 Unicode、ANSI、UTF-8 或高位在前的Unicode 格式,当使用不同字符集的文档时,这些格式可以提供更大的灵活性。要创建和编辑带格式的文件,可使用"写字板"或其他的文字编辑软件。

图 2-55　记事本窗口

### 2.6.4 命令提示符

　　命令提示符是 Windows 平台下的命令行交互方式,早期也称为"MS-DOS 方式"。通过命令提示符窗口,用户可以在 Windows 系统下运行兼容 DOS 操作系统的各种命令、操作文件、设置系统和执行应用程序等,如图 2-56 所示。

```
Microsoft Windows XP [版本 5.1.2600]
<C> 版权所有 1985-2001 Microsoft Corp.

C:\Documents and Settings\cheng>dir
 驱动器 C 中的卷是 WINXP
 卷的序列号是 7C14-F99B

 C:\Documents and Settings\cheng 的目录

2012-01-19  22:39    <DIR>          .
2012-01-19  22:39    <DIR>          ..
2011-03-16  21:25    <DIR>          CMB
2012-04-06  21:55    <DIR>          Favorites
2012-05-05  16:52    <DIR>          My Documents
2011-10-23  17:08    <DIR>          「开始」菜单
2012-05-15  17:47    <DIR>          桌面
               0 个文件              0 字节
               7 个目录  6,364,377,088 可用字节

C:\Documents and Settings\cheng>_
```

图 2-56　命令提示窗口

# 2.7　汉字输入方法

在计算机高速发展和普及的今天,文字输入已经成为用户与计算机进行交互的重要手段,使用计算机对汉字进行输入、编辑、处理已经变得非常普遍,熟练掌握汉字输入的方法已经成为一种必备的计算机技能。

## 2.7.1　汉字输入概述

计算机中文信息处理技术需要解决的首要问题就是汉字的输入技术,主要方法有键盘输入、联机手写输入、语音输入和光电扫描输入等。

(1)键盘输入方法是通过输入汉字输入码来输入汉字的方法。汉字输入码主要有拼音码、区位码、字形码、音形码和形音码等,用户需要会拼音或记忆输入码才能使用。

(2)光电扫描输入方法是利用计算机的外部设备——光电扫描仪来输入汉字的方法。首先将印刷体的文本扫描成图像,再通过专用的光学字符识别系统进行文字的识别,将汉字的图像转成文本形式。这种输入方法的特点是只能用于印刷体文字的输入,要求印刷文字清晰才能准确识别。

(3)联机手写输入是近年来发明的一种新技术,是一种符合日常书写习惯的手写输入方法。使用者只需用与主机相连的书写笔把汉字写在书写板上,书写板中内置的高精密的电子信号采集系统会将汉字笔迹信息转换为数字信息,然后传送给汉字识别系统进行汉字识别,从而确定出书写的汉字。这种输入法的好处是只要会写汉字就能输入,与日常书写习惯一致,不需要记忆汉字的输入码。

(4)语音输入也是近年来的一种新技术,主要功能是用与主机相连的话筒读出汉字的语音,利用语音识别系统分析辨识汉字或词组。语音识别技术的原理是将人的话音转换成声音信号,经过特殊处理,与计算机中已存储的已有声音信号进行比较,然后反馈出识别的结果。这种输入的好处是不再需要用手去输入,只要会读出汉字的读音即可,但是受每个人汉字发音的限制,在实际应用中错误率较键盘输入高。

## 2.7.2　输入法状态条

Windows 中通常安装有多种输入法,正确掌握各种输入法及其状态条中各按钮的功能有助于熟练进行汉字的输入和编辑操作。

### 1. 输入法的切换

在添加手写识别、语音识别或输入法编辑器作为输入文本的方法时,语言栏将自动出现在桌面上。如果使用另一个键盘布局,则可以从任务栏显示语言栏,可以通过使用语言栏上的按钮来执行各种文字服务相关的任务。

可以将语言栏移动到屏幕的任何地方,或者将其最小化到任务栏。如果不使用它,则可以关闭它。因为文字服务会占用内存并可能影响性能，所以应该删除不经常使用的文字服务。

在 Windows 中各种输入法之间的切换方法有：

（1）在语言栏指示器上单击鼠标左键，如图 2-57 所示。

（2）按 Ctrl＋空格组合键在中英文之间切换。

（3）按 Ctrl＋Shift 组合键在各种输入法中滚动切换。

**2. 功能按钮**

当切换成某种输入法时，会在桌面的下方出现相对应的输入法状态条，在语言栏上显示的按钮和选项取决于所安装的文字服务和当前处于活动状态的软件程序。常见的微软拼音输入法状态条如图 2-58 所示，状态条上各按钮的功能如表 2-8 所示。

图 2-57　输入法切换　　　　　　　　　　　　　图 2-58　输入法状态条

表 2-8　状态条按钮的功能

| 按 钮 名 称 | 按钮功能一 | 按钮功能二 |
|---|---|---|
| 中文/英文切换按钮 | 中中文输入 | 英英文输入 |
| 全角/半角切换按钮 | ○全角符号 | ↗半角符号 |
| 中/英文标点切换按钮 | °,中文标点 | ',英文标点 |
| 软键盘开/关切换按钮 | ▤软键盘 |  |
| 简体/繁体切换按钮 | 简输入简体字 | 繁输入繁体字 |

**3. 半角与全角**

半角和全角主要针对的是非汉字的字母、数字和符号，在西文状态下，英文字母符号只占用一个字节的空间，例如"123ABC+-*/"等。在中文状态下，字母符号和汉字一样大小，占用一个汉字的位置，即两个字节的空间，例如"123ABC ＋ － × / "等。通常称这种占用一个字节的符号为半角符号，占用两个字节的符号为全角符号。全角与半角的切换可以通过鼠标在输入法状态栏上选择，还可以使用 Shift＋Space 组合键。

**4. 中英文符号**

全角和半角标点符号之间的切换可以使用鼠标在输入法状态栏上选择，还可以使用 Ctrl＋.组合键。键盘上的同一个标点符号按键在全角和半角状态下的表现截然不同，中英文标点符号键盘对照表如表 2-9 所示。

## 2.7.3　拼音输入法简介

拼音输入法是一种音码输入方案，以普通话和汉语拼音为基础，直接运用西文键盘的

表 2-9　中英文符号的键盘对照表

| 符 号 名 称 | 中 文 符 号 | 键　位 | 符 号 名 称 | 中 文 符 号 | 键　位 |
|---|---|---|---|---|---|
| 句号 | 。 | . | 小括号 | （） | () |
| 逗号 | ， | , | 中括号 | 【】 | [] |
| 分号 | ； | ; | 大括号 | ｛｝ | {} |
| 冒号 | ： | : | 书名号 | 《》 | < > |
| 问号 | ？ | ? | 省略号 | …… | ^ |
| 感叹号 | ！ | ! | 破折号 | —— | _ |
| 顿号 | 、 | \ | 间隔号 | · | · |
| 双引号 | "" | " | 连接号 | ～ | ~ |
| 单引号 | '' | ' | 人民币符号 | ￥ | $ |

字母键输入汉字,使用较多的有全拼法输入、智能 ABC 输入法、微软拼音输入法和搜狗拼音输入法等。

**1. 全拼输入法**

全拼输入法是以汉语拼音方案为基础,使用标准键盘上的 26 个英文字母,按照顺序输入每个汉字的全部拼音字母的汉字输入方法。在全拼输入法中,键盘上的英文字母对应相应的汉语拼音字母,其中英文字母 v 对应拼音字母 ü,当输入一个汉字时,按该汉字的汉语拼音逐一输入对应的英文字母即可输入汉字。例如"中"的汉语拼音是 zhong,在拼音窗口中按照顺序输入 z、h、o、n、g 键,然后在词语候选窗口中选择想要的汉字。

全拼输入法不需要特别记忆和学习就能掌握,但是由于汉字同音字较多,同一个拼音常常会对应多个汉字,因此需要多次选择,输入速度较慢。同时汉字中同音字多,同音词却少得多,因此使用全拼输入法应该尽量使用词组输入,可减少同音字词,提高输入速度。

例如输入"电脑"一词时,按顺序逐个输入"diannao",则在词语选择框中只有"电脑"一词,按空格键即可在光标处输入该词。

**2. 智能 ABC 输入法**

智能 ABC 输入法是一种灵活、方便的汉字输入方法,该输入法基于人们的语文知识和计算机智能,为各类人员特别是非专业人员输入汉字提供了一种易学而快捷的输入方法。使用智能 ABC 输入汉字时,输入了拼音后要先按一次空格键重码提示行才会出现。

1）全拼输入

全拼单字输入:输入汉字完整的汉语拼音,按空格键出现候选窗口,然后选择需要的汉字,如图 2-59 所示。例如,输入 ren 按空格键后得到"人";输入 wo 按空格键后得到"我"。

全拼词组输入:在输入完第一个汉字的拼音后先不要选择,依次输完词组中所有汉字的拼音,可有效减少候选窗口中重码汉字的数量,甚至不用翻页就可直接选择,如图 2-60 所示。例如,输入 xinxi 按空格键后得到"信息";输入 jisuanji 按空格键后得到"计算机"。

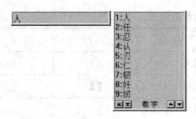
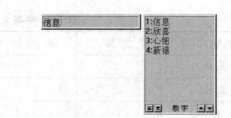

图 2-59　全拼输入单字　　　　　　　　　　图 2-60　全拼输入词组

2）简拼输入

在输入拼音时可省略词组中任意单字的韵母，只输入所需字词的拼音首字母（或声母）。这种方法减少了击键次数，提高了输入效率，但是重音的字词会有所增加。例如输入 s 或 sh 均可得到"是"，如图 2-61 所示；输入 wm，按空格键后可以得到词组"我们"，如图 2-62 所示。

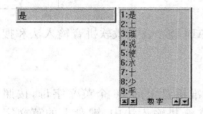
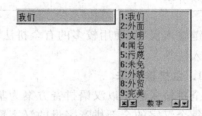

图 2-61　简拼输入单字　　　　　　　　　　图 2-62　简拼输入词组

通常，如果输入的是常用的字词，使用简拼方式可以快速找到所需的字词。因为输入简拼时，重码区的字词是按照日常使用频率的高低进行排列的，最常用的字词出现在最前面。

3）混合输入

当输入词组时，构成词组的单字有的字可以取全拼，而有的取简拼（即声母），这种方法称为混合输入。如输入 xuex、xxiao 都可得到词组"学校"。

通常在输入不太常用的词组时，首字取全拼而其他字取简拼，这样既可降低重码，也可以减少击键次数。

4）输入长词组

由于长词组几乎没有重码，因此只需输入每个汉字拼音的首字母即可。如要输入"中央电视台"，输入"zydst"即可，这样可以提高输入速度。

5）自动调整词序功能

同音字词的增多会增加选择的时间，但"智能拼音"的"动态调整词序"功能可以将常用的词汇自动地调整到最前面，这样就可以大大缩短查找所需词汇的时间。

6）自动记忆功能

"智能拼音"系统存有大量常用的词汇，但并不包括词汇的全集。当输入的词汇不存在时，可利用系统的"造词"功能。如图 2-63 所示，输入拼音"zidongjiyicizu"后

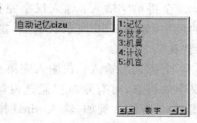

图 2-63　自动记忆词组

　计算机应用基础

按空格键在系统词库中没有相应的词组,这时顺序选择"自动"、"记忆"、"词组"后,一个新词将被记忆进系统词库,下次输入上述全拼或者简拼 zdjycz 均可迅速查找出这个自造的词汇。

7）隔音问题处理

在进行不完全拼音输入或者没有声母的汉语拼音时,有时系统不能确定拼音的间隔位置。如果想输入"词汇"一词时输入 ch,系统不能断定是声母 c 和 h 还是 ch,此时可用单引号作间隔符。例如,输入"西安"一词时要输入 xi'an;输入"方案"一词时输入 fang'an。

## 2.7.4  五笔字型输入法简介

五笔字型输入法是一种形码输入方案,与其他音形类或纯音类输入法不同的是,五笔字型输入法完全根据汉字的字形结构进行编码,编码与一个汉字的读音没有任何关系。五笔字型是目前使用较广泛的输入方法之一,其突出的优点是输入汉字重码少、击键次数少、输入效率高,但是五笔字型输入法的规则与方法比较复杂,需要经过专门学习和训练后才能熟练应用。

五笔字型的编码方案有 86 版、98 版和大一统版三种,后两种版本都是在 86 版基础上进行改进后推出的,字根的排列与 86 版有一些区别,而且字根的布局更加合理,拆字和编码的规则更加规范,支持的汉字标准更加完善。

在五笔字型中,汉字的组成一般分为笔划、字根和整字三个层次,笔划组成字根,字根形成单字。五笔字型输入法根据汉字的结构特点,梳理出最常用的 130 多个基本字根作为构成汉字的基本部件单元,所有的汉字都可以由这些基本字根依据一定的规则顺序构成。这些基本字根按照规则分布在 25 个字母键上,这样就构成了五笔字型字根的键盘布局。

使用五笔字型输入法时先要将汉字按一定的规则分拆成若干个基本部件,然后根据这些部件的键名组成编码,最后将这些编码依照顺序和规则输入计算机即可完成一个汉字的输入。例如,"明"字分拆成"日、月"两个字根;"动"字分拆成"二、厶、力"三个字根;"照"字分解为"日、刀、口、灬"等。

五笔字型的汉字码长为 4 个,也就是说用 4 个键名代表一个汉字,这 4 个键名的有序排列就是这个汉字的五笔字型的编码。在编码过程中,为提高录入效率,也同时规定有码长为一、二、三的汉字编码,也就是五笔编码中的简码。

## 习 题 2

**一、选择题**

1. 在鼠标双击方式下,选择不连续的对象时按住(    )键。

    A. Ctrl         B. Alt         C. Shift         D. 前三个都可以

2. 任务栏可以在桌面上移动,但不能移动到(    )。
   A. 上边          B. 中间          C. 左边          D. 右边
3. 打开"开始"菜单的组合键是(    )。
   A. Ctrl+Shift    B. Ctrl+Alt      C. Ctrl+Esc      D. Ctrl+Delete
4. 窗口的移动可以用鼠标按住左键拖动(    )。
   A. 菜单栏        B. 工具栏        C. 状态栏        D. 标题栏
5. 用键盘切换窗口时,按(    )组合键,然后在出现的活动窗口图标中依次选择。
   A. Alt+Tab       B. Alt+Esc       C. Ctrl+Tab      D. Ctrl+Esc
6. 主菜单中项的热键一般是用(    )加一个字母。
   A. Ctrl          B. Alt           C. Shift         D. 不用这些键
7. 对话框的操作中,对话框不能(    )。
   A. 移动          B. 关闭          C. 改变大小      D. 打开
8. 文件的属性不包含(    )。
   A. 只读          B. 隐藏          C. 存档          D. 保存
9. 下列文件扩展名中,(    )表示的是文本文件。
   A. TXT           B. COM           C. EXE           D. BAK
10. 物理删除一个对象,在按 Delete 键的同时还要按住(    )键。
    A. Crtl         B. Shift         C. Alt           D. Tab
11. 下列说法不正确的是(    )。
    A. 回收站中可以删除文件
    B. 回收站中可以还原文件
    C. 回收站中的删除就是物理删除
    D. 回收站中存放所有盘中删除的文件或文件夹
12. 运行程序的方法是(    )。
    A. 以命令的方式              B. 直接运行
    C. 利用快捷方式              D. 都可以
13. "记事本"默认存储文件的扩展名是(    )。
    A. TXT           B. COM           C. EXE           D. BAK
14. 在鼠标属性对话框中不能对(    )进行设置。
    A. 鼠标键        B. 指针          C. 轮            D. 软件
15. 拼音输入法中词输入的间隔符是(    )。
    A. '             B. ,             C. `             D. ;
16. 在汉字输入法中,全角是指(    )占 2 个字节。
    A. 一个数字      B. 一个字母      C. 一个汉字      D. 一个非汉字字符
17. 切换输入法用(    ),中西文之间切换用(    )。
    A. Ctrl+Tab      B. Ctrl+Shift    C. Ctrl+Space    D. Ctrl+Alt
18. 全/半角之间切换用(    )。
    A. Shift+Space   B. Ctrl+Shift    C. Ctrl+Space    D. Ctrl+Alt

计算机应用基础

## 二、填空题

1. 关闭计算机对话框中含_____、_____和_____,它们的含义分别是什么?

2. 通过观测鼠标指针的形状,了解_____和_____。

3. 桌面图标可以按_____、_____、_____和_____ 4 种方式排列。

4. 在资源管理器中对所选的对象,如果要复制若用快捷键先按_____,找到目标位置后再按快捷键_____。

5. 搜索文件时可以使用的两个通配符是_____和_____。

6. 磁盘格式化是_____。

7. Windows 支持下的软件分为_____和_____两种。

8. "画图"程序是_____器。

9. "计算器"有两种类型:_____型和_____型。

10. "控制面板"是_____。

11. "桌面"的设置包含_____、_____、_____、_____和_____。

12. "日期和时间"对话框的打开方法有_____和_____。

13. "日期"中,年份的下限是_____年(请同学们上机操作得到)。

14. "对话框"在_____会出现。

15. 在不同盘中不能_____所选对象。

16. 五笔型输入法的优点是_____。

## 三、操作应用题

1. 在资源管理器中的 D 盘根下新建一个文件夹,名字为:姓名加学号,然后再在此文件夹中建立一个文件(用记事本),内容为简单的个人简历。

2. 将建立的文件夹连同文件一块复制到 E 盘根下。

3. 将 D 盘文件夹中的文件删除,再还原。

4. 自己在"画图"中画一个国旗,然后作为 Windows 的桌面背景。

5. 设置"鼠标"为右手习惯,然后再还原。

6. 设置"屏幕保护程序"为"三维文字",内容为"欢迎使用计算机"。

7. 对 E 盘进行"磁盘碎片"整理。

8. 练习对话框中"确定"、"取消"和"应用"按钮的区别。

# 第  章 计算机网络基础

## 3.1 计算机网络概述

随着计算机应用的深入,一方面用户希望能够共享资源,另一方面也希望计算机之间能够传递信息,越来越多的应用领域需要将一定地理范围内的计算机联合起来进行工作,从而促进了计算机和通信这两种技术的紧密结合,并最终形成了计算机网络这门学科。计算机网络已成为信息时代最重要、最关键的组成部分,在现代人类的社会经济生活中起着越来越重要的作用,对人类社会的进步和发展作出了巨大的贡献。

### 3.1.1 计算机网络基本概念

**1. 计算机网络的定义**

计算机网络就是将分布在不同地理位置、具有独立操作系统的计算机及其附属设备,使用通信设备和线路连接起来,按照共同的网络协议实现相互之间的信息传递和资源共享的系统。

**2. 计算机网络的功能**

计算机网络是现代通信技术与计算机技术相结合的产物,通过计算机网络可以实现计算机之间的信息交换和资源共享,将位于不同地理位置的多个计算机联合起来共同完成一项任务等功能。

(1)信息交换。是计算机网络最基本的功能,也是计算机网络其他功能的基础,用来在计算机之间传递和交换信息,如发送电子邮件、远程登录等。

(2)资源共享。是计算机网络最常用的功能,包括共享软件、硬件和数据资源。资源共享可以使用户方便地访问分布在不同地理位置的各种资源,从而极大地提高系统资源的利用率,使系统的整体性能价格比得到改善。

(3)提高系统的可靠性。分布广阔的计算机网络,对不可抗拒的自然灾害有着较强的应对能力。网络中一台计算机或一条传输线路出现故障,可通过其他无故障线路传递信息,其任务也可以由其他计算机或备份的资源所代替,避免了系统服务的中断和瘫痪,提高了系统的可靠性。

（4）分布式处理。分布式处理是指把同一任务分配到网络中地理上分布的节点机上协同完成。通常对于复杂的大型任务可以采用合适的算法，将任务划分成若干小任务并分散到网络中不同的计算机上去执行，完成以后再将结果集中返回给用户，实现网络分布式处理的目的。

（5）负载均衡。负载均衡是指把任务均匀地分配给网络上的各台计算机系统去完成。当网络中某台计算机、部件或者服务程序负担过重时，通过合理的调度可将其任务的全部或一部分转交给其他较为空闲的计算机系统去完成，以达到网络资源的均衡使用，提高处理问题的实时性。

**3．计算机网络的发展**

计算机网络的发展可分为以下 4 个阶段。

（1）面向终端的单机互联系统。

20 世纪 50 年代，计算机的数量非常少并且非常昂贵，而通信线路和通信设备的价格相对便宜，当时很多人都很想去使用主机中的资源，共享主机资源和进行信息的采集及综合处理就显得特别重要了，于是就产生了将一台计算机与若干台终端通过通信线路直接相连的单主机互联系统。主机是网络的中心和控制者，负责终端用户的数据处理与存储，同时负责主机与终端之间的通信过程；终端是不具有处理和存储能力的计算机，围绕中心主机分布在各处，呈分层星型结构，各终端通过通信线路共享主机的硬件和软件资源。

（2）主机互联的分组交换网。

20 世纪 60 年代中期到 70 年代中期，随着计算机技术和通信技术的进步，开始利用通信线路将多台主机连接起来，为终端用户提供服务；同时在计算机通信网的基础上通过完成计算机网络体系结构和协议标准的研究，形成了初期以多主机分组交换进行数据远距离传输为特征的计算机网络。多主机互联分组交换网由通信子网和资源子网组成，以通信子网为中心，网络中的主机与终端不仅可以共享通信子网的资源，还可以共享资源子网的硬件和软件资源。网络的共享采用排队方式，由节点的分组交换机负责分组的存储转发和路由选择，给两个进行通信的用户动态分配传输带宽，这样就可以大大提高通信线路的利用率，非常适合突发式的计算机数据。

（3）标准体系结构网络。

20 世纪 80 年代之前，不同厂家甚至是同一厂家不同时期的设备也无法达到互连互通，这样就严重阻碍了网络向更大规模的发展。为了使不同体系结构的计算机网络都能互联，实现更大范围的计算机联网，1977 年国际标准化组织（International Organization for Standardization，ISO）提出了一个开放系统互连参考模型（Open System Interconnection/Reference Model，OSI），并于 1984 年正式发布。该框架可使不同的网络体系、协议在统一的网络体系结构下全网互相连通，遵循 OSI 标准的网络可以和位于世界上任何地方，也遵循同一标准的其他任何系统进行通信。

（4）高速计算机网络。

20 世纪 90 年代后至今属于第四代计算机网络。第四代网络是随着数字通信技术和光纤的出现而产生的，其特点是采用高速网络技术，综合业务数字网的实现，多媒体和智能型网络的兴起。随着 DDN、ISDN、xDSL、FDDI 和 ATM 等快速接入网络的技术不断地进步,更大规模的 Internet 由此诞生,并形成了遍布全球的信息高速公路。

## 3.1.2 计算机网络的组成

计算机网络的本质是把两台以上具有独立功能的计算机系统使用通信介质互连起来,提供若干个计算机之间的连通性,以达到资源共享和远程通信的目的。计算机网络是一个复杂的系统,在不同的角度上可划分出不同的功能组成。

### 1. 通信子网和资源子网

从逻辑功能上看,计算机网络由通信子网和资源子网两大部分组成。如图 3-1 所示,虚线内部的部分称为通信子网,虚线外部的部分称为资源子网。

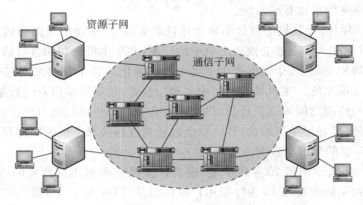

图 3-1　计算机网络的构成

通信子网由通信处理机、通信线路和其他通信设备构成,负责实现数据的传输、转发等通信处理任务。通信处理机也称为网络中间节点或网络节点,通常由网络互连设备如路由器、交换机等组成。

资源子网由独立的主机、终端、外部设备、各种软件资源和信息资源等构成,负责数据处理和资源共享,为网络用户提供网络服务。网络中的主机可以是大型机、服务器、工作站或个人计算机等。

### 2. 网络硬件和网络软件

从计算机网络的实现上看,由网络硬件和网络软件构成。

(1) 网络硬件。是实现网络连接、数据传输和数据处理的所有硬件与设备。包括网络互连设备、数据通信设备、传输介质、服务器及客户端(工作站或个人计算机)等。

网络互连设备主要包括网桥、交换机、路由器和网关等。根据网络互连的不同层次,使用不同的网络互连设备。这些设备构成了网络的中间节点,实现不同网络节点间数据的存储和转发。

数据通信设备主要包括网络适配器、调制解调器、多路复用器、连接器和收发器等。例如,通过局域网接入 Internet 必须使用网卡,通过电话线接入 Internet 必须使用调制解调器(modem)。

传输介质是数据传输的媒介与载体,构成了通信双方的物理通道,实现数据的传输。主要包括同轴电缆、双绞线、光纤、微波、无线电、红外线和激光等。

服务器是为客户端(网络用户)计算机提供各种服务的高性能计算机,一般由高档计算机或具有大容量硬盘的专用服务器担任。服务器是提供网络服务的核心部件,网络操作系统就运行在这些服务器上,网络工作站之间的数据传输均需要服务器作为媒介。根据服务器在网络中所起的作用可分为文件服务器、打印服务器和通信服务器等。

客户端也称为用户工作站,一般是指具有独立处理能力的个人计算机或者终端。这些计算机通过网卡和传输介质与网络服务器连接,请求服务并访问共享的资源。

(2) 网络软件。由网络协议、网络操作系统及网络软件组成。

网络协议是网络实体之间通信的规则和标准。大多数网络协议都是分层实现的,每一层的协议定义了该层通信双方的通信规则,并向其上一层提供透明服务。常见的网络协议有 TCP/IP 协议、IPX/SPX 等。

网络操作系统是网络的主体软件,负责处理网络请求、分配网络资源、监控管理网络、实现系统资源共享、管理用户应用程序对资源的访问,如 Windows、Linux、UNIX 和 BSD 等。通常网络操作系统还会提供各种设备(网卡等)的驱动程序。

网络软件包括用于实现网络接入、认证、监控、审计、计费等功能的网络管理软件;用于保证网络系统不受恶意代码、漏洞攻击和病毒破坏,实现网络防火墙和入侵检测等功能的网络安全软件;为网络用户提供服务的网络应用软件。

网络软件与运行于单个计算机上的软件相比,实现了网络特有的资源共享和相互通信的功能。与分布式软件相比,网络软件侧重于数据在源和目的地之间的传输,而不是信息处理透明和自动地完成。

## 3.1.3　计算机网络的分类

计算机网络是由传输介质连接在一起的一系列网络节点组成的资源共享系统。一个网络节点可以是一台计算机、打印机、存储阵列、路由交换设备或者任何能够与网络上其他节点互相通信的设备,这些设备通过网络连接实现资源的共享。计算机网络从不同角度具有多种分类方式,可以按网络覆盖的地理范围、网络的拓扑结构、网络通信方式、传输介质等进行分类。

### 1. 根据网络覆盖的地理范围分类

按照网络覆盖地址范围的大小分为局域网、城域网和广域网三类。

(1) 局域网(Local Area Network,LAN)。局域网是指在一个较小地理范围内的各种计算机网络设备互联在一起的通信网络,可以包含一个或多个子网,通常局限在几千米的范围之内。局域网组建方便,使用灵活。

(2) 城域网(Metropolitan Area Network,MAN)。城域网也称为都市网,网络的规模局限在一座城市的范围内,覆盖的范围从几十千米至数百千米,城域网是局域网在联网规模上的延伸。

(3) 广域网(Wide Area Network,WAN)。广域网又称为远程网,其目的是为了让地理位置相距较远的网络能够互相连接。广域网网络规模和覆盖范围较大,一般可从几百千米到几万千米,可跨越多个城市、地区甚至国家,可在洲际之间架起网络连接的桥梁,通常所讲的 Internet 就是最大最典型的广域网。

**2. 根据服务方式分类**

按照服务方式分为客户端/服务器网络和对等网络。

(1) 客户端/服务器网络。服务器是指专门提供服务的高性能计算机或专用设备,客户端是指用户计算机。这是最常用、最重要的一种网络类型,网络中存在一台或多台服务器,客户端向服务器发出请求并获得服务,可以共享服务器提供的各种资源。这种网络不仅适合于相同类型的计算机联网,也适合于不同类型的计算机联网,计算机的权限和优先级别易于控制,网络管理能够规范化,安全性容易得到保证。

(2) 对等网络。对等网络中不要求有专用的服务器,每台客户端既是客户端又是服务器,可以与网内任何客户端平等对话,共享彼此的信息和硬件资源。对等网络中的计算机一般类型相同,组网方式灵活方便,但是较难实现集中管理与监控,安全性较低,适合作为部门内部协同工作的小型网络。

**3. 根据通信方式分类**

按照通信方式可分为点对点传输网络和广播式传输网络。

(1) 点对点传输。网络中数据以点到点的方式在计算机或通信设备中传输,在一对机器之间通过多条路径连接而成,大的网络主干核心互联大多采用这种方式。

(2) 广播式传输。网络中数据在共用通信介质线路中传输,由网络上的所有机器共享一条通信信道,适用于地理范围小或保密要求不高的网络。

## 3.1.4 网络拓扑结构

网络的拓扑结构影响着整个网络的设计、功能、可靠性和通信费用等重要指标。网络上可访问的每台计算机、终端设备或支持网络的连接器、转接器等都可称为网络上的一个节点(Node,有的称为节点)。而网络拓扑结构就是指网络节点的位置和互连的几何布局,也就是网络中主机的连接方式。根据主机的拓扑连接方式,计算机网络可以划分为总线型、环型、星型、树型、网状型和混合型网络。实际建网过程中是以采用其中的一种或几种拓扑结构的复合形式实现的。

**1. 星型网络**

星型(Star)网络由中心节点和一些与之相连的从节点组成,采用集中控制方式,如图 3-2(a)所示。目前较为流行的是在中心节点配置集线器(HUB),每个节点通过网络接口卡和电缆连接到集线器上。星型网络结构简单,建网容易,便于控制和管理,但是可靠性较低,一旦中央节点出现故障将导致全网瘫痪。

**2. 总线型网络**

总线型(Bus)网络中所有的节点共享一条数据通道,任何一个节点发出的信息都可沿着总线传输,并被总线上其他所有节点接收,信息的传输方向是从发送点向两端扩散传送,是一种广播式结构,如图 3-2(b)所示。总线型网络安装简单方便,需要铺设的线缆最

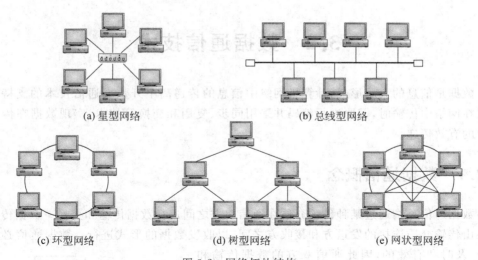

(a) 星型网络          (b) 总线型网络

(c) 环型网络      (d) 树型网络      (e) 网状型网络

图 3-2　网络拓扑结构

短，成本较低，易于扩展，在局域网建设中采用较多。总线网某个节点的故障一般不会影响整个网络，但介质的故障却会导致网络瘫痪，同时广播式传送安全性较低，监控比较困难，传输的信息容易发生碰撞冲突，不宜在实时要求高的场合中使用。

**3. 环型网络**

环型(Ring)网络采用集中控制方式，各节点之间关系对等，是点对点式结构，如图 3-2(c)所示。环型网络中各节点通过环接口连于一条封闭的环型通信线路中，环中信息单方向绕环传送，任何一个节点发送的信息都必须经过环路中的全部环接口。为了提高可靠性，可采用双环或多环等冗余措施来解决。环形结构的优点是容易安装和监控，实时性好，信息吞吐量大，环网的周长可达 200 公里以上，网络节点可达数百个。但是因为环路的封闭性，所以扩充不便。

**4. 树型网络**

树型(Tree)网络结构是总线型结构的延伸，是一个分层分支的结构，适用于分级管理和控制，一个分支和节点故障不影响其他分支和节点的工作，如图 3-2(d)所示。树型网络是一种广播式网络，任何一个节点发送的信息，网络上的其他节点都能够接收到。树型结构的优点是网络易于扩充，缺点是结构复杂，线路利用率不如总线型网络高。

**5. 网状型网络**

网状型(Mesh)网络是一种不规则的全互连型结构，将任意两个节点通过物理信道连接成一组不规则的形状就构成网状结构，如图 3-2(e)所示。网状结构中没有一个自然的"中心"，数据流向也没有固定的方向，其中任意两个节点之间的通信线路都不唯一，当某条通路出现故障时，可绕到其他路径传输信息，最大限度地提供了专用带宽，可靠性好。然而网状结构复杂，建网成本较高，仅适用于核心应用或者骨干传输等特殊场合。

# 3.2 数据通信技术

数据是信息的表示形式,计算机网络中信息的传递离不开数据通信技术的支持。当数据在网络中传输时,需要进行编码并采用同步、复用和交换等技术,实现数据在传输介质中的有效传递。

## 3.2.1 数据通信概念

数据通信是指通过某种传输介质在通信双方之间进行数据传输和交换。数据传输发生在由传输介质连接的发送方和接收方之间,以收发数据的形式进行。数据通信必须是正确、及时和有效的,因此通信双方的数据传输和交换涉及通信双方采用的传输介质和传输控制技术。

在图 3-3 所示的数据通信模型中,连接发送方和接收方的是传输介质,它是通信系统的信号传输通道,各种传输介质不同的物理特性将会使数据传输产生巨大的差异。此外,数据在信道上传输还要

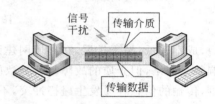

图 3-3　数据通信模型

受到外界干扰源的干扰,影响数据传输的有效性。这些构成了数据传输的物理基础,但仅有物理基础还不足以保障数据传输的可靠,发送方与接收方还必须有一套控制数据通信的规则即协议,才能实现双方的信息交流。

### 1. 数据

数据是信息的表示形式,表示信息的形式可以是数值、文字、图形、声音、图像以及动画等。数据可分为模拟数据和数字数据。模拟数据是在一定时间间隔内连续变化的数据,可以取无限多个数值。如声音、电视图像信号等都是连续变化的,都表现为模拟数据。数字数据表现为离散的数据量,在一定的时间间隔内只能取有限个数值,如脉冲信号、开关信号等,在计算机网络中传输的信息都是数字数据。

### 2. 信号和信道

在通信系统中,信号是数据在传输过程中的表示形式。信道是传送信号的通道,包括通信设备和传输介质。传送模拟信号的信道称为模拟信道,传送数字信号的信道称为数字信道。不过,数字信号在经过数模变换成模拟信号后可以在模拟信道上传送,而模拟信号在经过模数变换后也可以在数字信道上传送。

信道上传输的信号还可以分为基带信号、频带信号和宽带信号。基带信号是将数字信号"1"或"0"直接用两种不同的电压表示,然后送到线路上去传输,这种高、低电平不断交替的信号称为基带信号。将基带信号直接送到线路上传输称为基带传输。频带信号是将基带信号进行调制后形成的模拟信号。将频带信号送到线路上去传输称为频带传输。多路基带信号(数字信号、音频信号和视频信号等)的频谱分别放置到一条传输线路的不

同频段进行传输称为宽带传输。宽带传输时,信号之间不会干扰,提高了线路的利用率。

**3．信道带宽、容量和吞吐量**

带宽通常指信号所占据的频带宽度。在被用来描述信道时,带宽是指能够有效通过该信道的信号的最大频带宽度。对于模拟信号而言,带宽又称为频宽,以"赫兹(Hz)"为单位。对于数字信号而言,带宽是指单位时间内链路能够通过的数据量,以"波特率"为单位。

信道容量是指在一个通信信道中能够可靠地传送信息时可达的速率上限。根据有噪信道编码定理,在信息传送速率小于信道的信道容量时,可以通过合适的信道编码实现可靠的信息传输。理论上增加信道容量可以通过增加带宽来获得。但是由于信道中存在噪声和干扰,因此制约了带宽的增加。

信道吞吐量是信道在单位时间内成功传输的总信息量,信道吞吐量与通信设备的处理能力相关。

**4．数据传输速率**

在信息传输通道中,携带数据信息的信号单元叫码元,每秒钟通过信道传输的码元数量称为码元传输速率。码元传输速率是数字信号经过调制后的传输速率,是传输通道频宽的指标,通常以"波特(baud)"为单位,又称为波特率。

数据传输速率是数据在信道中传输的速度,表示每秒钟通过信道传输的信息的位数,又称为位传输速率,简称比特率。在数字信道中,比特率是数字信号的传输速率,用单位时间内传输的二进制代码的有效位(bit)数来表示,其单位为每秒位数 bit/s(bps)、每秒千位数(Kbps)或每秒兆位数(Mbps)(此处 K 和 M 分别为 1000 和 1000000,而不是涉及计算机存储器容量时的 1024 和 1048576)。

波特率有时候会同比特率混淆,实际上比特率是对信息传输速率(传信率)的度量。波特率可以被理解为单位时间内传输码元符号的个数(传符号率),是对信号传输速率的一种度量,通过不同的调制方法可以在一个码元符号上负载多个位信息。

**5．误码率**

误码率即差错发生率,指二进制位在传输中被传错的概率。即发送的是 0 而接收的是 1,或者发送的是 1 而接收的是 0。

## 3.2.2 数据传输方式

**1．单工方式、半双工方式和全双工方式**

按照数据信号在信道上的传送方向,数据在信道上的传送可分为三种方式:单工方式、半双工方式和全双工方式

(1)单工方式中,任何时刻数据信号仅沿从发送方到接收方一个方向传送,即发送方只能发送,接收方只能接收,如图 3-4 所示。

(2)半双工方式中,数据信号可以沿两个方向传送,但同一时刻一个信道只允许单方向传送,即某个时刻只有一方可以发送数据,另一方只能接收

图 3-4 单工方式

数据,如图 3-5 所示。

（3）全双工方式中,数据信号可以沿两个方向同时传送。即通信双方可以同时发送和接收数据,如图 3-6 所示。

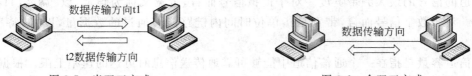

图 3-5　半双工方式　　　　　　　　　图 3-6　全双工方式

**2．并行传输和串行传输**

按照数据信号在信道上是以成组方式还是逐位方式传输可分为并行和串行传输。

1）并行传输

并行传输是一组信号元在两点之间的适当数量的并行路径上的同时传输。由于多个数据位在多个并行的信道上成组传输,因此传输速率高、控制方式简单。但是,并行传输时需要多个物理通道,增加了线路成本,所以只适合于短距离、要求传输速度快的场合使用,通常用于计算机内部或设备间的通信。图 3-7 所示是同时传送一个 8 位符号的并行传输。

图 3-7　并行传输

2）串行传输

串行传输是信号元在两点之间的单一路径上的顺序传输。串行传输时信号位在一条物理信道上以位为单位按时间顺序逐位传输,有着较少的信道成本,线路投资小,易于实现,特别适于远距离的信号传输。但是串行传输时,必须解决收发双方的同步控制问题,否则接收方接收的数据信息极易发生错误。图 3-8 所示为一个 8 位符号的串行传输。

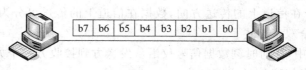

图 3-8　串行传输

**3．异步传输和同步传输**

通信双方交换数据时,发送方和接收方需要保持同步,这样接收方才能正确接收发送

　计算机应用基础

方发出的数据。所谓同步就是接收方要按照发送方发送每个码元的起止时刻和速率来接收数据。否则,收发双方会产生误差,即使很小的误差,随着时间的累计也会造成数据的传输错误。通常实现数据同步的传输技术有异步传输方式和同步传输方式。

1) 异步传输方式

异步传输将位分成小组进行传送,小组可以是 8 位的 1 个字符或更长。发送方可以在任何时刻发送这些位组,而接收方从不知道它们会在什么时候到达。

在异步传输方式中,每传送一个字符(7 或 8 位)都要在每个字符码前加 1 个起始位,以表示字符代码的开始;在字符代码和效验码后面加 1 或 2 个停止位,表示字符结束。接收方根据起始位和停止位来判断一个新字符的开始和结束,并按照相同的时间间隔来接收数据中各个信息位,从而实现通信双方的数据同步。

因为在传输每个字符时都增加了起始位和停止位,使得传输过程中可能出现的误差不会随时间和传输字符的增多而增大。异步传输实现简单,但是由于除了传输有效的字符外,需要额外传输附加的控制信息,因此增加了传输开销,信道的有效利用率低。这种方式适用于低速的终端设备。

2) 同步传输方式

同步传输是一种以数据块为传输单位的数据传输方式,又称为区块传输。同步传输是以同步的时钟节拍来发送数据信号的,数据块与数据块之间的时间间隔是固定的,各信号码元之间的相对位置也是固定的(即同步的),因此必须严格地规定它们的时间关系。每个数据块的头部和尾部都要附加一个特殊的字符或位序列,标记一个数据块的开始和结束,一般还要附加一个校验序列,以便对数据块进行差错控制。

除了同步字符外,通信双方还需要精确的时钟保证每一位的正确接收。时钟同步有外同步和自同步两种方式。外同步是指在接收方与发送方之间再增加一条传输通道,使发送方在发送数据前,先向接收方发送一串同步时钟脉冲,接收方按照这个频率调整自己的接收时钟。自同步是指将时钟信号加入到数据信号中,接收方在传输的数据中直接提取同步时钟信息。

同步传输通常要比异步传输快速得多。由于通信双方将数据块(帧)作为传送单位,接收方不必对每个字符进行开始和停止的操作,同步传输的开销也比较小,从而提高了传输效率,适用于高速传输数据的系统,如计算机之间的通信。

**4. 差错校验和差错控制**

信号在物理信道中传输时,线路本身电器特性造成的随机噪声、信号幅度的衰减、频率和相位的畸变、电器信号在线路上产生反射造成的回音效应、相邻线路间的串扰以及各种外界因素(如大气中的闪电、开关的跳火、外界强电流磁场的变化、电源的波动等)都会造成信号的失真,造成数据传输出现错误,因而需要差错校验方法来发现并尽力纠正传输过程中出现的错误导致数据传输出现误差。因此,在数据传输的过程中应该能够及时发现并纠正这种差错,保障数据的可靠传输。

1) 差错校验

在数据通信中,由于传输数据的信道会受到各种干扰,常常会使接收端收到的二进制数位和发送端实际发送的二进制数位不一致,从而造成"0"变成"1"或"1"变成"0"的差错。

差错校验是在数据通信过程中能发现或纠正差错,把差错限制在尽可能小的允许范围内的技术和方法。常用的差错校验方法有奇偶校验、循环冗余校验和海明码等。数据通信中,通常由发送方选择使用差错检验方法,并将校验码同数据信息一起发送给接收方,接收方收到数据后,按照同样的方法解析收到的数据是否正确。对于发送错误且不能纠正的数据,要求发送方重新发送。

2)差错控制

数据发生迁移可能发生数据位的畸变,因而要对其准确性进行差错校验,对于校验错误的数据帧(包括帧的损坏、丢失和校验错误等)需要进行差错控制。差错控制是在数字通信中利用编码方法对传输中产生的差错进行控制,以提高数字消息传输的准确性。差错控制机制主要有三种:向前纠错、反馈检验和自动请求重发。

向前纠错利用纠错码在接收方不仅检查出差错,而且还能自动纠正错误,但是却由此导致了信道传输效率降低,接收设备结构复杂等问题。反馈检验是接收方把接收到的数据副本发回发送方,发送方用原始数据与收到数据进行比较,如果发现错误,重发数据帧。该方法要求双向信道且数据传输两次,严重浪费了信道带宽。自动重发请求(Automatic Repeat Request,ARQ)是接收方发现一个错误,就给发送方一个否定应答并且要求发送方重新发送错误帧。

## 3.2.3　传输介质

传输介质是指在网络中承担信息传输的载体,是网络中发送方与接收方之间的物理通路,对网络的数据通信具有一定的影响。常用的传输介质分为有线传输介质和无线传输介质两大类,不同的传输介质因其物理特性各不相同,从而对网络中数据通信的质量和速度有着较大的影响。

### 1. 有线传输介质

有线传输介质是指在两个通信设备之间实现的物理连接部分,能够将信号从一方传输到另一方,常见的有线传输介质有电话线、双绞线、同轴电缆和光纤等。

1)双绞线

双绞线(Twisted-Pair,TP)由两根绝缘导线相互缠绕而成,将一对或多对双绞线放置在一个保护套里便成了双绞线电缆,如图 3-9 所示。双绞线通过螺旋状的缠绕结构可有效减少导线间的电磁干扰,通信距离一般可达到 1000m。双绞线既可用于传输模拟信号,又可用于传输数字信号。虽然双绞线容易受到外部高频电磁波的干扰,但因为其价格便宜,且安装方便,既适于点到点连接,又可用于多点连接,是目前使用最为广泛的传输介质。

图 3-9　双绞线

双绞线可分为屏蔽双绞线(Shielded Twisted-Pair,STP)和非屏蔽双绞线(Unshielded Twisted-Pair,UTP)。屏蔽双绞线电缆的外层有铝箔包裹,以减小辐射,但并不能完全消除辐射。屏蔽双绞线抗干扰能力较好,具有更高的传输速度,但价格相对较贵,安装时必须要配有支持屏蔽功能的特殊连接器和相应的安装技术。

　计算机应用基础

2）同轴电缆

同轴电缆由一空心金属圆管（外导体）和一根硬铜导线（内导体）组成，如图 3-10 所示。内导体位于金属圆管中心，内外导体之间使用聚乙烯塑料垫片绝缘。同轴电缆具有抗干扰能力强，连接简单等特点，广泛用于局域网。

同轴电缆分为 50Ω 和 75Ω 两种，分别适用于基带数字信号传输和宽带信号传输，既可传送数字信号，也可传送模拟信号。在需要传送图像、声音和数字等多种信息的局域网中，应用宽带同轴电缆。

3）光纤

光纤是光导纤维的简称，是传送光信号的介质，由光导纤芯、玻璃网层和增强强度的保护层构成，使用时多芯光纤组合形成光缆，并配以外壳或护甲以提高其物理强度，如图 3-11 所示。光纤具有不受外界电磁场的影响、无限制的传输带宽等特点，可以实现每秒几十兆位的数据传送。光纤尺寸小、重量轻，传输距离可达几百千米，但是价格昂贵。

图 3-10　同轴电缆

图 3-11　光缆

光纤是目前计算机网络中最有发展前途的传输介质，它的传输速率可高达 2.4Gbps，误码率低，衰减小，并有很强的抗干扰能力，适宜在信号泄漏、干扰严重的环境中使用，常常以环状结构被普遍用于广域网、城域网及园区网络中。

**2．无线传输介质**

无线传输介质也称为空间传输介质，是在两个通信设备之间不使用任何有形的物理连接，而通过空间传输信号的一种技术。无线传输介质主要有无线电波、微波、红外线、激光和蓝牙等。

1）无线电波

无线电波是指在自由空间（包括空气和真空）中传播的射频频段的电磁波。无线电技术是通过无线电波传播声音或其他信号的技术。无线电技术的原理在于导体中电流强弱的改变会产生无线电波。利用这一现象，通过调制可将信息加载于无线电波之上。当电波通过空间传播到达收信端，电波引起的电磁场变化又会在导体中产生电流。通过解调将信息从电流变化中提取出来，就达到了信息传递的目的。

2）微波

微波是指频率为 300MHz～300GHz 的电磁波，是无线电波中一个有限频带的简称，即波长在 1m（不含 1m）～1mm 之间的电磁波，是分米波、厘米波、毫米波的统称。微波频率比一般的无线电波频率高，通常也称为"超高频电磁波"。

3）红外线

红外线是太阳光线中众多不可见光线中的一种，又称为红外热辐射，可以当做传输媒介。太阳光谱上红外线的波长大于可见光线,波长为 $0.75 \sim 1000\mu m$。红外线可分为三部分,即近红外线,波长为 $0.75 \sim 1.50\mu m$;中红外线,波长为 $1.50 \sim 6.0\mu m$;远红外线,波长为 $6.0 \sim 1000\mu m$。

## 3.2.4 多路复用技术

多路复用技术是通过一条数据链路同时传输多个信号的技术,可以提高数据链路的利用率。多路复用技术最常见的应用是在远程通信上,使用多路复用技术可以使远程干线网络中大容量的光纤或微波链路能够同时承载多路数据传输。多路复用基本模型如图 3-12 所示,多个输入链路的数据通过多路复用器被组合起来放在一条容量更大的干线链路上传输,在接收方通过解复用器将数据流拆解还原,然后发送到相应的多个输出链路上。多路复用技术包括频分多路复用、时分多路复用、波分多路复用和码分多址等。

图 3-12 多路复用模型

**1. 频分多路复用(Frequency Division Multiplexing,FDM)**

当信道带宽大于各路信号的总带宽时,可以将信道按照频率分割成若干个子信道,每个子信道用来传输一路信号。由于不同来源的信号在不同的频段内传送,各个频段之间互不影响,因此多个来源的信号可以同时传送。

**2. 时分多路复用(Time Division Multiplexing,TDM)**

当信道达到的数据传输率大于各路信号的数据传输率总和时,可以将使用信道的时间分成一个个的时间片(时隙),然后按一定的规则将这些时间片分配给各路信号,每一路信号只能在自己的时间片内独占信道进行传输,所以各路信号之间不会互相干扰。

时分复用有两种:同步时分复用和异步时分复用。同步时分复用是指分配给每个终端数据源的时间片是固定的,不管该终端是否有数据发送,属于该终端的时间片都不能被其他终端占用;而异步时分复用允许动态地分配时间片,如果某个终端没有信息发送,则其他终端可以占用该时间片。

**3. 波分多路复用(Wavelength Division Multiplexing,WDM)**

波分多路复用常用于光纤通信过程中,类似于频分多路复用,是频分多路复用应用于光纤信道的一个变例。波分多路复用按照光波波段进行划分,复用器可组合几束输入光为一束输出光,通过一根光纤进行多路传输,最后经过解复用器将光信号分解还原为多个单一频率的输入光束。复用器与解复用器相当于光栅或棱镜,不同频率的光经光栅合成一道混合光束在光纤中传输,在接收方再通过棱镜滤出单束光信号。

## 3.2.5　数据交换技术

在数据通信系统中,当终端与计算机之间,或者计算机与计算机之间不是直接通过专线连接,而是要经过通信网的接续过程来建立连接的时候,那么两端系统之间的传输通路就是通过通信网络中若干节点转接而成的所谓"交换线路"。在一种任意拓扑的数据通信网络中,通过网络节点的某种转接方式来实现从任一端系统到另一端系统之间接通数据通路的技术就称为数据交换技术。数据交换技术主要是电路交换、分组交换和报文交换三种方式。

**1. 电路交换**

电路交换是一种直接的交换技术,在通信之前需要在通信双方之间建立起一条临时的专用传输通道(物理或者逻辑通道),这条通道是由节点内部电路对节点间传输路径经过适当选择、连接而完成的,是由多个节点和节点间传输路径组成的链路。

电路交换方式中,电路的建立对用户是透明的,一旦通信电路连通后,通信线路为通信双方专用,传输的可靠性将会得到保障,而且除了数据传输的延迟外,再没有其他延迟,实时性非常好。然而,电路交换包括电路建立、数据传输和电路拆除三个阶段,平均的连接建立时间对计算机通信来说时延稍长,而且电路交换连接建立后,物理通路被通信双方独占,即使通信线路空闲,也不能供其他用户使用,因而信道利用低。

**2. 报文交换**

报文交换是以报文为数据交换的单位,报文携带有目标地址、源地址等信息,在交换节点采用存储转发的传输方式。报文交换不需要为通信双方预先建立一条专用的通信线路,所以不存在连接建立的时延,用户可随时发送报文,通信双方不是固定占有一条通信线路,而是在不同的时间段部分地占有这条物理通路,因而大大提高了通信线路的利用率。

由于采用存储转发的传输方式,在报文交换中便于设置代码检验和数据重发机制,加之交换节点还具有路径选择,就可以做到某条传输路径发生故障时,重新选择另一条路径传输数据,提高了传输的可靠性。同时基于地址的传输还可提供多目标服务,即一个报文可以同时发送到多个目的地址,这在电路交换中是很难实现的。

报文交换只适用于数字信号,数据进入交换节点后要经历存储、转发这一过程,从而引起转发时延(包括接收报文、检验正确性、排队和发送时间等),而且网络的通信量越大,造成的时延就越大,因此报文交换的实时性差,不适合传送实时或交互式业务的数据。

**3. 分组交换**

分组交换(或包交换)由报文交换发展而来,仍然采用存储转发传输方式,但是在转发前会将一个长大报文先分割为若干个较短的分组,然后把这些分组(携带源、目的地址和编号信息)逐个地发送出去,加速了数据在网络中的传输。

因为分组是逐个传输,可以使后一个分组的存储操作与前一个分组的转发操作并行,这种流水线式传输方式减少了报文的传输时间。此外,传输一个分组所需的缓冲区比传输一份报文所需的缓冲区小得多,这样因缓冲区不足而等待发送的几率及等待的时间也必然少得多。因为分组较短，其出错几率必然减少，每次重发的数据量也就大大减少，这样不仅提高了可靠性，也减少了传输时延。由于分组短小，更适用于采用优先级策略，便于及时传送一些紧急数据，因此对于计算机之间突发式的数据通信，分组交换显然更为合适。尽管分组交换比报文交换的传输时延少，但仍存在存储转发时延，而且其节点交换机必须具有更强的处理能力。当分组交换采用数据报服务时，可能出现失序、丢失或重复分组，分组到达目的节点时，要对分组按编号进行排序等工作，增加了麻烦。

总之，若要传送的数据量很大，且其传送时间远大于呼叫时间，则采用电路交换较为合适；当端到端的通路由很多段的链路组成时，采用分组交换传送数据较为合适。从提高整个网络的信道利用率上看，报文交换和分组交换优于电路交换，其中分组交换比报文交换的时延小，尤其适合于计算机之间突发式的数据通信。

# 3.3  局  域  网

局域网从 20 世纪 60 年代末开始起步，经过几十年的发展，已经越来越趋于成熟，其主要特点是形成了开放系统互联网络，网络发展走向了标准化；许多新型传输介质投入实际使用，以数据传输速率达 100Mbps 以上的光纤为基础的 FDDI 技术和以双绞线为基础的 100BASE-T 等技术已日趋成熟，并投入商用；局域网的互连性越来越强，各种不同介质、不同协议、不同接口的互连产品已纷纷投入市场；微型计算机的处理能力越来越强，局域网不仅能传输文本数据，而且可以传输和处理话音、图形、图像、视频等多媒体数据。

局域网是一个数据通信系统，它允许很多彼此独立的计算机在适当的区域内，以适当的传输速率直接进行沟通。一般所说的局域网是指以计算机为主组成的局域网。与广域网相比，局域网具有以下的特点：

(1) 覆盖一个小的地理范围，站点数目较为有限；

(2) 各站点之间形成平等关系而不是主从关系；

(3) 所有的站点共享较高的总带宽，即较高的数据传输速率；

(4) 局域网通信质量较好，具有较小的时延和较低的误码率；

(5) 支持多种传输介质；

(6) 能进行广播或多播(组播)。

## 3.3.1  网络体系结构

网络体系结构是计算机网络的层次结构及其协议的集合，为网络硬件、软件、协议、存取控制和拓扑结构提供标准。目前广泛采用的网络体系结构参考标准是国际标准化组织(ISO)提出的开放系统互连(Open System Interconnection/Reference Model，OSI/RM)的参考模型，其目标是成为国际计算机网络通信标准，特别是促进不兼容系统之间的互联。

计算机网络是一个非常复杂的系统，在计算机网络形成的初期，各个公司都有自己的网络体系结构,使得各公司自己生产的各种设备容易互联成网,有助于该公司垄断自己的产品。然而,随着网络技术的进步和各种网络产品的不断涌现,不同网络体系结构的用户迫切要求能互相交换信息,急需解决不同系统之间互联的问题。为了使不同体系结构的计算机网络都能互联,国际标准化组织于 1977 年成立专门机构研究这个问题,并于 1978 年提出了"异种机连网标准"的框架结构,这就是著名的开放系统互联参考模型。这个规范对所有的厂商都是开放的,具有指导国际网络结构和开放系统走向的作用,直接影响总线、接口、网络的性能和连通性。OSI 参考模型一经推出很快就得到了热烈的响应,成为其他各种计算机网络体系结构参考和依照的标准,大大地推动了计算机网络的标准化发展。

开放系统互联参考模型把网络通信的工作分为 7 个层次,分别是物理层、数据链路层、网络层、传输层、会话层、表示层和应用层,如图 3-13 所示。每一个层次都有具体的功能,并且在逻辑上都是相对独立的;层与层之间具有明显的界限,相邻层之间有接口标准,定义了低层向高层提供的操作服务;计算机之间的通信建立在相同层次的基础之上。

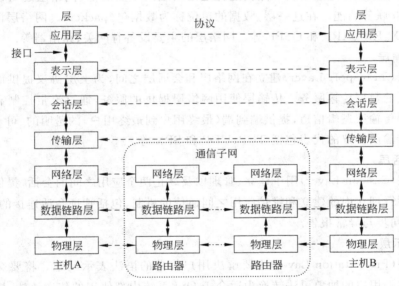

图 3-13　OSI 参考模型

### 1. 物理层

物理层(Physical Layer)建立在传输介质的基础之上,实现设备之间通信的物理接口。物理层规定了通信设备的机械的、电气的、功能的和规程的特性,用以建立、维护和拆除物理链路连接。机械特性规定了网络连接时所需接插件的规格尺寸、引脚数量和排列情况等;电气特性规定了在物理连接上传输位流时线路上信号电平的大小、阻抗匹配、传输速率距离限制等;功能特性是指对各个信号先分配确切的信号含义,定义了 DTE 和 DCE 之间各个线路的功能;规程特性定义了利用信号线进行位流传输的一组操作规程,是指在物理连接的建立、维护、交换信息时,DTE 和 DCE 双方在电路上的操作流程。在这一层,数据的单位称为位(bit),物理层的主要设备有中继器、集线器等。

### 2. 数据链路层

数据链路(Data Link Layer)层在物理层提供的比特流服务的基础上建立相邻节点之间的数据链路,通过差错控制提供数据帧(Frame)在信道上无差错地传输。数据链路层在不可靠的物理介质上提供可靠的数据传输,将不可靠的物理链路变成可靠的数据链路。该层的作用包括物理地址寻址、数据的成帧、流量控制、数据的检错、重发机制等。在这一层,数据的单位称为帧(frame)。数据链路层的主要设备有网桥、二层交换机等。

### 3. 网络层

网络层(Network Layer)也称为通信子网层,是高层协议与低层协议之间的界面层,用于控制通信子网的操作,是通信子网与资源子网的接口。在计算机网络中进行通信的两个计算机之间可能会经过很多个数据链路,也可能还要经过很多通信子网。网络层的任务就是选择合适的网间路由和交换节点,确保数据及时传送。网络层将数据链路层提供的帧组成数据包,包中封装有网络层包头,其中含有逻辑地址信息——源站点和目的站点地址的网络地址。地址解析和路由选择是网络层的重要功能,网络层还可以实现拥塞控制、网际互联等功能。在这一层,数据的单位称为数据包(packet)。网络层协议的代表包括 IP、IPX、RIP、ARP 和 OSPF 等。网络层的主要设备有网关、路由器等。

### 4. 传输层

传输层(Transport Layer)建立在网络层和会话层之间,为上层协议提供面向连接和面向无连接的数据传输服务。传输层使用网络层提供的服务,通过流量控制和差错校验构成可靠的传输层逻辑信道,提供端到端(最终用户到最终用户)的透明的、可靠的数据传输服务。传输层协议的代表包括 TCP、UDP 和 SPX 等。

### 5. 会话层

会话层(Session Layer)用于建立、管理以及终止两个应用之间的会话,提供包括访问验证和会话管理在内的建立和维护应用之间通信的机制,包括管理会话连接的流量控制、数据交换、同步与异常报告。

### 6. 表示层

表示层(Presentation Layer)主要解决用户信息的语法表示问题。将要交换的数据从适合于某一用户的抽象语法转换为适合于 OSI 系统内部使用的传送语法,即提供格式化的表示和转换数据服务,如数据的压缩与解压缩、加密和解密等。

### 7. 应用层

应用层(Application Layer)为操作系统或网络应用程序提供访问网络服务的接口,为网络应用提供协议支持和服务。应用层协议主要有 Telnet、FTP、HTTP 和 SNMP 等。

## 3.3.2 网络互联设备

网络互联是指处于同一地域或不同地域的同类型或不同类型网络之间的互联。随着信息网络和信息技术的发展,各个单位建立的局域网纷纷进行互联,并通过网络互联设施接入地区、国家甚至全球信息网络,在更大地域范围内进行信息交换和资源共享。

**1. 网卡**

网络接口卡(Network Interface Card,NIC),简称网卡,又叫做网络适配器,如图 3-14 所示,是连接计算机和网络硬件的设备,用于在网络上收发数据的接口设备,一般插在计算机主板上的扩展槽中。每块网卡都有一个唯一的网络节点地址,称为 MAC (Media Access Control)地址,由厂家在生产时刻入网卡上的 ROM 中,是在网络底层的物理传输过程中真正赖以标识主机和设备的物理地址。

图 3-14 网络接口卡

目前经常用到的是 10Mbps 网卡和 10/100Mbps 自适应网卡,这两种网卡价格便宜,比较适合于普通用户,10/100Mbps 自适应网卡在各方面都要优于 10Mbps 网卡。千兆(1000Mbps)网卡价格较高,主要用于高速的服务器。在购买网卡时,要从速度、总线类型和接口等方面考虑,以使其能够适应用户所要接入的网络。

**2. 中继器**

由于信号在网络传输介质中存在衰减和噪音干扰,使有用的数据信号变得越来越弱,为了保证有用数据的完整性,使其能够在一定范围内可靠的传送,通常使用中继器把所接收到的微弱信号分离并再生放大以保持与原信号的一致,以此扩大网络的传输距离,如图 3-15 所示。采用中继器所连接的网络,只是在物理层面上的传输距离的延长,在逻辑功能方面实际上仍然是同一个网络。中继器的主要优点是安装简单,使用方便,几乎不需要维护。

**3. 集线器**

集线器(hub)工作于物理层,是一个信号放大和中转的共享设备,本身不能识别目的地址,不具备自动寻址能力和交换功能,数据包在网络上以广播方式进行传输,所有数据均被广播到与之相连的各个端口,由每一台终端通过验证数据包头的地址信息来确定是否接收。在这种共享网络带宽的工作方式下,同一时刻网络上只能传输一组数据帧的通信。但是由于集线器价格便宜、组网灵活,因此经常使用在较小规模的局域网络中。

选择集线器有两个最重要的参数指标是传输速率和端口数量。从传输速率看,集线器划分为 10Mbps、100Mbps 和 10/100Mbps 自适应三种。10/100Mbps 自适应集线器如图 3-16 所示,在工作中的端口速度可根据工作站网卡的实际速度进行调整。集线器的端口数目有 8 口、16 口、24 口和 48 口等。

图 3-15 中继器

图 3-16 集线器

**4. 网桥**

网桥是一种在链路层实现中继,可以连接两个或更多个局域网的网络互联设备,如

图 3-17 所示。网桥在数据链路层上能够连接两个采用不同数据链路层协议、不同传输介质与不同传输速率的网络,并对网络数据的流通进行管理。

网桥以接收、存储、地址过滤与转发的方式实现互连的网络之间的通信,不但能扩展网络的距离或范围,而且可提高网络的性能、可靠性和安全性。通常可利用网桥来隔离网络信息,将同一个网络号划分成多个网段(属于同一个网络号),隔离出安全网段,防止其他网段内的用户非法访问。而且当同一网段的计

图 3-17　网桥

算机通信时网桥不会转发到另外的网段,只有在不同网段的计算机通信时才会通过网桥转发到另一网段,从而有效避免了网络信息的拥挤和堵塞。由于网络分段后各网段相对独立,一个网段的故障也不会影响到另一个网段的运行。

**5. 交换机**

交换机(switch)工作在数据链路层,是一种基于 MAC 地址(网卡物理地址)识别,能够完成封装转发数据帧功能的网络设备。交换机拥有一条很高带宽的背部总线和内部交换矩阵,交换机的所有端口都挂接在这条背部总线上,控制电路收到数据包以后,处理端口会查找内存中的地址对照表以确定目的 MAC 地址的网卡挂接在哪个端口上,通过内部交换矩阵迅速将数据包传送到目的端口。若目的 MAC 地址不存在,数据帧将被广播到所有的端口,接收端口回应后交换机会自动"学习"新的地址,并将其添加到内部 MAC 地址列表中。

交换机如图 3-18 所示,在同一时刻可进行多个端口对之间的数据传输。每一端口都可视为独立的网段,连接在其上的网络设备独自享有全部的带宽,无须同其他设备竞争使用,可以有效地减少冲突域。交换机对工作站是透明的,这样管理开销低廉,简化了网络节点的增加、移动和替换操作。

局域网交换机是组成网络系统的核心设备,对用户而言,局域网交换机最主要的指标是端口的类型和数量、数据交换能力、包交换速度等。

**6. 路由器**

路由器(router)工作在网络层,是一种连接异种和同种局域、广域网络之间形成广域互联网的设备。路由器可以在网络间截获发送到远程网段的报文,根据信道的情况自动选择最合理的通信路径,按前后顺序发送信号的设备。路由器是互联网络的枢纽,构成了基于 TCP/IP 的 Internet 的主体脉络,各种不同档次的路由产品已成为实现各种骨干网内部连接、骨干网间互联和骨干网与因特网互联互通业务的主力军,如图 3-19 所示。

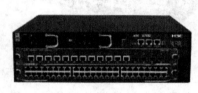

图 3-18　交换机

图 3-19　路由器

路由器像其他网络设备一样,也存在其优缺点。路由器的优点是适用于大规模、复杂的网络拓扑结构,能够实现网络线路的负载共享和最优路径,能更好地处理多媒体,隔离不需要的通信量,安全性高,节省局域网的带宽,减少主机负担等。路由器的缺点主要是不支持非路由协议,安装维护复杂,价格较高等。

**7. 调制解调器**

调制解调器(Modulator and Demodulator,Modem)作为终端计算机和通信系统之间的信号转换设备,是广域网络或远距离网络接入中不可缺少的设备之一。调制解调器的主要功能是以"调制与解调"技术来实现数字信号在电话线上的传输。调制就是将计算机发送的数字信号转换成模拟信号的过程;解调就是将接收到的模拟信号还原成计算机能够接受的数字信号的过程。调制解调器有内置式和外置式两种,如图3-20所示。

图 3-20　内置式和外置式 Modem

目前,Modem 理论速度可达 56Kbps,但常常会受到一些因素的影响,Modem 能不能工作在其理想的速度上,还需视线路和网络情况而定,如电话线的噪声,与其通信的对方的 Modem 速度等。

## 3.3.3　以太网

以太网(Ethernet)是目前使用最多、最流行的局域网。以太网是由 Xerox 公司的 Palo Alto 研究中心研制而成的,并且在 1980 年由 DEC 公司、Intel 公司和 Xerox 公司共同使之规范成形,后来它被作为 IEEE 802.3 标准。目前,以太网和 IEEE 802.3 标准已占据了绝大部分的局域网市场。

以太网是基带传输系统,采用曼彻斯特编码,无论采用什么样的物理拓扑结构(总线型、星型或环型),逻辑上都使用共享的公共信道(传输介质)。信息传输采用的介质访问控制方法是带有冲突检测的载波监听多路访问/冲突检测方法(Carrier Sense Multiple Access/Collision Detect,CSMA/CD)。

**1. 工作原理**

载波监听是每一个站在发送数据之前先要检测一下总线是否有其他站在发送数据。如果有则暂时不发送数据,等待信道空闲时再发送。事实上,总线并不存在载波,只是运用电子技术检测总线上是否有其他计算机发送数据信号而已。

多路访问说明多台计算机可以多点接入的方式连在一根总线上,以广播方式共享网络传输介质。常用的组网方式有总线型、星型和树型等。

冲突检测是网卡或适配器一边发送数据一边检测信道上信号电压的变化情况,以便判断自己在发送数据时其他站是否也在发送数据。如果同时有几个站在发送数据,总线上信号电压变化幅度会增大,超过设定的门限值时,表明产生了冲突(碰撞)。这样适配器要停止发送数据,等待一段随机时间后再次发送。

**2. 工作过程**

以太网是一种广播性网络,其核心思想是使用共享的公共传输介质。在以太网中,任何站点帧的发送和接收过程都使用载波监听多路访问/冲突检测技术来分配共享信道的使用。在采用 CSMA/CD 技术的局域网中,帧的发送过程如下:

(1) 计算机节点在准备传输数据时,首先要对信道进行监听。

(2) 如果信道是空闲的则发送数据,否则信道被占用,继续监听直到信道空闲。

(3) 发送数据帧的同时,还要继续监听信道,如果发生冲突,发送信息的节点就会停止发送,同时发送端需要向通信信道发送阻塞信号,以通知其他站点已发生冲突。

(4) 冲突发生后,随机延迟一段时间再重新发送,称为冲突退避。

当若干节点同时检测到信道空闲并发送数据时,数据传输就会遭到破坏,即发生冲突。一旦节点检测到冲突的发生,发送方就会立即停止发送数据帧,接收方也会收到信道上的阻塞信号,并停止接收数据帧,收到的碎片帧将被丢弃。帧的接收过程如下:

(1) 介质上的非发送节点总是处于监听总线的状态,只要媒体上有帧传输,则处于接收状态的节点均接收该帧;

(2) 完成接收后,首先判断是否是帧碎片,若是则丢弃,否则进行下一步;

(3) 识别帧的目的地址,检查帧的目的地址是否与该节点的 MAC 地址相匹配,如果不匹配则丢弃,否则进行下一步;

(4) 进行帧的校验,如果校验出错则丢弃,否则进行下一步;

(5) 将接收到的有效帧交给上层网络。

**3. 物理地址**

在局域网中,物理地址也称为硬件地址或 MAC 地址(因为这种地址作用在 MAC 帧中)。计算机网络通信与共享的基础是通过地址来实现的。在局域网中,站点都在同一个逻辑网络内,所以彼此的通信不存在路由问题,帧如何在各站点间通信是通过帧中的地址实现的。MAC 地址本质上就是适配器地址或适配器标识符。IEEE 802 标准规定 MAC 地址字段可采用 6 字节或 2 字节这两种中的一种来表示。6 字节字段对所有局域网的所有适配器都具有不同的地址,目前局域网适配器使用 6 字节的 MAC 地址。6 字节的 MAC 地址在适配器出厂时已被固化在适配器的 ROM 中。这样适配器的地址或网卡的地址就是这台计算机的 MAC 地址。

**4. 组网标准**

传统的以太网有 4 种组网规范标准,即粗缆以太网(10Base-5)、细缆以太网(10Base-2)、双绞线以太网(10Base-T)和光纤以太网(10Base-F)。随着网络应用的不断丰富,越来越多的个人计算机要求加入到网络之中,这就对网络的容量、网络的传输速率、网络的其他性能都提出了更高的要求,局域网中的用户数量也不断扩大,用户的要求也不断增强,人们对网络提出了更高的要求,希望网络能够提供快速的信息传输能力和更好的服务保障。快速以太网保持了传统的局域网体系结构,提高了传输速率,从而导致了许多新技术的产生,例如快速以太网(100Base-T)、交换式以太网和高速以太网(1000Base-T)等新的以太网规范。

快速以太网指的是 100Mbit/s 以太网,由 IEEE 802.3 委员会开发的几个项目的集合体,通常称其为 100Base-T。快速以太网的传输速率比普通以太网快 10 倍,基本上保留了传统 10Mbit/s 以太网的基本特征,即采用相同的帧格式、介质访问控制方法与组网方法,只是将 10Mbit/s 以太网每个位的发送时间由 100ns 降到了 10ns。100Base-T 标准定义了介质专用接口(MII),它将 MAC 子层与物理层分割开来。这样,物理层在实现 100Mbit/s 速率时所使用的传输介质和信号编码方式的变化不会影响到 MAC 子层。对于目前已大量存在的以太网来讲,为了既保护已有投资,又满足用户的需求,最好的选择就是采用快速以太网技术。

快速以太网具有高可靠性、低成本和可扩展性等优点,但仍不能满足一些新应用的要求,例如数据仓库、视频电视会议、多媒体应用、高清晰图像、网络游戏等,为此就需要有提供更高带宽的局域网技术。高速以太网就在这种应用需求的背景下应运而生。高速以太网又称为吉位以太网或千兆以太网(Gigabit Ethernet)。

千兆以太网技术作为最新的高速以太网技术,给用户带来了提升核心网络性能的有效解决方案,其解决方案的最大优点是继承了传统以太技术价格便宜的优点,且仍然采用了与 10M 以太网相同的帧格式、帧结构、CSMA/CD 协议、全/半双工工作方式、流控模式以及布线系统。由于该技术不改变传统以太网的桌面应用、操作系统,因此可与 10M 或 100M 的以太网很好地配合工作。升级到千兆以太网不必改变网络应用程序、网管部件和网络操作系统,能够最大限度地投资保护,因此该技术的市场前景十分看好。

## 3.3.4 无线局域网

计算机局域网是把分布在数公里范围内的不同物理位置的计算机设备连在一起,在网络软件的支持下可以相互通信和资源共享的网络系统。通常计算机组网的传输媒介主要依赖铜缆或光缆,构成有线局域网。但有线网络在某些场合要受到布线条件的制约和限制,如布线改线工程量大、线路容易损坏、节点不可移动等问题。特别是当要把相距较远的节点联结起来时,敷设专用通信线路的施工难度之大,费用耗时之多,常常使布线工程成为不可能完成的任务。无线局域网(Wireless Local Area Network,WLAN)由此应运而生。WLAN 利用电磁波在空气中发送和接收数据,无需有线传输介质。

### 1. 无线局域网标准

IEEE 802.11 即 WiFi(Wireless Fidelity)版本发表于 1997 年,其中定义了介质访问接入控制层(MAC 层)和物理层。物理层定义了工作在 2.4GHz 的 ISM(Industrial Scientific Medical)频段上的两种无线调频方式和一种红外传输的方式,总数据传输速率设计为 2Mbit/s。两个设备之间的通信可以自由直接(adhoc)的方式进行,也可以在基站(Base Station,BS)或者访问点(Access Point,AP)的协调下进行。1999 年加上了两个补充版本。802.11a 定义了一个在 5GHz 的 ISM 频段上的数据传输速率可达 54Mbit/s 的物理层,802.11b 定义了一个在 2.4GHz 的 ISM 频段上但数据传输速率高达 11Mbit/s 的物理层。2.4GHz的ISM频段为世界上绝大多数国家通用，因此802.11b得到了最为广泛的应用。

**2. 无线局域网的构成**

1）无线网络接口卡

无线网络接口卡，又称为无线网络适配器或无线网卡。无线网卡是一个特定频率的无线电收发器，发送和接收短程的无线电信号（大约100m）。同有线局域网卡的作用一样，通过无线网卡可以将计算机连接到无线网络上。目前大多数笔记本式计算机上都内置有无线网卡，外置的无线网卡如图3-21所示。

2）无线桥接器

一个中央无线桥接器或服务访问点（Access Point，AP）同有线局域网中的集线器或交换机具有相同的作用，如图3-22所示。通过AP把无线局域网连接到有线局域网中，保证在AP区域内的所有计算机都可以听到无线局域网中的所有其他计算机信号。移动计算机通过无线网卡传输报文给AP，AP通过无线网络把该报文接力重传到目的地。无线网卡相互之间不直接通信，都是通过AP进行传输。

图 3-21　无线网卡

图 3-22　无线桥接器

3）无线电频率

无线局域网使用无线电信号在无线网卡和AP之间传送数据。所有的无线电传输都是管制的，因此没有两个无线电站试图以相同的频率范围进行传输。多数无线局域网中以2.4GHz范围和5GHz范围频率传输。该频率范围即网络带宽决定着传输的数据率，因此5GHz范围频率比2.4GHz范围频率传输数据率大。

**3. 无线局域网的组建形式**

无线局域网的组建主要有下面三种形式。

1）全无线网

全无线网比较适用于还没有建网的用户。用户在建网时需要购置无线网卡，然后按要求将其插入网络中相应的节点即可。为了扩大无线网络的辐射范围，还可以增设无线中继站。

2）无线节点接入有线网络

对于一个已有有线网络的用户来讲，若想要再扩展节点，可考虑使用无线节点的扩展方式，并且有利于移动计算的实施。无线节点接入有线网络的通常方法是在有线网中接入无线中继器，而无线网节点通过无线中继器与有线网相连。图3-23给出了有线局域网接人方式下无线局域网组网拓扑图。

图 3-23　无线局域网

3）两个有线网通过无线方式相连

该组网方式适用于将两个或多个已建好的有线局域网通过无线的方式相连。这主要是为了解决无法通过有线方式连接时采用的应急方法。这种方式需要在各有线网中接入无线路由器。

## 3.3.5　Windows 局域网络管理

### 1. 用户管理

Windows 系统作为一个多用户操作系统，允许多个用户共同使用一台计算机，而用户账户就是用户进入系统的通行证。用户账户一方面为每个用户设置相应的密码、隶属的工作组、保存个人文件夹及系统设置等；另一方面根据用户账户操作系统将每个用户的程序、数据等相互隔离，并提供共享机制，这样不同的用户可以在操作系统的控制下相互访问共享资源。

Windows 系统的用户管理内容主要包括账号的新建、修改、删除及设置密码等内容，可以通过打开"控制面板"中的"用户账户"或者"计算机管理"工具进行设置，如图 3-24 所示。

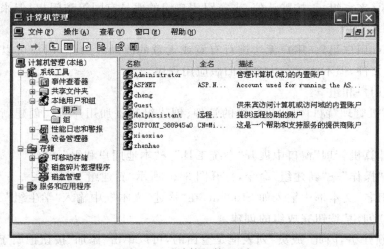

图 3-24　"计算机管理"窗口

1）本地用户

本地用户中有 Administrator 和 Guest 两个账户是系统内置账户。

Administrator 账户是超级用户，是用来管理计算机（域）的内置账户，具有最高权限；Guest 账户是通用账户，是供来宾访问计算机或访问域的内置账户，具有最低的权限，默认状态下是禁用的，使用 Guest 账户时必须打开其权限，才能让网络上的其他计算机访问共享资源。

打开 Guest 账户权限的具体操作如下：

① 以超级用户身份登录。

② 单击"控制面板"→"性能和维护"→"管理工具"→"计算机管理"，出现"计算机管理"窗口。

③ 展开"系统工具"→"本地用户和组"→"用户"，右侧窗口列出本机已经设置的所有账户。

④ 双击右侧窗口中的 Guest 账户，打开图 3-25 所示"Guest 属性"对话框。

⑤ 在"常规"选项卡中取消对"账户已停用"复选框的勾选，选中"密码永不过期"和"用户不能更改密码"复选框。

2）组

用户组是为了方便管理一组用户而设置的账户，一般把权限相同的用户归入一组，针对不同的组设置不同的属性，组通常有以下特点：

• 组中所有用户享有共同权限。

• 只需对组设置权限，此权限就可以用于组中每个用户。

• 可以向组中添加用户账户，新用户也享有本组的权限。

Windows 有许多内置的用户组，每个用户组都有不同的访问优先等级，其中包括：

• Administrator（管理员组）。管理员对计算机/域有不受限制的完全访问权限。

• Guest（来宾组）。按默认值，来宾跟用户组的成员有同等访问权，但来宾账户的限制更多。

• Users（用户组）。用户无法进行有意或无意的改动。因此，用户可以运行经过证明的文件，但不能运行大多数旧版应用程序。

3）新建用户和组

在"计算机管理"窗口可以进行组的管理、创建组和添加用户等。创建新组的操作方法是：

① 在"计算机管理"窗口中展开"系统工具"→"本地用户和组"→"组"。

② 选择"操作"→"新建组"命令，打开图 3-26 所示"新建组"对话框。

③ 在"组名"文本框中输入如 Student，在"描述"文本框中输入"学生组"。

④ 单击"创建"按钮完成组的创建。

由于是新建组，因此"成员"列表框是空白的，可以单击"添加"按钮把属于同组的用户加到其中。

图 3-25　"Guest 属性"对话框　　　　　　图 3-26　"新建组"对话框

**2．共享文件夹的操作**

通过网络可以访问的文件夹被称为共享文件夹。Windows 的共享文件夹可以给不同用户设置不同访问权限,有的只能读,有的能读能复制,而有的不但能读,还能创建、修改文件。因此,访问共享文件夹时,Windows 要先验证用户的身份,只有用户身份通过验证,才能以不同的权限访问共享资源。Windows 使用了两种方法取代基于密码保护的文件夹共享方式:简单文件共享和网络文件共享。

1)简单文件共享

简单文件夹共享的具体操作是:

① 选中要共享的文件夹,如文件夹"计算机应用基础",单击鼠标右键,在弹出的快捷菜单中选择"共享和安全"命令,出现简单文件共享属性设置对话框。

② 如果初次使用文件共享功能没有启用时,则显示左侧的属性窗口,提示在网络上共享文件的安全风险。如果需要启用文件共享功能,单击安全提示文字可以使用网络安装向导或者是直接启用文件共享。

③ 系统启用了文件共享后的"共享"选项卡如图 3-27 中右侧对话框所示,在此对话框中选择"网络共享和安全"选项区域中的"在网络上共享这个文件夹"复选框,该文件(夹)名称将自动显示在"共享名"文本框中。用户可以修改共享名称,或者进行修改权限的设置,比如选择"允许网络用户更改我的文件"复选框。

2)网络文件共享

网络文件共享的具体操作方法是:

① 选择"资源管理器"→"工具"→"文件夹选项"命令,弹出图 3-28 所示"文件夹选项"对话框。

② 单击"查看"选项卡,在该选项卡的"高级设置"列表框中取消对"使用简单文件共

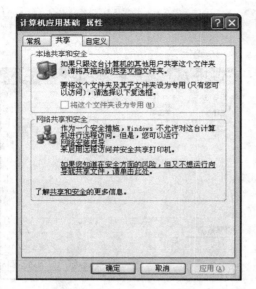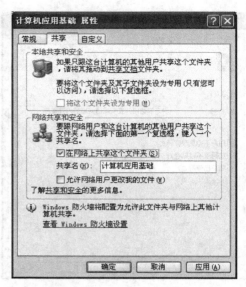

图 3-27  简单文件共享属性对话框

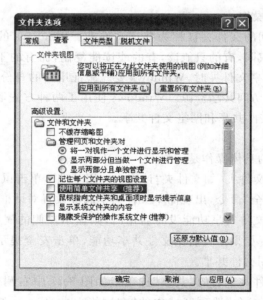

图 3-28  "文件夹选项"对话框

享(推荐)"复选框的勾选。

③ 现在选定文件夹"图片 3",单击鼠标右键,在弹出的快捷菜单中选择"共享和安全"命令,出现图 3-29 所示"图片 3 属性"对话框。

④ 在对话框中选中"共享此文件夹"单选按钮,设置该共享文件夹的名称和允许的最大用户访问数量,用户默认访问数量为 10。

⑤ 单击"权限"按钮,进入图 3-30 所示"图片 3 的权限"对话框。

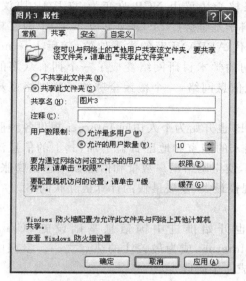

图 3-29 "图片 3 属性"对话框      图 3-30 "图片 3 的权限"对话框

在该对话框中,可以在"组或用户名称"列表框中添加用户,并为他们设置不同的权限,如只能选择"允许"或"拒绝"下的"完全控制"、"更改"和"读取"复选框,其中如果选择了"完全控制",就自动选择了其他两项。当然,还可以进一步设置"缓存",只需单击相应的按钮即可完成。

# 3.4 互 联 网

Internet 又称为因特网,是网络与网络之间以一组通用的协定互连而形成的庞大网络。这种将计算机网络互相连接在一起的方法称作"网络互联",在此基础上发展出的"互相连接在一起的网络"称为"互联网"。因此,Internet 并不是一个单一的计算机网络,而是一个将许多较小的计算机网络彼此互相连接在一起的,覆盖全世界的全球性互联网络,通常也称为"国际互联网"。

## 3.4.1 Internet

### 1. Internet 的起源

20 世纪 60 年代末,美国国防部高级计划研究署(Advanced Research Project Agency,ARPA)出于冷战考虑开始研究 ARPA 网络计划,其最初目的是验证计算机联网的不同方式,建立分布式的、存活力极强的全国性军事指挥网络,由此引发了网络技术的进步并使其成为现代计算机网络诞生的标志。1972 年,由 50 个大学和研究机构参与连接的 Internet 最早的模型 ARPANET 第一次公开展示。20 世纪 80 年代初,ARPANET

成为 Internet 最早的主干，ARPA 网将其网络核心协议由 NCP 改变为 TCP/IP 协议，Internet 的雏形基本形成。1984 年，美国国家科学基金会（NSF）规划建立了 13 个国家超级计算中心及国家教育科研网（NSFNET），替代 ARPANET 的主干地位，随后 Internet 开始接受其他国家和地区接入，Internet 由最初的学术科研网络变成了一个拥有众多的商业用户、政府部门、机构团体的综合性计算机信息网络，一个覆盖全球的互联网络逐步形成了。

随着计算机逐渐进入家庭，服务提供商（ISP）也开始为个人访问 Internet 提供各种服务，以美国中心的 Internet 迅速向全球发展，接入的国家和地区日益增加，其上的信息流量也不断增长，特别是 WWW 文本服务的普及，使得网络用户数量和信息数量急剧膨胀。从发展规模上看，Internet 已经是目前世界上规模最大、发展最快的计算机互联网络。

**2．Internet 在我国的发展**

随着全球信息高速公路的建设，中国也开始推进中国信息基础设施（China Information Infrastructure，CII）的建设，连接 Internet 成为最关注的热点之一。参照中国互联网发展的轨迹，把中国互联网发展划分成 4 个阶段。

第一阶段——网路探索（1987—1994 年）。

中国的互联网不是八台大轿抬出来的，而是从羊肠小道走出来的。1987 年 9 月 14 日，北京计算机应用技术研究所发出了中国第一封电子邮件：“Across the Great Wall we can reach every corner in the world.（越过长城，走向世界。）”，揭开了中国人使用互联网的序幕。从此，一些科研部门和高等院校开始研究 Internet 联网技术。这个阶段的网络应用仅限于小范围内的电子邮件服务，而且仅为少数高等院校、研究机构提供电子邮件服务。

第二阶段——蓄势待发（1993—1996 年）。

四大 Internet 主干网的相继建设开启了铺设中国信息高速公路的历程。1994 年 4 月，正式开通了与国际 Internet 的 64Kbps 专线连接，并设立了中国最高域名（CN）服务器。这时，我国才算是真正接入了国际 Internet 行列之中。到 1996 年年底，中国的 Internet 已形成了四大主流网络体系，分别是主要以科研和教育为目的、从事非经营性活动的中国科技网（CSTNET）和中国教育和科研计算机网（CERNET），以经营手段接纳用户入网、提供 Internet 服务的中国公用计算机互联网（ChinaNET）和中国金桥信息网（ChinaGBNET）。

第三阶段——网络大潮（1996—2002 年年底）。

中国互联网进入普及和应用的快速增长期。截至 2002 年年底，全国域名数为 94.03 万个，全国网站数为 37.16 万个，全国网页总数为 1.57 亿个，在线数据库总数为 8.29 万个。为用户提供接入服务的大型计算机网络由过去的 4 家发展到现在的 10 家，新增加的有中国联通互联网（UNINET）、中国网络通信集团（宽带中国 CHINA169 网）、中国国际经济贸易互联网（CIETNET）、中国移动互联网（CMNET）、中国长城互联网（CGWNET）和中国卫星集团互联网（CSNET）。

第四阶段——繁荣与未来（2003 年至今）。

应用多元化阶段到来，互联网逐步走向繁荣。

## 3.4.2 Internet 的工作原理

任何一个计算机网络,为了保证网络内主机之间、节点之间能够正确地交换信息,这些主机或节点必须遵守一定的规则,这些规则通常称为协议,而各种协议的集合叫做协议集。Internet 使用的协议集通常称为 TCP/IP(Transmission Control Protocol/Internet Protocol),因此 Internet 也经常被定义为"一组使用 TCP/IP 作为其共同协议的网络"。

**1. TCP/IP 协议**

TCP/IP 是用于计算机网络上计算机间互联共享资源的一组协议,是 Internet 的核心协议。TCP/IP 是一组协议族(Internet protocol suite),而 TCP 和 IP 是该协议族中最重要的最普遍使用的两个协议,所以用 TCP/IP 来泛指该组协议。

TCP 协议对发送的信息进行数据分解,保证可靠传送并按序组合;IP 协议则负责数据包的寻址。Internet 有上千的网络和百万计的计算机,而 TCP/IP 是把这些联合在一起的黏结剂。

当一个 Internet 用户通过网络向其他机器发送数据时,TCP 协议把数据分成若干个小数据包,并给每个数据包加上特定的标志,当数据包到达目的地后,计算机去掉其中的 IP 地址信息,并利用 TCP 的装箱单检验数据是否有损失,然后将各数据包重新组合还原成原来的数据文件。

由于传输路径的不同,加上其他各种原因,接收方计算机得到的可能是损坏的数据包,TCP 协议将负责检查和处理错误,必要时要求发送方重新发送。这些协议规定了 Internet 上传送的信息包的路由控制与管理协议。

TCP/IP 协议的层次结构由上至下分为应用层、传输层、网络层(互连网层)和网络接口层,每一层负责不同的功能,其协议层次结构如图 3-31 所示。

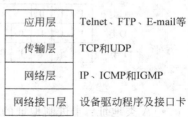

图 3-31 TCP/IP 协议层次结构

(1) 网络接口层。也称作数据链路层,负责接收 IP 数据报并通过网络发送出去,或者从网络上接收物理帧,分离 IP 数据报,交给 IP 层。通常包括操作系统中的设备驱动程序和计算机中对应的网络接口卡。它们一起处理与传输介质相关的物理接口细节。

(2) 网络层。也称作互联网层或网际层,处理分组在网络中的活动,负责相邻计算机之间的通信。网际层作为通信子网的最高层,提供无连接的数据报传输机制。在 TCP/IP 协议族中,网络层协议包括 IP 协议(网际协议)、ICMP 协议(Internet 控制报文协议)以及 IGMP 协议(Internet 组管理协议)。

(3) 传输层。主要为两台主机上的应用程序提供端到端的通信。其功能是利用网际层传输格式化的信息流,提供无连接和面向连接的服务。在 TCP/IP 协议族中有两个互不相同的传输协议:TCP(传输控制协议)和 UDP(User Datagram Protocol,用户数据报协议)。TCP 为两台主机提供高可靠性的数据通信,UDP 则为应用层提供一种非常简单的服务。这两种传输层协议分别在不同的应用程序中有不同的用途。

（4）应用层。位于 TCP/IP 协议的最高层，负责处理特定的应用程序细节。几乎各种不同的 TCP/IP 实现都会提供 Telnet（远程登录）、FTP（文件传输协议）、SMTP（简单邮件传送协议）和 SNMP（简单网络管理协议）等这些通用的应用程序。

**2. IP 地址的组成**

网络层所用到的地址就是我们经常所说的 IP 地址，是 IP 协议提供的一种在互联网络中通用的地址格式，在 Internet 中央管理机构（InterNIC）统一管理下进行地址分配，保证一个地址对应网络中的一台主机。IP 地址是实现异种网互联的一个关键技术，它有效地隐藏了物理地址间的差异，在不同网络之间实现了一种统一、有效的地址模式。

IP 地址是层次性的地址，分为网络地址和主机地址两个部分，由 32 位二进制数组成。为了便于阅读，IP 地址被分成 4 个 8 位二进制组，每个 8 位组用十进制数 0～255 表示，4 个 8 位二进制组之间由点号进行分隔，这种表示方式称为点分十进制地址格式。

例如：二进制 IP 地址　　11001010　01110101　01000000　00000001

点分十进制表示为　　　　　　202 ． 117 ． 64 ． 1

**3. IP 地址的分类**

Internet 的网络地址分为 A 类、B 类、C 类、D 类和 E 类共 5 类，每类网络中 IP 地址的结构即网络标识长度和主机标识长度都有所不同，如图 3-32 所示。这种分配方案称为分类编址方案，目前常用的为前 A、B、C 三类。

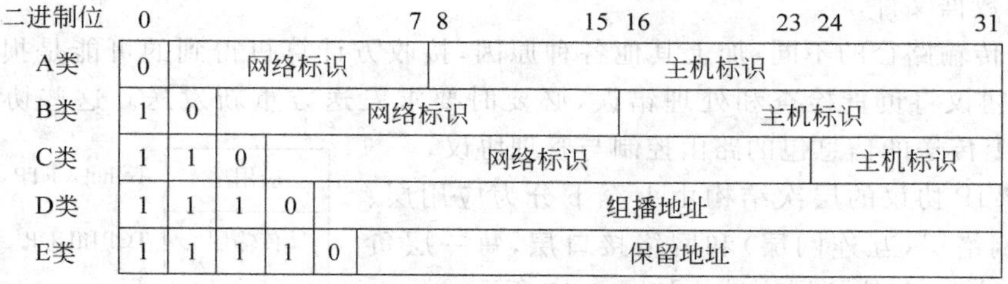

图 3-32　IP 地址的分类

- A 类地址：十进制地址的第一组数在 0～127 之间，前 8 位为网络地址，共有 127 个网络，每个网络中允许有 16 777 214 台主机。A 类地址适合主机数较多的大型网络。

- B 类地址：十进制地址的第一组数在 128～191 之间，前 16 位为网络地址，共有 16 384 个网络，每个网络中允许有 65 534 台主机。B 类地址适合主机数适中的中型网络。

- C 类地址：十进制地址的第一组数在 192～223 之间，前 24 位为网络地址，共有 2 097 120 个网络，每个网络中允许有 254 台主机。C 类地址适合主机数较少的小型网络。

- D 类地址：十进制地址的第一组数在 224～239 之间，不区分网络地址和主机地址，是用于支持多目标数据传输的组播地址（Multicast Address）。

- E 类地址：十进制地址的第一组数在 240～247 之间，留作将来备用。

### 3.4.3 域名系统

**1. 域名系统**

IP 地址是一种数字型的识别网络和主机的地址标识。数字型地址对计算机网络的路由寻址处理是最有效率的,但是对于使用网络的人来说却非常抽象,难以记忆,因此 Internet 上设计了一套与 IP 地址对应的字符型的主机命名系统(Domain Name System, DNS),也称为域名系统。域名系统使用与主机位置、功能以及行业有关的一组字符来表示主机和网络的名称,既容易理解,又方便记忆。例如长安大学 WWW 服务器的 IP 地址为 202.117.64.1,其对应的域名为 www.chd.edu.cn。

域名系统和 IP 地址一样,采用典型的层次结构,各级域名之间也是用点号分隔。域名地址从右至左来表述其意义,最右边的部分为顶级域,每个顶级域规定了通用的顶级域名,顶级域名往左依次是各次级域名,最左边的则是这台主机的机器名称。一般域名地址可表示为:

主机机器名.单位名.网络域名.顶级域名

顶级域名一般是网络机构或所在国家地区的名称缩写。顶级域名目前采用两种划分方式:以所从事的行业领域作为顶级域名和以国家地区代码作为顶级域名。

常见的以行业领域命名的顶级域名一般由三个字符组成,如表示商业机构的 com、表示教育机构的 edu 等。

还有一种以国家地区代码命名的顶级域名。Internet 组织为每个国家或地区都分配了一个国家级别的顶级域名,通常用两个字符表示,如中国为 cn、法国为 fr、德国为 de、美国为 us 等。然而,美国国内却很少用 us 作为顶级域名,而是使用以行业领域命名的顶级域名。

**2. 域名管理**

Internet 域名系统是逐层、逐级由大到小地划分,这样既提高了域名解析的效率,同时也保证了主机域名的唯一性。顶级域名业务由国际互联网信息中心(Inter NIC)负责,在国别顶级域名下的二级域名由各个国家自行确定。

我国的域名业务由中国互联网络信息中心(CNNIC)管理,在顶级 cn 域名下可通过国家认证的域名注册服务机构注册二级域名。我国的二级域名按照行业类别或行政区域来划分,顶级域名 cn 之下设置"类别域名"和"行政区域名"两类英文二级域名。

(1)设置"类别域名"7 个,使用 3 个英文字母代表所从事的行业领域,如表 3-1 所示。

表 3-1　行业类别域名表

| 域　名 | 含　义 | 域　名 | 含　义 |
|---|---|---|---|
| ac | 科研机构 | mil | 国防机构 |
| com | 工、商、金融等企业 | net | 网络服务机构 |
| edu | 教育机构 | org | 非盈利组织 |
| gov | 政府机构 | | |

（2）设置"行政区域名"34个，采用省市名的简称，使用两个字母表示我国各省、自治区、直辖市和特别行政区，如表3-2所示。

表3-2　行政区域名表

| 域　名 | 行政区 | 域　名 | 行政区 | 域　名 | 行政区 | 域　名 | 行政区 |
|---|---|---|---|---|---|---|---|
| bj | 北京 | hl | 黑龙江 | hn | 湖南 | gs | 甘肃 |
| sh | 上海 | js | 江苏 | gd | 广东 | qh | 青海 |
| tj | 天津 | zj | 浙江 | gx | 广西 | nx | 宁夏 |
| cq | 重庆 | ah | 安徽 | hi | 海南 | xj | 新疆 |
| he | 河北 | fj | 福建 | sc | 四川 | tw | 台湾 |
| sx | 山西 | jx | 江西 | gz | 贵州 | hk | 香港 |
| nm | 内蒙古 | sd | 山东 | yn | 云南 | mo | 澳门 |
| ln | 辽宁 | ha | 河南 | xz | 西藏 | | |
| jl | 吉林 | hb | 湖北 | sn | 陕西 | | |

**3. 域名服务**

尽管通过IP地址可以识别主机上的网络接口，进而访问主机，但是人们最喜欢使用的还是主机名。在TCP/IP领域中，域名系统是一个分布的数据库，由它来提供IP地址和主机名之间的映射信息。把易于记忆的域名翻译成机器可识别的IP地址通常由称为"域名系统"的软件完成，而装有域名系统的主机就称为域名服务器，域名服务器上存有大量的Internet主机的地址（数据库），Internet主机可以自动地访问域名服务器，以完成"IP地址—域名"间的双向查找功能。

当用户输入域名后，计算机的网络应用程序自动把请求传递到DNS服务器，DNS服务器从域名数据库中查询出此域名对应的IP地址，并将其返回发出请求的计算机，计算机通过IP地址和目的主机通信。

Internet上有许多的DNS服务器，它们负责各自层次的域名解析任务，当计算机设置的主DNS服务器的名字数据库中没有请求的域名，它就会把请求转发到另外一个DNS服务器，直到查询到目的主机为止。如果所有的DNS服务器都查不到请求的域名，则返回错误信息。

## 3.4.4　Internet服务供应商

普通用户的计算机接入Internet实际上是通过线路连接到本地的某个已经连接到Internet的网络上。提供这种接入服务的供应商就是Internet服务提供商（Internet Service Provider，ISP）。通常情况下，ISP提供的服务有两类：

（1）提供各种接入Internet的方式。为用户提供上网账号和TCP/IP的设置信息。

（2）提供常用网络信息服务。如免费电子邮件账户等。

ISP 通过专线和 Internet 上的其他网络连接,保证 24 小时不间断的网络接入服务。接入专线可以使用光纤、公共通信线路等,接入技术有 DDN、ATM、X.25 和拨号接入等多种方式,地区 Internet 管理部门会根据接入的方式和带宽收取相应的费用。

普通计算机用户有多种方式可以接入 ISP,如通过局域网接入、通过电话线路接入、通过光纤接入、通过无线手机接入等多种方式。

我国目前较大的商用 ISP 有中国电信、中国移动和中国联通三家,这三家 ISP 均有宽带、光纤和无线等多种接入方式。中国科技网和中国教育科研网也为科研院所和高等院校提供网络接入服务。

ISP 是广大网上用户与 Internet 之间的桥梁。选择 ISP 要从接通率、数据传输率、收费标准和 ISP 提供的服务种类等多方面进行考虑,在 ISP 申请注册后,将会获得入网用户名(用户标识符)、密码、ISP 的主机域名、接入号码以及 TCP/IP 设置等信息。

用户接入 Internet 是指用户采用一定的网络设备和通信线路通过 ISP 连接入 Internet。从通信介质看,Internet 接入方式分为专线接入和拨号接入;按组网结构看,接入方式可分为单机连接和局域网连接。

## 3.4.5 拨号上网

通过电话线路接入是最常用的单机上网方式,现在通过电话线路接入 Internet 有拨号上网、ISDN 和 ADSL 三种方式。

### 1. 拨号上网的特点

拨号上网是较早的、应用最广泛的一种单机上网方式。拨号上网就是主机通过调制解调器和电话线路与 ISP 的调制解调器相连,获得 ISP 动态分配的 IP 地址,实现主机与 Internet 服务器的连接,如图 3-33 所示,主机和通信服务器之间联网使用的是串行线协议(SLIP)或者点对点协议(PPP)。

图 3-33　拨号上网的连接方式

拨号上网的优点是安装简单,可移动性好。现在的 USB 调制解调器可以随身携带,即插即用。缺点是传输速率低,线路质量差。虽然现在普通 Modem 理论上最高速度可达到 56Kbps,文件下载速率最快时在 4～8Kbps 左右,还需视网络情况而定。经常上网的用户肯定遇到过掉线的情况,有时正在下载一个文件,却突然断线,即使不掉线,有时却发现下载的文件不能使用,因为模拟信号在传输过程中容易受静电和噪音干扰,造成误码率较高。除此之外,拨号上网还会独占电话线,使用很不方便。

### 2. 拨号上网具备的条件

硬件设备:一台计算机、一个调制解调器和一条电话线路。

软件支持：安装支持 PPP 协议的 TCP/IP 软件，Windows XP 自带"拨号连接"。

**3．配置拨号上网**

配置拨号上网要经过安装 Modem、建立拨号连接、设置拨号网络属性和接入 Internet。下面具体介绍。

（1）安装 Modem。

Modem 有置于计算机外部，通过 RS-232 接口与计算机进行通信的外置式和置于计算机内部，通过主板上的扩展接口与计算机进行通信的内置式两种。

外置式 Modem 在安装时用 Modem 自带的串行接口信号线将 Modem 连接到计算机的串行接口上。内置式 Modem 的连接比较简单，直接插入计算机主板扩展槽中固定好即可。安装完成后将 Modem 上标有 Phone 的接口与电话机相连，并将电话线插入 Modem 上标有 Line 的接口上。

（2）安装 Modem 驱动程序。

开机后计算机就会检测有新硬件，这时就需要根据说明书安装 Modem 驱动程序，对于外置式 Modem 还应该提前打开电源，以使 Modem 能够正常工作。

**4．建立拨号网络连接**

建立拨号网络连接的具体操作步骤如下：

（1）在"控制面板"中单击"网络连接"图标，进入"网络连接"窗口。

（2）在左侧任务区单击"网络任务"中的"创建一个新的连接"选项，进入"新建连接向导"对话框。

（3）单击"下一步"按钮，进入"网络连接类型"对话框，选择"连接到 Internet"单选按钮。

（4）单击"下一步"按钮，进入"准备好"对话框，选择"手动设置我的连接"单选按钮。

（5）单击"下一步"按钮，进入"Internet 连接"对话框，选择"用拨号调制解调器连接"单选按钮。

（6）单击"下一步"按钮，进入"连接名"对话框，输入 ISP 名称，该名称可以是用户的 ISP 提供的，也可以是用户任意定义的，比如 163。

（7）单击"下一步"按钮，进入"要拨的电话号码"对话框，输入电话号码 16300。

（8）单击"下一步"按钮，出现图 3-34 所示"Internet 账户信息"对话框，输入 ISP 提供的用户名和密码，此处均为 16300。

（9）单击"下一步"按钮，选择"在我的桌面添加一个此连接的快捷方式"复选框。

（10）单击"完成"按钮，完成一个新连接的创建。

**5．拨号接入 Internet**

双击桌面上创建的名称为 163 的快捷方式图标，进入"连接 163"对话框；输入的用户名、密码都是 16300；单击"拨号"按钮，开始拨号。提示：若拨号过程中出现问题，可以修改 163 连接的属性。拨号过程完成以后，用户计算机就通过这条电话线连接进入 Internet 了。

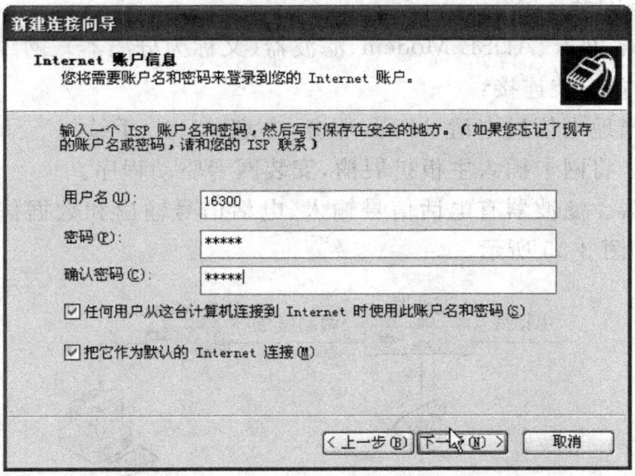

图 3-34 "Internet 账户信息"对话框

## 3.4.6 ADSL

近年来,随着 Internet 的迅猛发展,普通 Modem 拨号的速率已远远不能满足人们获取大容量信息的需求,用户对接入速率的要求越来越高。如今一种名叫 ADSL 的技术已投入实际使用,使用户享受到了高速冲浪的欢悦。

**1. ADSL 简介**

ADSL(Asymmetrical Digital Subscriber Loop,非对称数字用户环路)技术是运行在原有普通电话线上的一种新的高速宽带技术,它利用现有的一对电话铜线为用户提供上、下行非对称的传输速率(带宽)。ADSL 的非对称性主要体现在上行速率和下行速率的不对称上。上行(从用户到网络)为低速的传输,最高可达 1Mbps;下行(从网络到用户)为高速传输,最高可达 8Mbps,其传输距离为 3~5km,更远的距离需要中继来保障信号的完整。

ADSL 采用频分多路复用技术,上网与打电话是分离的,上网时不占用电话信号,只需交纳网费而没有电话费用。随着技术的快速发展,ADSL 已经取代了传统的拨号上网,逐渐成为一种较方便、费用低廉的宽带接入技术。

由于 ADSL 有较高的带宽,用户可以通过这种接入方式得到所需要的各种信息,使得 ADSL 成为网上高速冲浪、视频点播(VOD)、远程局域网络(LAN)访问的理想技术。

ADSL 接入技术具有以下特点:

- 可直接利用现有用户电话线,节省投资;
- 可享受超高速的网络服务,为用户提供上、下行不对称的传输带宽。
- 节省费用,上网与打电话互不影响,而且上网时不需要另交电话费。
- 安装简单,不需要另外申请增加线路,只需要在普通电话线上加装 ADSL Modem,在计算机上安装网卡即可。

**2. ADSL 设备安装**

（1）硬件设备：网卡、ADSL Modem、滤波器（又称为分离器）、网线。

（2）ADSL 设备安装连接：

① 首先要向当地电信局申请 ADSL 服务，办理 ADSL 手续。

② 安装网卡。将网卡插入主板扩展槽，安装网卡驱动程序。

③ 安装滤波器。滤波器有电话信号输入、电话信号输出和数据信号输出三个接口，ADSL 设备连接如图 3-35 所示。

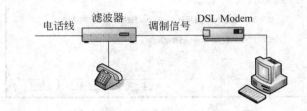

图 3-35　ADSL 的连接方式

④ 安装 ADSL Modem。通上电源后，将数据信号输出接到 ADSL Modem 的 LINK 端口，正确连接后，其面板上的 DSL LINK 指示灯会点亮。

⑤ 用网线将 ADSL Modem 和网卡连接起来，正确连接后，ADSL Modem 面板上的网卡 Ethernet LINK 灯会点亮。

**3. ADSL 网络连接**

ADSL 接入 Internet 的方式分为专线接入和虚拟拨号两种方式。

（1）专线接入方式如同局域网操作，不需拨号，打开计算机即可接入 Internet，一般提供静态 IP 地址，一般多为企事业单位和集团用户使用。

（2）虚拟拨号方式是指 ADSL 接入时要输入用户名和密码，通过建立 ADSL 拨号连接模拟拨号过程，最终连入 Internet 服务提供商。虚拟拨号使用 PPPoE 协议，Windows XP 以后的版本中都已经内置了该协议，不用再安装虚拟拨号软件，只需要建立一个 ADSL 拨号连接即可。

Windows 中建立 ADSL 拨号连接的方法与建立一个电话拨号连接一样，唯一的不同就是在选择连接类型时选择"用要求用户名和密码的宽带连接来连接"这一选项。

# 3.4.7　局域网接入

局域网接入 Internet 通常有两种方式：固定 IP 地址和代理服务方式。

**1. 固定 IP 地址**

将局域网接入 Internet 的一种方式是通过路由器使局域网接入 Internet。路由器的一端接在局域网上，另一端则与 Internet 上的连接设备相连。这种方式需要为每一台局域网上的主机分配一个 IP 地址，即固定 IP 地址，涉及的技术问题比较复杂，管理和维护的费用较高，而用于连接 Internet 的硬件设备成本也比较高。这种入网方式适用于用户数较多并且较为集中的情况。

**2. 设置 TCP/IP 协议属性**

局域网上网的硬件设备需要网卡和传输介质。局域网上网的软件设置如下：

（1）在"控制面板"中选择"网络连接"。

（2）双击"本地连接"图标，弹出"本地连接属性"对话框，如图 3-36 所示。

（3）在"本地连接属性"对话框中双击"Internet 协议（TCP/IP）"，出现"Internet 协议（TCP/IP）属性"对话框。

（4）选中"使用下面的 IP 地址"单选按钮，输入 IP 地址、子网掩码、默认网关以及 DNS 服务器，如图 3-37 所示。

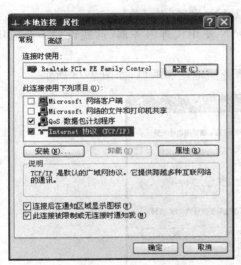

图 3-36　"本地连接属性"对话框　　　图 3-37　"Internet 协议（TCP/IP）属性"对话框

（5）依次单击"确定"按钮，根据提示信息重新启动计算机。

**3. 代理服务方式**

将局域网接入 Internet 的是一种通过局域网的服务器，通过网线或专线将服务器与 Internet 连接，局域网上的主机通过共享代理服务器的连接来访问 Internet。这种方式需要在服务器上运行专用的代理软件或地址转换软件，需要的网络设备比较少，费用不高。局域网上的用户可以使用 Internet 上丰富的信息资源，而局域网外部的用户却不能随意访问局域网内部，可以保证内部资料的安全。由于局域网上所有的工作站共享同一出口线路，当上网的工作站数量较多时，访问 Internet 的速度会显著下降。

代理服务器（Proxy Server）是介于客户端和服务器之间的一台服务器，其功能就是代表网络用户去获取网络信息，就像是一个网络信息的中转站。

在一般情况下，我们使用网络浏览器直接访问 Internet 站点，浏览器直接和 Web 服务器进行信息交换。使用了代理服务器以后，浏览器不是直接到 Web 服务器去取回网页，而是向代理服务器发出请求，由代理服务器来取回浏览器所需的信息并传送给浏览器。代理服务器是介于浏览器和 Web 服务器之间的一台服务器。而且大部分代理服务器都具有缓冲的功能,会不断将新取得的数据储存到缓冲存储空间上。如果浏览器所请求的数据在缓冲存储器上已经存在而且是最新的,代理服务器就不会重新从 Web 服务器请求数据,而是直接将缓冲存储器上的数据传送给用户的浏览器,这样就能显著提高浏览速度和效率,并且还可以有效节省网络传输带宽和费用。

**4. 代理服务器的设置**

目前,局域网中常用的代理服务器软件有 WinGate、WinRoute 和 WinProxy 等,这些服务器不仅可以支持常见的代理服务,如 HTTP、FTP、SMTP、TELNET,还可以提供如 SOCKS 的代理服务。实现通过代理服务器上网,在客户端中设置代理服务器的操作如下:

(1) 在"控制面板"中打开"Internet 选项"对话框,选择"连接"选项卡。

(2) 单击"局域网设置"按钮,打开"局域网(LAN)设置"对话框。

(3) 在"代理服务器"选项区域中选中"为 LAN 使用代理服务器(这些设置不会应用于拨号或 VPN 连接)"复选框。

(4) 在"地址"和"端口"文本框中输入代理服务器地址和端口,如图 3-38 所示。

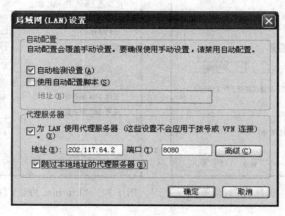

图 3-38  设置代理服务器

(5) 单击"确定"按钮。

# 3.5  Internet 服务

Internet 的飞速发展,一方面促进了人们之间的信息沟通,另一方面还提供了多种信息资源和服务功能的共享。目前 Internet 的信息服务主要有信息浏览服务(WWW)、电子邮件服务(E-mail)、远程登录服务(Telnet)、文件传输服务(FTP)、电子公告板服务(BBS)和博客(blog)等。

## 3.5.1  信息浏览服务

WWW(World Wide Web)又称为万维网或者环球信息网,是因特网上集文本、声音、图像和视频等多媒体信息于一身的全球信息资源网,是一个基于超级文本(HyperText)方式的信息查询工具。WWW 将位于全世界 Internet 上不同地址的相关数据信息有机地编织在一起,通过浏览器(Browser)提供一种友好的查询界面,用户只需要提出查询要求,而不必关心到什么地方去查询以及如何查询,这些工作均由 WWW 自动完成。

WWW 为用户带来的是世界范围的超级文本服务,只要操作鼠标就可以通过 Internet 调来希望得到的文本、图像和声音等信息。另外,WWW 仍可提供传统的 Internet 服务:Telnet、FTP、Gopher、News 和 E-mail 等的综合集成,通过使用浏览器,一个不熟悉网络使用的人可以很快成为使用 Internet 的行家。

**1. WWW 服务器**

万维网的标准与实现都是公开的,这使得服务器和客户端能够独立地发展和扩展,而不受许可限制。在这种模式下,网络信息服务所需要的应用程序、数据库等都集中在服务器上,服务器上所有的资源都可以通过用户端标准的浏览器来运行,无需为用户端单独开发专用的客户端程序。这样不仅统一了用户界面,而且实现了跨平台操作。

服务器的任务是:

(1) 接受请求并进行合法性检查,包括安全性屏蔽。

(2) 针对请求获取并制作数据,包括 Java 脚本和程序、CGI 脚本和程序,为文件设置适当的 MIME 类型来对数据进行前期处理和后期处理。

(3) 审核信息的有效性。

(4) 将信息发送给提出请求的客户端。

**2. 网页浏览器**

网页浏览器是 WWW 的客户程序,用于浏览 Internet 上的网页。常用的环球信息网上的客户端主要有 Internet Explorer、Firefox、Safari、Chrome 和 Opera 等。

在 Web 中,客户端的任务是:

(1) 生成一个浏览请求(通常在输入地址或单击某个链接点时启动)。

(2) 将请求发送给指定的服务器。

(3) 将服务器返回的信息显示在浏览窗口内。

通常 WWW 客户端不仅限于向 Web 服务器发出请求,还可以向其他服务器(例如 Gopher、FTP、News 和 Mail)发出请求。

**3. 超文本标识语言**

超文本标识语言(Hyper Text Mark-up Language,HTML)是 WWW 的描述语言,主要用于描述网页,因此网页文档也称为 HTML 文档和 Web 文档。设计 HTML 语言的目的是为了能把存放在一台计算机中的文本或图形与另一台计算机中的文本或图形方便地联系在一起,形成有机的整体,而不用考虑具体信息是在当前计算机上还是在网络的其他计算机上。这样,只要使用鼠标在某一文档中点取一个目标,WWW 页面就会马上跳转到与此目标相关的内容上去,而这些信息可能存放在网络的另一台计算机中。

HTML 文本是由 HTML 命令组成的描述性文本,HTML 命令可以说明文字、图形、动画、声音、表格和链接等。HTML 的结构包括头部(Head)和主体(Body)两大部分。头部描述浏览器所需的信息,主体包含所要说明的具体内容。

**4. 网页**

网页是 WWW 中的一个页面,WWW 中的信息是用网页显示与链接的,所有的网页都是超文本文档,即用 HTML 语言编写的。网页中有一种特殊的网页称为主页(Home Page),主页是指用户在登录网上某个站点时默认首先打开的网页,所以又称为首页。主页是整个网站的门户或者索引,存放着这个站点里面所包含的其他网页的链接入口,主页的文件名通常默认为 index.html。

**5. 网站**

网站是一种通信工具,就像布告栏一样,人们可以通过网站来发布自己想要公开的资讯,或者利用网站来提供相关的网络服务。人们可以通过网页浏览器来访问网站,获取自己需要的资讯或者享受网络服务。

网站由网页组成,是在因特网上根据一定的规则,使用 HTML 等工具制作的用于展示特定内容的相关网页的集合。网站有独立域名地址和存储空间,用户通过网站的域名可以方便地在 Internet 上查找到网站服务器,存储空间用来存放将要发布的网页和数据库等资源。

**6. 统一资源定位器**

统一资源定位器(Uniform Resource Locator,URL)是 WWW 资源的地址,从左到右由下述部分组成:

协议://服务器地址:端口/资源路径/资源文件名

(1) 协议:表示访问方式或资源的类型。

(2) 服务器地址:指出 WWW 页所在的服务器域名。

(3) 端口:对某些资源的访问,需给出相应的服务器提供端口号。

(4) 路径:指明服务器上某资源的位置(通常是含有目录或子目录的文件名)。例如:

```
http://www.chd.edu.cn/news/xnxw.html
ftp://ftp.chd.edu.cn:8021/pub/webtools/dreamweaver8.zip
```

其中,协议又称为信息服务类型。协议有很多种,通过不同的协议可以访问不同类型的文件,常用的协议有:

- HTTP(超文本传输协议):通过该协议访问 Web 服务器上的网页文档。
- FTP(文件传输协议):通过该协议可以访问 FTP 服务器。
- Telnet(远程登录协议):通过该协议访问 Telnete 服务器。
- File:使用 File 协议访问本地文件。

提示:必须注意,WWW 上的服务器都是区分大小写字母的,所以千万要注意正确的 URL 大小写表达形式。如果在 URL 中不指明网页文件的路径和文件名则会访问默认主页。

**7. 搜索引擎**

随着 Internet 的迅猛发展,网上信息量的不断增加,Internet 上的用户在具备获取最大限度信息的同时,又面临一个突出的问题:在上百万个网站中,如何快速有效地找到所需要的信息?因此就出现了搜索引擎。搜索引擎是指在 Internet 上执行信息搜索的专门站点,可以对主页进行分类、搜索与检索。

搜索引擎按其工作方式分为两类:一类是分类目录型的检索,另一类是按关键字检索。目录检索可以帮助用户按一定的结构条理清晰的找到自己感兴趣的内容。关键字检索可以查找包含一个或多个特定关键字或词组的网站。常用的搜索引擎有:

- 谷歌　www.google.com。
- 百度　www.baidu.com。
- 搜狗　www.sogou.com。
- 雅虎　www.yahoo.com。

## 3.5.2　电子邮件服务

电子邮件(Electronic Mail,E-mail)是一种通过网络实现相互传送和接收信息的现代化通信方式。目前电子邮件已成为网络用户之间快速、简便、可靠且成本低廉的现代通信手段,也是 Internet 上使用最广泛、最受欢迎的服务之一。

电子邮件使网络用户能够发送或接收文字、图像和语音等多种形式的信息。目前 Internet 上 60％以上的活动都与电子邮件有关。使用 Internet 提供的电子邮件服务,实际上并不一定需要直接与 Internet 联网。只要通过已与 Internet 联网并提供 Internet 邮件服务的机构(电子邮局)收发电子邮件即可。

### 1. 邮件服务器

在 Internet 上发送和接收邮件是通过邮件服务器实现的。邮件服务器包括 POP 服务器和 SMTP 服务器,其中 SMTP 服务器专门负责发送电子邮件,POP 服务器专门负责接收电子邮件。另外,Internet 上还广泛使用另一种 IMAP 接收邮件服务器,其功能比 POP 服务器更强大。

电子邮件系统是采用“存储转发”方式为用户传递电子邮件。通过在一些 Internet 的通信节点计算机上运行相应的软件,可以使这些计算机充当“邮局”的角色。当用户希望通过 Internet 给某人发送信件时,他先要与为自己提供电子邮件服务的邮件服务器联机,然后将要发送的信件与收信人的电子邮件地址送给电子邮件系统。电子邮件系统会自动将用户的信件通过网络一站一站地送到目的地,整个过程对用户来讲是透明的。

若在传递过程中某个通信站点发现用户给出的收信人电子邮件地址有误而无法继续传递,系统会将原信逐站退回并通知不能送达的原因。当信件送到目的地的计算机后,该计算机的电子邮件系统就将它放入收信人的电子邮箱中等候用户自行读取。用户只要随时以计算机联机方式打开自己的电子邮箱,便可以查阅自己的邮件了。

### 2. 电子邮件地址

使用电子邮件服务的前提是用户必须拥有一个电子邮件地址(E-mail Address)。电子邮件地址是电子邮件服务机构为用户建立的一个唯一的身份标识,同时该机构还会在与 Internet 联网的邮件服务器上为该用户分配一个专门用于存放往来邮件的磁盘存储空间,这个空间是由电子邮件服务系统管理的,一般也称为电子信箱。

电子邮件地址的格式由三部分组成,其格式为:

用户名@服务器域名

第一部分"用户名"代表用户信箱的账号,对于同一个邮件接收服务器来说,这个账号必须是唯一的;第二部分"@"是分隔符(读作 at);第三部分是用户信箱的邮件接收服务器域名,用以标志其所在的位置或邮局。

因为主机域名是全球唯一的,只要保证在同一台服务器上的用户标识符唯一,就能保证每个 E-mail 地址在整个 Internet 中的唯一性,E-mail 的使用并不要求用户与注册的主机域名在同一地区。

**3.电子邮件的格式**

电子邮件一般由邮件头和邮件体构成。邮件头是邮件的头部,一般包含收件人、抄送人和邮件主题等几部分;邮件体就是信件的具体内容,一般可包含附件。

(1)收件人:填写或者从地址簿中选择收信人的电子邮件地址。有多个收件人时,中间用逗号或分号隔开,收件人还可以是地址簿中一个组的名称。

(2)抄送人:填写需要抄送人的电子邮件地址。表示该地址可以同时收到该邮件。

(3)主题:邮件的主题,便于收件人阅读和分类。

(4)内容:邮件的具体内容,一般为文字。

(5)附件:是指不能在邮件正文中编辑的内容,如图片、歌曲、含有复杂格式的文档、可执行程序或二进制数据等。这些内容以文件的方式存在,必须作为附件来发送。

## 3.5.3　文件传输服务

文件传输是在 FTP(File Transfer Protocol)网络通信协议的支持下进行的计算机主机之间的文件传送。

用户一般不希望在远程联机情况下浏览存放在计算机上的文件,而更乐意先将这些文件取回到自己计算机中,这样不但能节省时间和费用,还可以从容地阅读和处理这些取来的文件,Internet 提供的文件服务正好能满足用户的这一需求。Internet 上的两台计算机在地理位置上无论相距多远,只要两者都支持 FTP 协议,网上的用户就能将一台计算机上的文件传送到另一台。

**1.FTP 服务器**

FTP 与 Telnet 类似,也是一种实时的联机服务。使用 FTP 服务,用户首先要登录到FTP 服务器上,与远程登录不同的是,FTP 用户只能进行与文件搜索和文件传送等有关的操作,而不能使用主机的其他功能和资源。使用 FTP 可以传送任何类型的文件,如文本文件、二进制文件、图像文件、声音文件、数据压缩文件和可执行文件等。

FTP 服务器向用户屏蔽了不同主机中各种文件存储系统的细节,提供了可靠和高效的传输数据的方式,促进计算机程序或数据文件的共享。FTP 有主动式和被动式两种使用模式,可以被终端用户直接使用,但是通常却设计成由 FTP 客户端程序控制使用。用户使用 FTP 客户端向服务器上传文件一般称为文件上传,获取文件一般称为文件下载。

**2.FTP 地址**

用户想要连上 FTP 服务器(即"登录"),必须要有该 FTP 服务器授权的账号,这样才

能登录 FTP 服务器,享受 FTP 服务器提供的服务。FTP 地址格式为:

ftp://用户名:密码@FTP 服务器域名:FTP 命令端口/路径/文件名

地址格式中的参数除 FTP 服务器 IP 或域名为必要项外,其他都可以省略不写。

### 3. 匿名 FTP

普通的 FTP 服务要求用户在登录到远程计算机时提供相应的用户名和口令。许多信息服务机构为了方便用户通过网络获取其发布的信息,提供了一种称为匿名 FTP 的服务(Anonymous FTP)。用户在登录到匿名 FTP 服务器时无需事先注册或获取合法用户身份,仅需要以 anonymous 作为用户名,用自己的电子邮件地址作为口令即可登录该服务器,拥有免费访问文件资源的能力。

匿名 FTP 是最重要的 Internet 服务之一。许多匿名 FTP 服务器上都有免费的软件、电子杂志、技术文档及科学数据等供人们使用。匿名 FTP 对用户使用权限有一定限制,通常仅允许用户获取文件,而不允许用户修改现有文件或向上传送文件。另外,对于用户可以获取的文件范围也有一定限制,仅允许用户访问一些公共的文件资源。

### 4. 主动模式

FTP 服务器通常工作在主动模式下,主动模式要求客户端和服务器端同时打开并且监听一个端口以建立连接。在这种情况下,客户端必须开放一个随机的端口以建立连接,当防火墙存在时,客户端很难过滤处于主动模式下的 FTP 流量。一个主动模式的 FTP 连接建立要遵循以下步骤:

(1) 客户端打开一个随机的端口 P(端口号大于 1024),同时产生一个 FTP 进程连接至服务器的 21 号命令端口。

(2) 客户端开始监听数据端口(P+1),同时向服务器发送一个端口命令(通过服务器的 21 号命令端口),此命令告诉服务器客户端正在监听的端口号并且已准备好从此端口接收数据。这个端口就是我们获取数据的端口,也称为数据端口。

(3) 服务器打开 20 号源端口并且建立和客户端数据端口的连接。此时,源端口为 20,远程数据端口为(P+1)。

(4) 客户端通过服务器 20 号端口建立的与本地数据端口的连接,向服务器发送一个应答,告诉服务器已经建立好了一个连接,准备接收数据。

(5) 客户端通过建立的命令端口和数据端口从服务器上获取文件信息并下载文件。

### 5. 被动模式

为了解决服务器发起到客户的连接的问题,人们开发了一种不同的 FTP 连接方式。这就是所谓的被动方式,或者叫做 PASV,当客户端通知服务器它处于被动模式时才启用。

在被动方式 FTP 中,命令连接和数据连接都由客户端发起,这样就可以解决从服务器到客户端的数据端口的进入方向上被防火墙过滤掉的问题。

当开启一个 FTP 连接时,客户端打开两个任意的非特权本地端口(P>1024 和 P+1)。第一个端口连接服务器的 21 号端口,但与主动方式的 FTP 不同,客户端不会提交

PORT 命令并允许服务器来回连它的数据端口，而是提交 PASV 命令。这样做的结果是服务器会开启一个任意的非特权端口(P>1024)，并发送 PORT P 命令给客户端。然后客户端发起从本地端口 P+1 到服务器的端口 P 的连接用来传送数据。

对于服务器端的防火墙来说，必须允许下面的通信才能支持被动方式的 FTP。

(1) 从任何大于 1024 的端口到服务器的 21 端口(客户初始化的连接)。

(2) 服务器的 21 端口到任何大于 1024 的端口(服务器响应到客户控制端口的连接)。

(3) 从任何大于 1024 的端口到服务器的大于 1024 的端口(客户端初始化数据连接到服务器指定的任意端口)。

(4) 服务器的大于 1024 的端口到远程的大于 1024 的端口(服务器发送 ACK 响应和数据到客户端的数据端口)。

### 3.5.4 远程登录服务

远程登录(Remote Login)是 Internet 提供的最基本的信息服务之一。远程登录是在网络通信协议 Telnet 的支持下，使本地计算机暂时成为远程计算机的仿真终端，使用远程主机资源的过程。

本地计算机要在远程计算机上登录，必须事先成为该计算机系统的合法用户并拥有相应的账号和口令。远程登录时需要提供远程主机的域名或 IP 地址，并按照系统提示输入用户名和口令。通过用户合法性验证，登录远程主机成功以后，用户便可以实时使用该系统对外开放的功能和资源，实现网络远程共享。

Telnet 是一个强有力的资源共享工具。许多大学图书馆都通过 Telnet 对外提供联机检索服务，一些政府部门、研究机构也将一些数据库对外开放，使用户通过 Telnet 进行查询。

### 3.5.5 电子商务

电子商务(Electronic Commerce,EC)，顾名思义，其内容包含两个方面：一是电子方式，二是商贸活动。电子商务指的是利用简单、快捷、低成本的电子通信方式，买卖双方互不谋面地进行各种商贸活动。

电子商务可以通过多种电子通信方式来完成。简单地说，比如通过打电话或发传真的方式与客户进行商贸活动，似乎也可以称为电子商务。但是，现在人们所探讨的电子商务主要是以 EDI(电子数据交换)和 Internet 来完成的。尤其是随着 Internet 技术的日益成熟，电子商务真正的发展将是建立在 Internet 技术上的。所以也有人把电子商务简称为 IC(Internet Commerce)。

从贸易活动的角度分析，电子商务可以在多个环节实现，由此也可以将电子商务分为两个层次：较低层次的电子商务如电子商情、电子贸易和电子合同等；最完整的也是最高级的电子商务应该是利用 Internet 进行全部的贸易活动，即在网上将信息流、商务流、资金流和部分的物流完整地实现。也就是说,可以从寻找客户开始,一直到洽谈、订货、在线付(收)款、开具电子发票以至到电子报关、电子纳税等通过 Internet 一气呵成。

要实现完整的电子商务还会涉及很多方面,除了买家、卖家外,还要有银行或金融机构、政府机构、认证机构、配送中心等机构的加入才行。由于参与电子商务中的各方在物理上是互不谋面的,因此整个电子商务过程并不是物理世界商务活动的翻版,网上银行、在线电子支付等条件和数据加密、电子签名等技术在电子商务中发挥着重要的不可或缺的作用。

电子商务应用涉及包括计算机技术、网络技术在内的各种技术,其中电子支付技术是电子商务应用环境中较为关键和具有特色的技术。电子商务技术就是要保障以电子方式存储和传输的数据信息的安全,其要求包括下列 4 个方面。

**1. 数据的安全性**

保证数据传输的安全性就是要保证在 Internet 传送的数据信息不被第三方监视和窃取。通常,对数据信息安全性的保护是利用数据加密技术来实现的。

**2. 数据的完整性**

保证数据的完整性就是要保证在公共网络上传送的数据信息不被篡改。在电子商务应用环境中,保证数据信息完整是通过采用安全函数和数字签名技术实现的。

**3. 身份认证**

在电子商务中,交易的双方或多方常常需要交换一些敏感信息(如信用卡、密码等),这时就需要确认对方的真实身份。如果涉及支付型电子商务,还需要确认对方的账户是否真实有效。电子商务中的身份认证通常采用公开密钥加密技术、数字签名技术、数字证书技术以及口令字技术等来实现。

**4. 交易的不可抵赖性**

电子商务交易的各方在进行数据信息传输时,必须带有自身特有的、无法被别人复制的信息,以及防发送方否认和抵赖曾经发送过该消息,确保交易发生纠纷时有所对证。交易的不可抵赖性是通过数字签名技术和数字证书技术实现的。

## 3.5.6 网络新闻服务

网络新闻(Network News)通常又称作 USEnet(Uses Network),是具有共同爱好的 Internet 用户相互交换意见的一种无形的用户交流网络。

Usenet 是全世界最大的电子布告栏系统,是一项通过网络交换信息的服务,由个人向新闻服务器投递的新闻邮件组成。Usenet 可以被看成是一个有组织的电子邮件系统,不过在这里传送的电子邮件不再是发给某一个特定的用户,而是全世界范围内的新闻组服务器。

新闻组服务器由公司、群组或个人负责维护,每个新闻组都有一个特殊主题。新闻组不提供其使用成员的名单,任何人都可以加入新闻组,只要用户的计算机运行一种称为"新闻阅读器"的软件,就可以通过 Internet 随时阅读新闻服务器提供的分门别类的消息,并可以将自己的见解提供给新闻服务器以便作为一条消息投递出去,用户写的新闻被发送到新闻组后,任何访问该新闻组的人都有可能看到这个新闻。

网络新闻是按专题分类的,每一类为一个分组,目前有 8 个大的专题组:计算机科学、网络新闻、娱乐、科技、社会科学、专题辩论、杂类和候补组。每一个专题组又分为若干子专题,子专题下还可以有更小的孙子专题。到目前为止,已有 15 000 多个新闻组,一个用户所能读到的新闻的专题种类取决于用户访问的新闻服务器。

# 3.6 信 息 浏 览

## 3.6.1 浏览器的工作窗口

**1. Internet Explorer 的启动**

启动 IE 有很多方法,常用的有:

方法一:在桌面上双击 IE 快捷图标。

方法二:选择"开始"→"程序"→Internet Explorer 命令。

方法三:单击 Windows 任务栏上的快速启动工具栏中的 IE 图标。

**2. Internet Explorer 工作窗口**

启动 IE 后,就会打开 IE 的窗口,如图 3-39 所示。窗口工具栏有地址栏和标准按钮,地址栏主要用于输入要打开网页的 URL 地址;工具栏则给出了一些常用的功能按钮,如表 3-3 所示。

图 3-39　IE 的工作窗口

表 3-3　Internet Explorer 工具栏各按钮的功能

| 图　标 | 名　称 | 功　　能 | 图　标 | 名　称 | 功　　能 |
|---|---|---|---|---|---|
| 后退 · | 后退 | 查看上一个打开的网页 | 搜索 | 搜索 | 搜索所需要浏览的网页 |
| · | 前进 | 查看下一个打开的网页 | 收藏夹 | 收藏夹 | 打开收藏夹窗格 |
| | 停止 | 停止访问当前网页 | | 历史 | 打开历史记录窗格 |
| | 刷新 | 重新访问当前网页 | · | 邮件 | 阅读邮件 |
| | 主页 | 打开默认主页 | | 打印 | 打印当前网页 |

## 3.6.2　浏览网页

### 1. 打开网页

浏览网页是从网上获取信息的重要手段,浏览网页前首先要知道所要打开网页的 URL 地址。常用方法有:

(1) 在 URL 地址栏中直接输入 URL 地址。如在地址栏中输入 http://www.chd.edu.cn 就可以打开长安大学的主页。

在地址栏中输入 URL 地址时,可以利用 Internet Explorer 的部分输入匹配特性,只要输入常用 URL 地址的某些关键字,Internet Explorer 就可以自动将 URL 地址填写完整。例如,要打开百度的主页可以在地址栏中输入"百度",然后按 Enter 键,地址会自动被填写为 http://www.baidu.com。

(2) 快速浏览网页。快速浏览网页主要用于再次打开已经打开过的网页。常用的操作方法有:

① 利用地址栏右侧的下箭头打开,在常用地址列表中选择要打开网页的 URL 地址, 如图 3-40 所示。

图 3-40　利用地址栏快速打开网页

② 使用"后退"、"前进"按钮。
③ 使用"历史记录"功能。
④ 使用"收藏夹"功能。

### 2. 收藏夹的使用

上网时经常会遇到一些自己喜欢或有用的网页,而且希望保留网址以便能再次访问, 就可以把该网址收入收藏夹。将需要的网址添加到收藏夹,具体操作步骤如下:

(1) 打开要保留网址的网页。

（2）单击工具栏上的"收藏夹"按钮，打开"收藏夹"窗格，如图 3-41 所示。

图 3-41　Internet Explorer 中的收藏夹窗格

（3）在"收藏夹"窗格中单击"添加"按钮，打开"添加到收藏夹"对话框，如图 3-42 所示。

图 3-42　"添加到收藏夹"对话框

（4）添加名称，单击"确定"按钮就可以把该网页的网址加入收藏夹。

对于已经过时的或不感兴趣的网址可以删除。操作步骤是在"收藏夹"窗格中右击要删除的网址，在弹出的快捷菜单中选择"删除"命令。

**3. 脱机浏览**

脱机浏览是在不连接因特网的状态下仍可以在 IE 中浏览已经事先下载并保存在计算机本地硬盘中的网页。使用"文件"→"脱机工作"命令在脱机浏览和在线浏览状态之间转换。脱机方式浏览网页可以节省上网的费用。

## 3.6.3　网页和网页中图片的保存

浏览网页时常常想要将感兴趣的内容保存下来，IE 提供了强大的功能，它不仅可以保存整个网页，而且还可以保存其中的部分元素，如图片、视频或超链接等。

**1. 保存整个网页**

使用"文件"→"另存为"命令打开"另存为"对话框，或使用快捷菜单中的"目标另存"

　计算机应用基础

命令,指定文件存放的路径和文件名,选择文件类型为"网页",单击"保存"按钮即可,如图 3-43 所示。

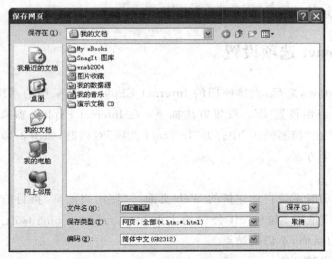

图 3-43  "保存网页"对话框

保存的网页通常包含一个 HTML 文件和一个文件夹,其中文件名为"指定的文件名.HTM",文件夹的名字为"指定文件名.FILES"。双击网页文件的图标就可以脱机浏览该网页了。

**2. 保存网页中的图片**

要保存网页中某张图片可以用下面的方法操作:在网页中右击要保存的图片,在弹出的快捷菜单中选择"图片另存"命令,指定好图片保存的路径和文件名,单击"确定"按钮即可,如图 3-44 所示。

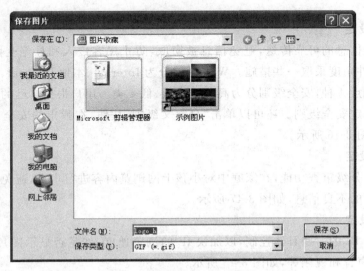

图 3-44  "保存图片"对话框

**3. 打印网页**

打印网页的操作步骤如下：打开要打印的网页，使用"文件"→"打印"命令，在"打印"对话框中设置必要的打印参数，单击"确定"按钮。

## 3.6.4 Internet 选项设置

安装了 Windows 之后，直接使用的 Internet Explorer 是采用的系统默认设置，用户可以根据需要和习惯设置 IE。设置方法如下：在 Internet Explore 窗口中选择"工具"→"选项"命令，或者在"控制面板"中打开"Internet 选项"对话框，如图 3-45 所示。主要的设置内容有以下几个方面。

**1. 主页**

设定每次启动时系统自动连接的 Web 页面。"使用当前页"指目前浏览器显示的页面；"使用默认页"是指 Microsoft 公司的主页 http://home.microsoft.com；"使用空白页"是指显示空白页面，不访问站点。

**2. Internet 临时文件**

上网浏览的各种文件都存在本机的一个临时文件夹中。当用户再次浏览时 IE 会先检查这些信息资源是否被修改，如未修改则直接从该文件夹中调出，否则直接访问站点获取最新信息。当然，也可使用"刷新"按钮刷新当前页面内容。在这里可以删除临时文件，也可以做一些设定。

**3. 历史记录**

在 History 文件夹中包含已访问页的连接，将临时文件和历史记录结合起来就可以实现脱机浏览。注意，设置的"网页保存在历史记录中的天数"越大，占用的硬盘空间也就越多。

**4. 安全设定**

为了保证信息的可靠传送，避免信息被窃取，防止黑客侵入和杜绝受限站点的访问等，可以从软件角度采取一些措施。Web 区域分为 Internet、本地 Internet、可信任的站点和受限制的站点 4 种，安全级别分为高、中、中低、低 4 类。用户根据自己的要求拖动滑块到指定位置确定安全级别。还可以单击"自定义级别"按钮，在弹出的安全属性对话框中自行设定，如图 3-46 所示。

**5. 内容设定**

主要利用分级审查功能，在家庭中对小孩上网浏览内容进行审查，避免暴力、裸体、性和语言等方面的不良信息，如图 3-47 所示。

**6. 高级设定**

主要是对 IE 的一些具体控制，以加快 IE 的浏览速度，如是否显示图片，是否播放动画，是否播放声音和视频等，如图 3-48 所示。

计算机应用基础

图 3-45　"Internet 选项"对话框

图 3-46　"Internet 选项"对话框中的"安全"选项卡

图 3-47　"Internet 选项"对话框中的
"内容"选项卡

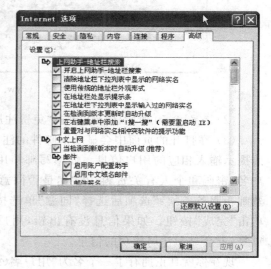

图 3-48　"Internet 选项"对话框中的
"高级"选项卡

# 3.7　电子邮件的收发与管理

## 3.7.1　申请电子邮箱

免费电子邮箱是因特网的重要组成部分,各大门户网站纷纷推出自己的免费电子邮件服务,目前在国内免费的电子邮箱服务商有网易(163)、搜狐(SOHU)和新浪(Sina)等。

下面介绍如何申请 TOM 免费中文电子邮箱,不同的网站申请的过程略有差异。

（1）打开 www.tom.com 的主页,单击"免费邮箱"按钮,免费邮箱页面如图 3-49 所示。

图 3-49　www.tom.com 的主页

（2）在图 3-50 所示区域上单击"免费注册"按钮。

（3）在打开的页面中会显示出邮件的注册向导,按照提示输入相应的用户信息。如填写邮箱用户名的用户名、密码和个人有关资料,在"你是否同意《TOM 免费邮箱服务条款》"选项后选择"同意"单选按钮。然后单击"完成"按钮。如果信息没有出错,用户名也没有重复,就会显示注册成功的信息。

现在你就真正拥有了一个名为"用户名@tom.com"的电子邮箱,可以直接在网上通过 E-mail 软件进行收、发邮件,阅读邮件了。不过,一定要牢牢记住申请时输入的用户名称和密码。

图 3-50　注册免费邮箱

## 3.7.2　邮件的创建和发送

### 1. 用浏览器收发 E-mail

申请到免费邮箱后,用户可以利用浏览器收、发邮件,这是一种在线收发的方式。下面以 TOM 邮箱为例介绍用 IE 发送邮件的过程,不同的网站发送过程略有差异。

（1）首先打开 www.tom.com 网站,然后单击"免费邮箱"按钮,在提示处输入申请免费邮箱时设定的用户名以及密码,系统判断无误后进入自己的邮箱窗口。

(2) 打开自己的邮箱后单击"写邮件"按钮,如图 3-51 所示。

图 3-51　发送邮件

(3) 在"写邮件"窗口中填写"收件人"的电子邮箱地址、主题和信的内容。

(4) 如果需要添加附件,可单击"添加附件"按钮,在出现的"插入附件"对话框中指明附件的位置和文件名,单击"附加"按钮。

(5) 返回"写邮件"窗口,单击"发送"按钮便可将邮件发送出去了。

**2. Outlook Express 简介**

Outlook Express 是随 Windows 一起发行的、使用人数较多的一个电子邮件系统,其工作界面如图 3-52 所示。

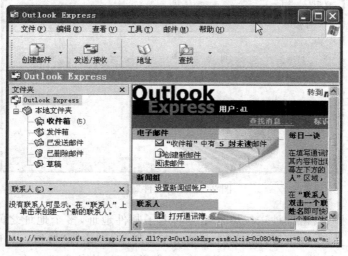

图 3-52　Outlook Express 窗口

要使 Outlook Express 能够正确接收邮件,在使用前必须要创建电子邮件账号,可以通过两种方法设置账号。

方法一:在第一次启动 Outlook Express 时,通过"Internet 连接向导"创建邮件账号。

方法二:在 Outlook Express 的窗口中选择"工具"→"账号"命令,打开"Internet 账号"对话框,选中"邮件"选项卡,单击"添加"按钮,选中"邮件",然后进入"Internet 连接向导"对话框,根据向导提示输入下列内容:

(1)输入姓名,如"Liu xinhua"。单击"下一步"按钮。

(2)输入电子邮件地址。选中"我想使用一个已有的电子邮件地址"单选按钮,然后在电子邮件地址栏输入 E-mail 地址,例如 liuhua@tom.com。然后单击"下一步"按钮。

(3)电子邮件服务器名。假如你是 www.tom.com 网站的邮箱,那么在接收邮件服务器名文本框中输入 pop3.tom.com,发送邮件服务器名的文本框中输入 smtp.tom.com。单击"下一步"按钮。

(4)Mail 登录。将 ISP 提供的账号名和密码分别输入账号名和密码文本框内。单击"下一步"按钮。

(5)完成。单击"完成"按钮。账号添加成功后,在"Internet 账号"对话框的"邮件"选项卡中便列出刚才添加的 E-mail 账号。然后就可以接收或发送邮件了。

### 3. 用 Outlook Express 发送邮件

单击工具栏上的"创建邮件"按钮或选择"文件"→"新建"→"邮件"命令,打开"新邮件"窗口,如图 3-53 所示。

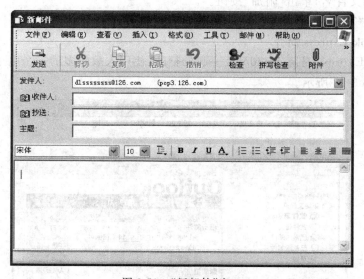

图 3-53 "新邮件"窗口

在收件人、抄送、密件抄送栏填入相应的电子邮件地址,多个地址之间用逗号或分号隔开,并填写好主题,如果要添加附件可单击工具栏上的"附件"按钮。然后在窗口下边输入邮件的具体内容,待完成后检查无误,单击"发送"按钮将信发送出去。

#### 4. 邮件的回复与转发

当要给收到的某一封邮件写回信时,可单击"回复作者"按钮,在回复窗口写回信,并且原信也一同发出。如果不想在回信时将原信一同发出,可以选择"工具"→"选项"命令,在打开的对话框中选择"发送"选项卡,取消对"回复时包含原邮件"复选框的勾选,则发送时不会将原信一同发出。在回复时不需要填写收件人地址。

当需要将某一封信推荐给别人时可以使用转发功能。单击"转发"按钮,在转发窗口中填写好电子邮件地址,而不用填写邮件内容就可以发送。

正在撰写的或者暂时不发的邮件可以选择"文件"→"保存"命令,保存在"草稿"文件夹中,下次再继续编写时从"草稿"文件夹中双击要继续编写的邮件即可。

### 3.7.3 邮件的接收与阅读

#### 1. 接收邮件

当每次启动 Outlook Express 的时候,如果网络处于连接状态,它会自动与电子邮件服务器建立连接并下载所有新邮件,用户也可以随时单击工具栏上的"接收/发送"按钮。在窗口的右边显示收件箱的所有信件目录,看过的信件加粗显示。如果不想在启动 Outlook Express 时接收和发送邮件,可以选择"工具"→"选项"命令,在打开的"选项"对话框中取消对"启动时发送和接收邮件"复选框的勾选。

#### 2. 阅读邮件

在收件箱信件目录中单击要阅读的信件,在屏幕右下部分显示窗口中阅读信件内容;或者双击要阅读的信件,打开一个新窗口显示邮件内容。

如果在浏览器中阅读邮件,需要先打开邮箱,然后单击"收件箱"按钮,在收件箱窗口中可以看到所收到邮件的列表,双击要看的邮件名称就可以阅读邮件了。

### 3.7.4 通讯簿的使用与管理

通讯簿的作用就是存储有关联系人的信息,可以使用 Outlook Express 方便地检索联系人,或者在需要输入某些人的 E-mail 地址时可以方便地从通讯簿中选择,另一个好处是可以完成组发,即在收信人地址栏中输入一个组的名字就可以同时将一封信发给组中的每一个人。

启动 Outlook Express 后,选择"工具"→"通讯簿"命令即可以打开通讯簿窗口,如图 3-54 所示。

利用通讯簿窗口可以新建联系人、修改联系人信息、删除联系人信息,还可以创建联系人组,即创建包含用户名的邮件组,可以在发送邮件时将收件人指定为联系人组而不是某一个收件人,这样就可以将邮件发送给这个组的每一个人而不需要填写每个人的 E-mail 地址。建立的方法是单击"新建"按钮,在下拉列表中选择"新建联系人"或"新建组",就会打开相应的对话框,在对话框中完成相应的设置即可。图 3-55 所示就是"新建组"对话框。

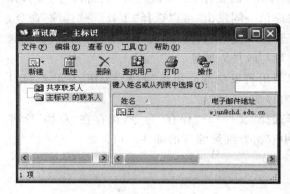
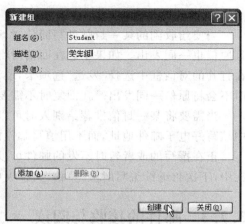

图 3-54　通讯簿窗口　　　　　　　　　　图 3-55　"新建组"对话框

# 3.8　文件下载

Internet 有一种服务器称为文件传输服务器,这种服务器上存放着很多共享软件,供使用 FTP 协议的用户下载。下载是指将用户所需要的信息和数据从服务器传输到本地客户端上。相反,上传就是用户将信息或数据从客户端传输到服务器中。文件下载一般可通过命令行方式、浏览器方式或客户端方式来完成。

## 3.8.1　使用浏览器下载文件

使用浏览器的下载功能可以很方便地完成文件的下载,可以从任何一个服务器上下载文件,并且无须安装任何软件,而且大多数浏览器都带有断点续传和下载管理功能。使用浏览器下载软件的步骤如下:

（1）打开浏览器,查找到想要下载的文件,如图 3-56 所示。

（2）在 IE 窗口中单击下载超链接,打开文件下载对话框,如图 3-57 所示。

（3）在打开的对话框中单击"保存文件"按钮,浏览器会在后台自动开始下载过程。用户可通过选择"工具"→"下载"命令打开下载管理器,如图 3-58 所示。在下载管理器中可查看下载进度、移除、暂停或重新开始下载过程。下载完成后在下载条目上单击鼠标右键,可通过弹出的快捷菜单打开下载文件或打开其所在的文件夹等。

## 3.8.2　使用客户端下载文件

FileZilla 是一个免费开源的 FTP 客户端软件,具备所有的 FTP 软件功能。直观的操作界面和管理多个站点的简化方式使得 FileZilla 成为一个方便高效的 FTP 客户工具。

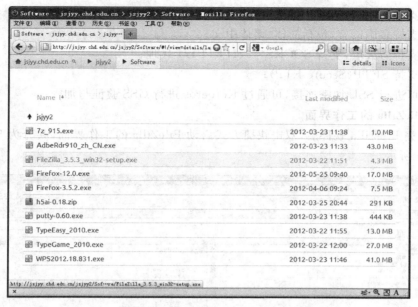

图 3-56　浏览要下载的文件

图 3-57　文件下载对话框

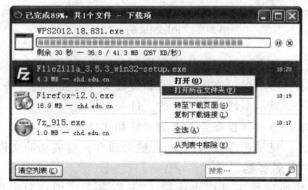

图 3-58　下载管理器

## 1. FileZilla 的功能

FileZilla 作为一个跨平台、多语言、快速稳定的 FTP 客户端软件,具有以下功能:

(1) 方便的站点管理;

(2) 支持断点续传;

（3）支持拖放操作，可以排队进行上传、下载；

（4）支持多国语言，包括简体、繁体中文；

（5）支持防火墙，支持 SOCKS4/5、HTTP1.1 代理；

（6）支持 SFTP（Secure FTP）；

（7）可进行 SSL 加密连接，可通过 Kerberos 进行 GSS 验证与加密。

**2. FileZilla 的工作界面**

安装完 FileZilla 软件后，双击快捷方式启动 FileZilla 的工作界面，共分为 5 个区域，如图 3-59 所示。

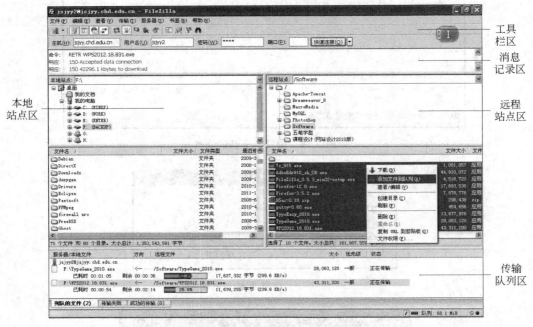

图 3-59　FileZilla 的工作界面

（1）工具栏区。由基本工具栏和快速连接工具栏组成，用于快速完成某项任务。

（2）消息记录区。用于显示连接服务器和传输文件过程中的一些交互消息。

（3）本地站点区。显示本地计算机上的文件和文件夹。

（4）远程站点区。显示远程服务器上的文件和文件夹。

（5）传输队列区。显示正在排队传输、传输失败和传输成功的文件。

**3. 快速连接 FTP 服务器**

用户可以使用快速连接工具栏来连接 FTP 服务器。用户只需要填入想要连接的 FTP 服务器的地址、用户名和密码，单击"快速连接"按钮即可，如图 3-60 所示。登录 FTP 服务器成功以后，就可以使用 FTP 客户端进行文件的上传和下载了。

图 3-60　快速连接工具栏

　　　　　　　　计算机应用基础

**4．上传文件**

使用 FileZilla 向 FTP 服务器上传文件的步骤如下：

（1）在本地站点面板上选择包含想要上传的文件的文件夹，即本地源文件夹。

（2）在远程站点面板上选择想要存放文件的服务器文件夹，即远程目的文件夹。

（3）在本地源文件夹中选择一个或多个目标，将其拖动到远程目的文件夹中。

做完这些操作以后，那些想要上传的文件此时将被添加到窗口底部的传输队列中，而且很快就会消失不见，这是因为这些文件已经被传送到了服务器上。传送到服务器上的文件将会立即显示在右侧的远程站点区域相应的文件夹中。

如果不想使用拖放操作来完成上传操作，也可以在本地源文件或文件夹上单击鼠标右键，从弹出的快捷菜单中选择“上传”命令；或者直接双击本地源文件。

**5．下载文件**

下载文件或完整的文件夹的方法与上传操作非常类似，唯一的区别就是拖放的方向不同，选择文件下载时是从远程服务器上拖放文件或文件夹到本地计算机上。当然，也可以在右侧的远程区域使用右键快捷菜单或直接双击文件的方式来快速开始文件下载。

那些想要下载的文件此时将被添加到窗口底部的传输队列中，而且很快就会消失不见，这是因为这些文件已经从服务器上下载到了本地计算机，下载的文件将会立即显示在左侧本地站点区域相应的文件夹中。

**6．使用站点管理器**

FileZilla 提供一个站点管理器用来管理常用的 FTP 服务器。用户可以将经常使用的服务器信息添加到站点管理器中，以便更加容易地再次连接到该服务器上。选择“文件”→“站点管理器”命令，打开“站点管理器”对话框，如图 3-61 所示。

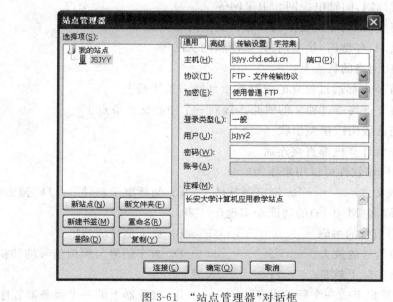

图 3-61　“站点管理器”对话框

在"站点管理器"对话框中创建一个新站点并设置相关信息,当下一次想再次连接到这个服务器时,只需要简单地从"站点管理器"对话框中选择该服务器的名字,然后单击"连接"按钮即可。

# 习题 3

**一、选择题**

1. 计算机网络最突出的优点是( )。
   A. 存储容量大　　　　B. 资源共享　　　　C. 运算速度快　　　　D. 运算结果精

2. 常用的通信有线介质包括双绞线、同轴电缆和( )。
   A. 微波　　　　　　　B. 线外线　　　　　C. 光纤　　　　　　　D. 激光

3. 局域网常用的网络拓扑结构是( )。
   A. 总线型、星型和环型　　　　　　　　B. 总线型、星型和树型
   C. 总线型和环型　　　　　　　　　　　D. 星型和环型

4. 局域网的网络硬件主要包括网络服务器、工作站、( )和通信介质。
   A. 网络协议　　　　　B. 网卡　　　　　　C. 网络拓扑结构　　　D. 计算机

5. 将普通计算机连入网络中,至少要在该计算机内增加一块( )。
   A. 网卡　　　　　　　B. 通信接口　　　　C. 驱动卡　　　　　　D. 网络服务器

6. 按网络的地理覆盖范围进行分类,可将网络分为( )。
   A. 局域网、广域网和因特网
   B. 双绞线网、同轴电缆网和卫星网等
   C. 电路交换网、分组交换网和综合交换网等
   D. 总线网、环型网、星型网、树型网和网状网等

7. 星型结构网络的特点是( )。
   A. 所有节点都通过独立的线路连接到同一条线路上
   B. 所有节点均通过独立的线路连接到一个中心交汇节点上
   C. 其连接线构成星型形状
   D. 每一台计算机都直接连通

8. FTP 客户端软件可以用来作为( )。
   A. 下载文件　　　　　B. 浏览器软件　　　C. 阅读电子邮件　　　D. 搜索引擎

9. 调制解调器(Modem)的功能是实现( )。
   A. 数字信号的编码　　　　　　　　　　B. 数字信号的整形
   C. 模拟信号的放大　　　　　　　　　　D. 数字信号与模拟信号的转换

10. 浏览器实际上就是( )。
    A. 计算机上的一个硬件设备　　　　　　B. 服务器上的一个服务器程序
    C. 用于浏览 WWW 的客户程序　　　　　D. 专门收发 E-mail 的软件

二、填空题

1. 搜索引擎是在 Internet 上执行信息搜索的专门_____。

2. 在 Outlook Express 的"通讯簿"中可创建联系人组,好处是可以选择_____作为邮件的发送对象,而不必为同组中的每个联系人单独发送邮件。

3. 个人计算机接入 Internet 的主要方式是_____。

4. 将文件从 FTP 服务器传输到客户端的过程称为_____。

5. WWW 信息是以页面的形式构成与链接的,页面是由_____编写成的。

6. 117.113.212.19 属于_____类 IP 地址,其主机号为_____。

7. Internet 提供的最基本的服务有_____。

8. 若想从 Internet 下载文件,既可以通过_____下载,也可使用专门的_____下载。

9. Internet 所遵循的基本协议是_____。

10. Internet 中的 IP 地址由_____和_____两部分组成。

三、思考题

1. 什么是计算机网络?

2. 按照网络的覆盖范围划分,网络分为哪几类?

3. 计算机网络的拓扑结构有哪几种? 各有什么特点?

4. 什么是信号、信道、信道带宽和数据传输速率?

5. 数据传输方式有哪几种? 各有什么特点?

6. 什么是多路复用? 目前常见的多路复用技术有哪些?

7. 什么是数据交换? 目前常见的数据交换方式有哪些?

8. 什么是网络体系结构? 什么是 OSI 网络参考模型?

9. 网络互联设备都有哪些? 有何功能? 分别工作在哪些层次?

10. 简述以太网的工作过程。

11. 什么是 Internet? Internet 提供了哪些服务?

12. 什么是 TCP/IP 协议?

13. 什么是 IP 地址? IP 地址由哪两部分构成? 分为哪几类?

14. Internet 中,一台计算机的域名与 IP 地址有什么关系? 为什么?

15. 简述使用 ADSL 接入 Internet 的过程。

16. 什么是代理? 有什么作用?

17. 什么是 WWW? 什么是 HTML?

18. 什么是统一资源定位符? 由哪几部分组成? 有什么作用?

19. 什么是电子邮件? 为什么可以把一封电子邮件送到世界上任何一个角落的计算机中?

20. 什么是 FTP? 什么是主动模式和被动模式?

四、操作题

1. 小李每次启动 IE 浏览器时,系统总是自动打开微软的主页 home.microsoft.com,为什么? 若小李想每次启动浏览器时自动打开 www.163.com 网站主页,应如何操作?

2. 使用搜索引擎在因特网上查找有关"全国计算机等级考试"的相关内容。

3. 请在网上查找一幅茉莉花的图片,并以 flower 为名保存在自己的 USB 盘上。

4. 请给你的朋友发一个主题为"问候"的电子邮件,并将你所在学校的照片寄给他。

5. 想一想怎样给你的中学同班的同学们发一个有关同学会的通知,怎样发送最简单?

6. 使用 FTP 客户端软件登录课程网站,并练习上传和下载文件。

# 第 4 章 文字处理软件
## ——WPS 文字

WPS(Word Processing System,文字编辑系统)是金山软件公司的一种办公软件。最初出现于 1989 年,在微软 Windows 系统出现以前,DOS 系统盛行的年代,WPS 曾是中国最流行的文字处理软件,现在 WPS 最新正式版为 WPS 2012。而今 WPS 也不再是单一的文字处理软件,而是一个集多种功能于一身的办公套件了。此套件的显著特点是体积小,只有 40MB 左右,安装方便快捷。

WPS Office 2012 深度兼容微软 Office 各个版本(微软 Office 2003 到 2010),与微软 Office 实现文件读写双向兼容。同时,WPS Office 2012 无论是界面风格还是应用习惯都与微软 Office 完全兼容,用户无须学习就可直接上手。而且,WPS Office 2012 在安装过程中会自动帮用户关联 .doc、.xls、.ppt 等 Microsoft Office 文件格式,WPS 保存的默认格式也会被设置为通用格式。作为轻盈、便捷的免费软件,WPS Office 2012 让用户可以明显体会其带来的轻松与高效。

## 4.1 WPS 文字概述

WPS 文字是 WPS Office 办公组件之一。使用它可以编排出精美的文档、规整的工作报告和美观的书稿。可以这么说,几乎所有的文字编辑和处理工作它都能出色完成。最适合中文创作的先进文字工具,强大的图文排版,丰富的在线资源库,让用户的文档制作既专业又轻松。

### 4.1.1 WPS 文字的主要功能

通过 WPS 文字可以轻松快捷地编辑、美化和打印文档,它除了具备早期版本的功能外,还新增了一些功能。

(1) 丰富方便实用的素材模板库。它的素材库贴心方便灵活,可以随时随地地将网页及 WPS 文档中的文字、图片等内容添加到素材库中。

(2) 非常实用的"八爪鱼"功能。激活八爪鱼功能后,可以非常简捷地设置全方位的段落缩进。

（3）文档多标签页显示功能。多标签文档浏览，依照时下流行的浏览器多标签页面模式处理多文档十分方便。

（4）文档即时同步。文档的即时同步是利用金山公司的明星产品金山快盘，只要使用同一账号，无论在何处都可以即时同步地对同一文件进行操作，省去了 U 盘带来的不便。

（5）PDF 功能。可以直接阅读和输出 PDF 文件。

## 4.1.2　WPS 文字的启动和退出

### 1. WPS 文字的启动

启动 WPS 文字的方法很多，下面介绍几种常用的方法。

方法一：双击桌面上的 WPS 文字快捷方式图标可以快速启动，如图 4-1 所示。

方法二：从"开始"菜单中进入。

方法三：双击任一 WPS 文字文档图标。这种方式与前两种方式的不同之处在于这种方式在打开 WPS 文字窗口的同时打开该图标所代表的 WPS 文字文档。

### 2. WPS 文字的退出

退出 WPS 文字即关闭 WPS 文字的窗口，因此只要能够关闭窗口的方法都可以退出 WPS 文字（有关关闭窗口的方法参见第 2 章）。

提示：当用户在退出 WPS 文字之前没有保存已修改好的文档，在退出 WPS 文字时系统会弹出一个对话框，如图 4-2 所示，询问用户是否保存对文档的修改。要保存对文档的修改并退出，单击"是"按钮；不保存对文档的修改但是退出 WPS 文字，则单击"否"按钮；单击"取消"按钮不保存也不退出，仍然返回 WPS 文字工作窗口。

图 4-1　WPS 文字快捷图标

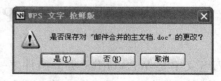

图 4-2　退出 WPS 文字时的对话框

## 4.1.3　WPS 文字的工作窗口

启动 WPS 文字后，就可以进入全新的 WPS 文字工作界面。界面主要包括功能选项卡、功能区、文档标签栏、标尺、工作区和状态栏等，如图 4-3 所示。

### 1. 工作区

工作区即 WPS 文字文档的编辑区，是 WPS 文字窗口的主要部分，在工作区中可以对当前打开的 WPS 文字文档进行编辑操作。在 WPS 文字文档编辑区可看到一个不停闪烁的竖条，称之为插入点，其作用就是指出下一个键入字符的位置。

功能选项卡
功能区
文档标签栏
标尺
工作区
状态栏

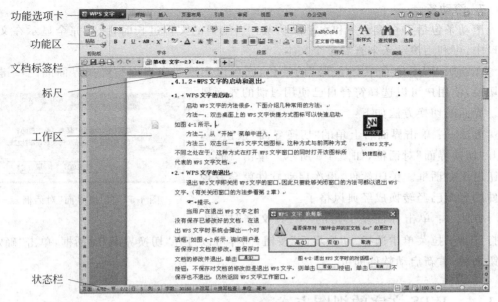

图 4-3　WPS 文字的工作界面

**2．功能选项卡栏**

在 WPS 文字中按照功能的不同进行分类，由选项卡选择。其中主要包括"WPS 文字"按钮、开始、插入、布局和引用等，如图 4-4 所示。

图 4-4　WPS 文字的选项卡栏

单击"WPS 文字"按钮可以打开下拉菜单，其中的内容主要包括对文件的操作命令，类似于日期版本的"文件"菜单。

**3．功能区**

功能区中按类别放置了一些常用的命令按钮，用户在操作中可以通过选项卡选择需要的类别后，直接单击相应的按钮来执行操作。

**4．文档标签栏**

文档的标签栏类似于 IE 的页标签，可以方便地切换已打开的文档。

提示：在标签栏的左侧通常放置着几个常用的工具按钮，如"打开"、"保存"和"撤销"等。

**5．标尺**

标尺分为水平和垂直标尺。利用标尺可以方便地完成文本的缩进、设置页边距以及调整表格宽度和高度等操作。标尺的显示和隐蔽可以利用"视图/标尺"命令完成。

**6．状态栏**

状态栏用于显示文档的当前编辑状态。其中包含当前文档的总页数、当前页数、插入点的位置、视图的切换按钮以及显示比例调整滑条等。

**7. 滚动条**

滚动条包括垂直滚动条和水平滚动条。当编辑的文档过长时，无法完全显示在文档窗口中，可利用滚动条来查看整个文本。

在新版WPS中有一个"亮眼"的特色，它可以实现时尚界面与经典界面间的一键轻松切换，使用户可以选择符合自己使用习惯的界面风

格。界面的切换方法如下：

方法一：单击界面右上角的"切换界面"按钮 ，打开"切换界面"对话框，如图4-5所示。单击"确定"按钮退出对话框。关闭软件，再次启动软件就会发现软件的界面已经转换成经典风格了。

图4-5　"切换界面"对话框

方法二：单击界面左上角的"WPS文字"按钮，在打开的下拉菜单中选择"切换界面"按钮，同样可以打开"切换界面"对话框，单击"确定"按钮之后，重新启动软件即可。

## 4.1.4　WPS文字的视图方式

为了方便用户从不同的角度查看文档，WPS文字提供了4种视图，利用它们可以方便地浏览文档。

**1. 页面视图**

页面视图适用于概览整个文章的总体效果，这种视图是按物理纸张的格式显示文档内容。它可以显示出页面大小、布局，编辑页眉和页脚，查看、调整页边距，处理分栏及图形对象。页面视图是WPS文字的默认视图。

**2. Web版式视图**

此视图为图形状态，便于处理有着色背景、声音、视频剪辑和其他与Web页内容相关的编辑和修饰处理。Web视图中文档不分页，也没有左、右页边距。

**3. 大纲视图**

在大纲视图中能查看文档的结构，还可以通过拖动标题来移动、复制和重新组织文本，因此它特别适合编辑各种含有大量章节的长文档，能让用户的文档层次结构清晰明了，并可根据需要进行调整。在查看时可以通过折叠文档来隐藏正文内容而只看主要标题，或者展开文档以查看所有的正文。另外，大纲视图中不显示页边距、页眉和页脚、图片和背景，如图4-6所示。

**4. 打印预览视图**

打印预览方式下，文档显示为实际打印时的页面格式，只是按比例缩小而已。查看排版效果时，可以单页、多页和设定比例显示。

视图的切换方法：在"视图"功能区选择需要的视图方式，如图4-7(a)所示。也可以直接单击WPS文字窗口右下角的视图按钮，如图4-7(b)所示。

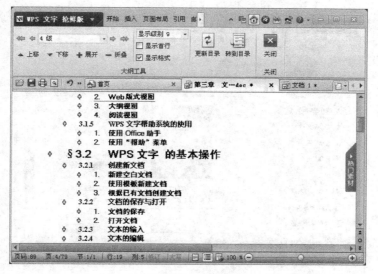

图 4-6　大纲视图

(a) 视图菜单　　　　　　　　(b) 视图按钮

图 4-7　视图方式的切换

# 4.2　WPS 文字的基本操作

## 4.2.1　创建新文档

在用户每次启动了 WPS 文字时,系统都会自动打开 WPS 文字的首页,如图 4-8 所示。在首页中 WPS 为用户准备了各式各样的模板,如报告总结、财务报表、人力资源、求职简历、文书公文、思想汇报和教学课件等,可谓应有尽有。WPS Office 2012 将全新的模板界面整合在了 WPS 的"首页"中,只要轻轻单击便可直接应用。

**1. 使用模板新建文档**

利用模板建立新文档可以起到事半功倍的作用。

打开 WPS 的首页可以方便地选择模板的分类以及具体模板的类型,如图 4-8 所示。也可以使用"WPS 文字"→"本机上的模板"命令调用模板。

**2. 新建空白文档**

单击"WPS 文字"按钮,在下拉菜单中选择"新建空白文档"命令,或按 Ctrl＋N 组合键可以直接建立一个新的空白文档。

图 4-8　WPS 首页

## 4.2.2　文档的保存与打开

文档的保存是一个十分重要的操作步骤,保存文档的实质是将当前文档的内容从内存储器存到外存储器中。用户编辑的每一个文档几乎都需要保存,但常常有一些初学者找不到自己保存的文档,因此在保存文档时要注意以下三个要素:

(1) 一定要指明文档的保存位置,即文档保存在哪个磁盘中。

(2) 文档的文件名,如果不指定文件名,则默认文档中的第一句话为文件名。

(3) 文件的保存类型,系统默认的文件类型为 WPS 文字文档,其扩展名为. DOC。

**1. 文档的保存**

一般情况下,可以用以下方法完成:

方法一:选择"WPS 文字"→"保存"命令或单击文档标签栏上的"保存"按钮。

方法二:选择"WPS 文字"→"另存为"命令。

方法三:如果同时编辑多个文档,也可以选择"WPS 文字"→"保存所有文档"命令,或右击文档标签,在弹出的快捷菜单中选择"保存所有文档"命令,可快速保存所有正在编辑的文档。

提示:"保存"与"另存为"的区别如下。

(1) "另存为"命令会打开图 4-9 所示"另存为"对话框,用以指明文档要保存的位置、文件名和文档类型。常常用于对已经保存过的文件进行换名或更换保存位置的操作。

(2) "保存"命令只有新建文档的保存才会出现"另存为"对话框。而对于已经保存过的文档不打开"另存为"对话框,只是将本次的修改按原来的位置存入原文档中。

(3) 在"另存为"对话框中,可以利用"新建文件夹"按钮 创建新文件夹。

(4) 文件也可以保存在 WPS 的快盘中,以实现多台机器同步和携带方便的特点。WPS

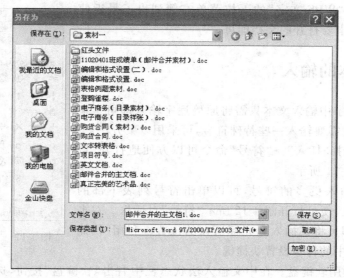

图 4-9　"另存为"对话框

的快盘必须先进行注册才可以使用。

**2. 打开文档**

打开文档是指将文档从外存储器调入内存储器，并显示在 WPS 文字窗口中。如果要对已经保存的文档再次进行修改和编辑，首先要打开文档。打开文档的方法很多，常用的有以下几种方法：

方法一：选择"WPS 文字"→"打开"命令，或单击文档标签栏上的"打开"按钮![打开按钮]。执行该命令后会打开图 4-10 所示"打开"对话框，在"查找范围"下拉列表中找到相应的文档位置，然后在文件列表中选中要打开的文档，单击"打开"按钮即可。

图 4-10　"打开"对话框

方法二：在"WPS 文字"的下拉菜单右侧列出了最近使用过的文档，单击要打开的文档即可。

### 4.2.3　文本的输入

在 WPS 文字中输入文本只需将原稿逐字输入即可。在编辑文档时常常需要输入一些特殊符号，可采用以下方法：

方法一：选择"插入"→"符号"命令可以方便地打开"符号"列表，如图 4-11 所示。

如果想要输入更多的符号，可以单击符号列表下部的"其他符号"按钮，便可打开图 4-12 所示"符号"对话框。双击要输入的符号即可将其插入到光标所在的位置。利用"快捷键"按钮为所选中的符号设置快捷键。

图 4-11　"符号"工具栏

方法三：使用软键盘。在中文输入法状态栏中右击"软键盘"按钮，选择相应的软键盘类型，如图 4-13 所示。

图 4-12　"符号"对话框

图 4-13　软键盘类型

提示：在输入过程中应注意以下几点：

（1）文字输入时，只有在每个自然段输入完毕后才可以按 Enter 键，段落未到结尾时不可用回车键换行。

（2）尽量不要在输入文本的同时进行格式设置，一般应在文本输入完毕后进行格式设置。

### 4.2.4　文本的编辑

文本的编辑是对文档的文本进行修改、移动、替换、删除和添加等操作。这是用户在文件创建过程中很重要的一步。

**1. 选定文本**

Windows 环境下的软件都有一个共同的操作规律，即"先选定，后操作"。同样，在 WPS 文字中，无论是对文本进行修改，还是格式设置都必须先选中相应的文本。

选择文本可以在文本区选择，也可以在文本选定区选择。文本选定区在文本的左侧，当鼠标移到该区域后鼠标指针为右指向 ⇗。在不同区域选定文本的操作如表 4-1 所示。

表 4-1　用鼠标选定文本的方法

| 选 定 方 法 | 在 文 本 区 | 在 选 定 区 |
|---|---|---|
| 选定任意文本 | 按住左键拖动 | |
| 选定一个词 | 双击 | |
| 选定一行 | 按住左键拖动 | 单击所要选中的行 |
| 选定一个段落 | 在选定的段落中连续击左键三下 | 双击要选中的段落 |
| 选定全文 | 选择"编辑"→"全选"命令或按 Ctrl＋A 组合键 | 按住 Ctrl 键单击 |
| 延伸或缩短选中区 | 按住 Shift 键，在新的首(或尾)单击 | |
| 选定列块(矩形区域) | 按住 Alt 键，拖动鼠标 | |
| 选择不连续的文本 | 按住 Ctrl 键，在不连续的文本上拖动鼠标 | |

除了可以用鼠标选择文本外，还可以用键盘来选择文本。按住 Shift 键，同时连续按下方向键↑、↓、→和←便可以实现快速选择。

若要取消对文本的选择，在文本的任意位置单击鼠标或在键盘上按方向键。

**2. 文本的插入、删除和修改**

文本的编辑有两种方式：插入方式和覆盖方式。如果状态栏上"改写"按钮为灰色则为插入方式，此方式下从键盘上输入的文字会插入到光标的位置。如果"改写"按钮为黑色则为覆盖方式，此方式下输入的文字会覆盖光标后面的字符。双击"改写"按钮或按 Insert 键可以切换两种方式，如图 4-14 所示。

| 页码:94 | 页:9/69 | 节:1/1 | | 行:28 | 列:1 | 修订 | 大写 | 数字 | 改写 | 拼写检查：打开 | 单位：毫米 |

图 4-14　文字状态栏

键盘上有两个键可以删除字符：Delete 键和 Back Space 键，Delete 键可以删除光标右侧的一个字符，Back Space 键可以删除光标左侧的一个字符。如果要删除大段文本，则要先选定这些文本，直接按 Delete 键。

提示(段落的合并与拆分)：

(1) WPS 文字中回车符是段落的结束标志，在屏幕上显示为"↵"。如果在要分段的字符前插入回车就会将一段文本从此位置分为两段。如果要将两段合并为一段，则只需删除第一段的结束标志"↵"。

(2) 如果屏幕上不显示段落结束符时，可以单击"开始"→"显示段落标记"按钮 ⤴。

**3．撤销错误的操作**

当用户做了某个错误的操作时，可以单击"文档标签"栏上的"撤销"按钮 。

**4．文本的复制和移动**

如果要在同一窗口中复制或移动文本，常常使用下面的方法。

方法一：选定要复制或移动的文本后，移动文本就直接用
鼠标拖动到目标处；复制文本则需在拖动的同时按住 Ctrl 键。

方法二：选定要复制或移动的文本后，按下鼠标右键拖动，
到目标处后释放右键将弹出图 4-15 所示的快捷菜单，根据需要
选择菜单中的相应命令。

图 4-15　右键拖动菜单

在一个文档的不同页之间或在不同的文档之间复制或移动
都可以使用剪贴板。选定要复制或移动的文本，移动文本使用"剪切"命令，复制文本使用
"复制"命令，然后再将光标移动到目标处；执行"粘贴"命令。

提示：剪贴板的使用。

常用的剪贴板操作有三种：剪切、复制和粘贴。剪切是将选定的内容移动到剪贴板；
复制是将选定的内容复制到剪贴板；粘贴是将剪贴板的内容复制
到光标当前的位置。通常情况下剪切和粘贴的搭配使用可以实现
文本移动的操作；复制和粘贴的搭配使用可以实现文本的复制
操作。

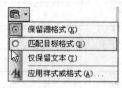

图 4-16　"粘贴选项"
下拉菜单

"粘贴"操作完成后，会在粘贴内容的右下方显示"粘贴选项"
按钮，单击会出现"粘贴选项"下拉菜单，如图 4-16 所示，用户
可以根据需要选择不同的选项。

剪切、复制和粘贴可以用表 4-2 中的方法来实现。

表 4-2　剪切、复制和粘贴的操作方法

| 操作方法<br>操作类型 | 单击"开始"功能区 | 在快捷菜单中选择 | 快　捷　键 |
|---|---|---|---|
| 剪切 | ✂ | 剪切 | Ctrl＋X |
| 复制 | 📋 | 复制 | Ctrl＋C |
| 粘贴 | 📋 | 粘贴 | Ctrl＋V |

**例 4-1**　用户正在编辑两篇 WPS 文字文档，分别为"文档 A"和"文档 B"。现在需要
将"文档 A"中的第 3 段移动到"文档 B"的第 2 段后，写出操作步骤。

操作步骤：

（1）选中"文档 A"中的第 3 段。

（2）单击"开始"功能区的"剪切"按钮，或按 Ctrl＋X 组合键。

（3）单击"窗口"菜单，选中"文档 B"，将光标移至文档 B 的第 2 段后。

（4）单击"开始"功能区的"粘贴"按钮，或按 Ctrl＋V 组合键。

**5．查找与替换**

查找操作用来在文档中查找指定内容，并将光标定位到此处。替换用来自动替换文

本中指定的内容,替换时不仅可以替换文字内容,还可以替换文字的格式或对特殊符号进行替换。

使用"开始"→"查找"或"开始"→"替换"命令,如图 4-17 所示,打开"查找和替换"对话框,如图 4-18 所示,依据提示便可完成想要的查找和替换操作。下面通过一个实例来说明替换功能的使用方法。

图 4-17　打开"查找"→"替换"对话框的命令

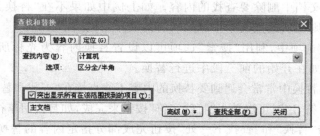

图 4-18　"查找和替换"对话框

**例 4-2**　将下面文档中的"计算机"替换成"电脑",并将替换后的文字"电脑"设置为红色。

计算机的巨型化并不是指机器的体积巨大,而是指它具有特别强大的功能,非常大的容量、极快的运行速度。主要用来发展高、精、尖的科学技术事业,如导弹研究、航天航空飞行器设计等。巨型计算机的发展标志着计算机的研究水平,象征着一个国家的科学技术实力。

操作步骤:

(1) 选择"开始"→"查找"命令,打开"查找和替换"对话框,如图 4-18 所示。

(2) 在"查找内容"下拉列表框中输入文字"计算机",然后选中"突出显示所有在该范围找到的项目"复选框。选择主文档,然后单击"查找全部"按钮,查找结果如图 4-19 所示。

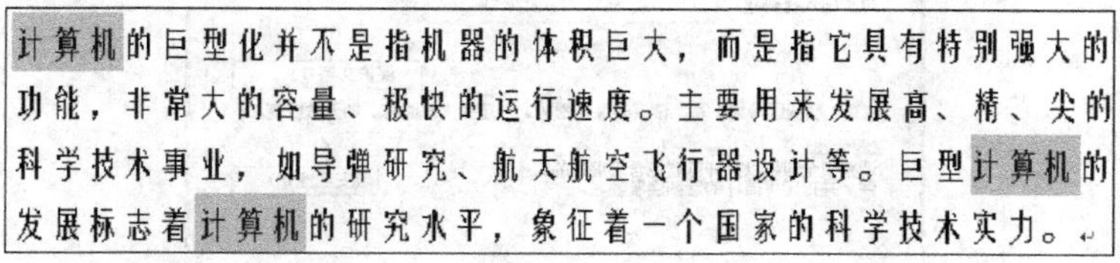

> 计算机的巨型化并不是指机器的体积巨大,而是指它具有特别强大的
> 功能,非常大的容量、极快的运行速度。主要用来发展高、精、尖的
> 科学技术事业,如导弹研究、航天航空飞行器设计等。巨型计算机的
> 发展标志着计算机的研究水平,象征着一个国家的科学技术实力。

图 4-19　突出显示的查找结果

(3) 使用"开始"功能中的文字颜色按钮 **A** ▾,将选定内容的颜色设为红色。

(4) 选择"替换"选项卡,在"替换为"下拉列表框中输入"电脑",如图 4-20 所示。

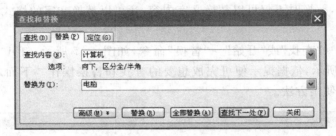

图 4-20　"替换"选项卡

（5）单击"全部替换"按钮就可以完成上述的替换任务。

提示：如果只在"查找内容"下拉列表框中输入内容，而"替换为"下拉列表框中不输入内容，则会从该文档中删除要查找的内容。如上例中如果不在"替换为"下拉列表框中输入文字"电脑"，则会从这段文本中删除所有的文字"计算机"。

（1）在"高级"选项中，利用"搜索"选项可以设置替换内容为光标所在位置的前半部分或是后半部分，如在开始的前三段中进行替换。

（2）在对文本替换中常常会遇到要替换的内容不能直接在"查找和替换"对话框中输入或是一组特定的字符，这时可以单击"特殊字符"按钮来完成，如替换回车符或所有的数字。

（3）可以单击"替换"和"查找下一处"按钮完成部分指定内容的替换。

## 4.2.5　文档的保护

为了安全，可以给文档设置打开和修改口令等安全设置。设置密码的方法是选择"WPS 文字"→"文件加密"命令，在打开的"选项"对话框（如图 4-21 所示）中选择安全性选项卡，就可以进行安全性设置。

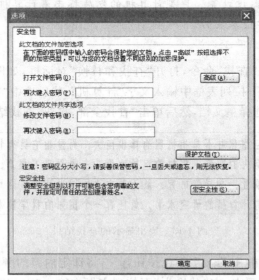

图 4-21　"选项"对话框

# 4.3 格式设置和排版

WPS文字排版是指对选定文字、图片等对象进行美化修饰。WPS文字提供了对文字的修饰功能。

## 4.3.1 文字格式的设置

WPS文字提供了丰富的字符格式,用户使用字符格式可使整个文本内容结构清晰、层次分明,阅读起来一目了然。文字格式设置通常是指对文字的字体、字号、颜色、添加下划线和字间距等格式的设置。下面介绍几种常用的设置方法。使用"字体"对话框和其他操作一样在设置字符格式前必须要先选定相应的文本,选择快捷菜单中的"字体"命令,或者单击字体功能组右下角的 按钮,如图4-22所示,打开图4-23所示"字体"对话框,在该对话框中选择相应的选项进行设置,即可得到想要的效果。

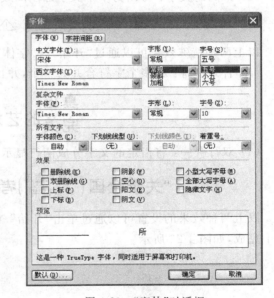

图4-22 打开"字体"对话框　　　　图4-23 "字体"对话框

**1. 使用"开始"功能中的"字体"组按钮**

利用"开始"→"字体"功能按钮,如图4-24所示,可以方便地对文字格式进行设置。要想知道各按钮的名称,只要将鼠标指向该按钮就会自动显示出来。

提示:

(1)"字号"用于设置文字的大小,共有两种表示方法:一种是汉字的字号,从初号到八号,

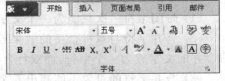

图4-24 "字体"组按钮

其中初号为最大，八号为最小。另一种是用阿拉伯数字表示的字号，其单位是"磅"，最小的磅值为 1，最大的为 1365，磅值越大文字就越大。如果想要使用字号列表中没有的磅值，可直接在字号列表框中输入。

（2）WPS 文字默认的字号是五号，默认的字体是宋体。

（3）要取消已经添加的下划线，需要先选定带有下划线的文字，单击"下划线"按钮 U·。

（4）利用 $X_2$ 和 $X^2$ 这两个按钮可以方便地设置上下角标，如 $X^2$。

（5）字符间距可以在"字体"对话框中的"字符间距"选项卡中设置，间距有三种：标准、加宽和紧缩。

**2. 中文的特殊效果修饰**

使用"开始"功能中的"字体"组中罗列的一些针对中文文字内容的特殊效果。

（1）拼音指南：用于为文档中某些文字添加拼音注释，例如：

zhēn zhèng wán měi de yì shù pǐn
**真正完美的艺术品**

（2）带圈的文字：可以为单个文字加圆圈或三角，例如：

⼤ 、 ⼩ 、 ⚠ 、 ③

以上两种特殊效果可以通过"开始"→"字体"组中的相应按钮完成，如图 4-25 所示。

（3）合并字符：将多个字符合并为一个，并且用两行显示，例如：

**真正**
**完美的艺术品**

（4）双行合一：将指定的文字分成两行显示，而且不影响其他的文字，例如：

**"关于全国（计算机应用/技术证书）考试的工作安排"**

以上两种效果的设置可以通过单击"开始"→"段落"组中的 A· 按钮在打开的下拉菜单中完成，如图 4-26 所示。

图 4-25　中文特殊字体效果设置

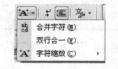

图 4-26　中文特殊段落效果

提示：中文版式使用的注意事项：

（1）带圈字符一次只能为一个文字设置。

（2）合并字符与双行合一的效果看起来是一样的，但实际上是有区别的：合并字符后合并的文字成为一个字符，而双行合一后的文字仍是独立的。

（3）合并字符的对象不能超出 6 个，而双行合一是无字符数限制的。

下面通过一个实例来说明如何对文字进行格式设置。

**例 4-3** 按下面的文本效果排序，具体要求如下。

(1) 将"真正完美的艺术品"的字体设置为隶书，加粗，字号为一号，字体颜色为红色，居中。

(2) 作者姓名为"佚名"，设置为带圈字符并居中。

(3) 将第 2 段最后一句加上波浪线下划线。

(4) 将第 2 段文字的字符间距设置为加宽 2 磅。

排版效果如下：

**真正完美的艺术品**

⊛⊗

法国著名雕塑家罗丹应法国作家协会之邀制作巴尔扎克雕像。巴尔扎克矮胖肚圆，罗丹为此伤透了脑筋。经过长时间的琢磨，他决定着力刻画这位作家精神的美，雕塑出一位"本质的人"。罗丹为这雕像整整花了七年的时间。

这真诚的赞美引起了罗丹的沉思，他猛然操起身边的一柄斧子，朝着塑像的双手砍去，一双"奇妙而完美"的手消失了，学生们都惊呆了！罗丹却平静地解释说："记住：一件真正完美的艺术品，没有一部分是比整体更重要的。"

操作步骤：

(1) 选中标题"真正完美的艺术品"，在"开始"→"字体"组（如图 4-27 所示）中选择"隶书"，在"字号"下拉列表中选择"一号"。单击"加粗"按钮 **B**，单击"字体颜色"按钮 **A·** 右侧的下箭头，在打开的颜色列表中选择"红色"，如图 4-28 所示。

图 4-27　字体格式工具栏

图 4-28　颜色列表

提示：在上述过程中，标题"真正完美的艺术品"一直都是选中的。

(2) 选中作者姓名中的"佚"在"开始"→"字体"组中的"带圈字符"按钮 ㉆，对名字中的"名"做同样的设置。

(3) 选中第二段的最后一句"一件真正完美的艺术品，没有一部分是比整体更重要的。"，在"开始"→"字体"组中单击"下划线"按钮 **U·** 右侧的下箭头，在打开的"下划线"列表中选择 ～～～～～ 就可以添加下划线了。

(4) 选中第二段文字，在"开始"→"字体"组中单击右下角的按钮 ⌐，打开"字体"对话框,在其中的"字符间距"选项卡(如图 4-29 所示)中选择"间距"为"加宽",磅值为 2 磅,单击"确定"按钮完成所有操作。

图 4-29 设置文字的字符间距

## 4.3.2 段落格式

段落格式的设置是文本格式设置的重要组成部分。WPS 文字中段落是指两个回车符之间的内容,每个段落结束处都会显示此标记。段落格式通常包括段落对齐方式、段落缩进、行距和分页设置等。

### 1. 段落的对齐方式

段落的对齐方式共有 5 种:两端对齐、居中对齐、右对齐、分散对齐和左对齐。各种对齐方式的效果如下所示。

**真正完美的艺术品**

右对齐

佚名

法国著名雕塑家罗丹应法国作家协会之邀制作巴尔扎克雕像。巴尔扎克矮胖肚圆,罗丹为此伤透了脑筋。经过长时间的琢磨,雕塑出一位"本质的人"。罗丹为这雕像整整花了七年的时间。

居中对齐

法国著名雕塑家罗丹应法国作家协会之邀制作巴尔扎克雕像。巴尔扎克矮胖肚圆,罗丹为此伤透了脑筋。经过长时间的琢磨,他决定着力刻画这位作家精神的美,雕塑出一位"本质的人"。罗丹为这雕像整整花了七年的时间。

两端对齐

Support Vector Regression is based on finite samples, so, the larger the size of the data set, the slower the regression speed. According to the approximate linear dependence condition, we can build simplification of vector set for decreasing the amount of support vectors in online SVR. In the other words, it operates online and the solution maintained is extremely sparse. This method improves the speed of training and testing.

左对齐

Support Vector Regression is based on finite samples, so, the larger the size of the data set, the slower the regression speed. According to the approximate linear dependence condition, we can build simplification of vector set for decreasing the amount of support vectors in online SVR. In the other words, it operates online and the solution maintained is extremely sparse. This method improves the speed of training and testing.

提示：对齐方式的比较：

（1）如果一个段落的文字多于一行，应从最后一行观察该段落的对齐方式。

（2）通常标题使用居中对齐，落款使用右对齐方式。

（3）两端对齐和左对齐的区别在于两端对齐方式中的最后一行是左对齐，而其他各行除了左边对齐外还要求右边也要对齐。左对齐对右边无要求，只要求左边对齐。这两种对齐方式的差别主要体现在英文排版中。

对齐方式的设置可以用两种方法实现：

方法一：使用"开始"→"段落"组中右下角的 ◰ 按钮打开"段落"对话框，如图 4-30 所示，在"对齐方式"下拉列表框中可以设置不同的对齐方式。"段落"对话框也可以使用"页面布局"→"段落布局"命令打开。

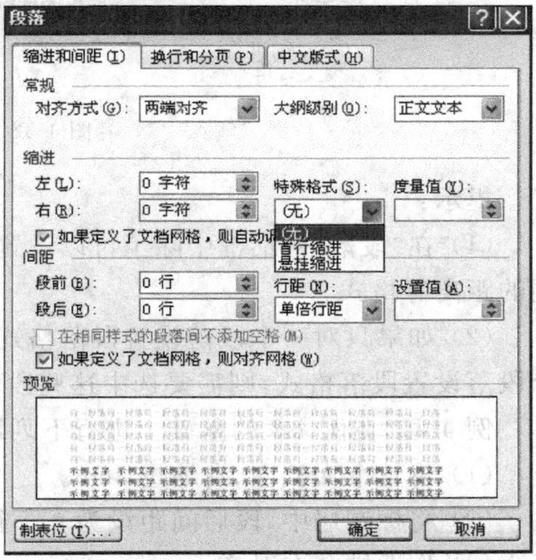

方法二：使用"开始"→"段落"组中的对齐按钮 ≣ ≣ ≣ ▤ ▥，这 5 个按钮依次是左对齐、居中对齐、右对齐、两端对齐和分散对齐。

图 4-30　"段落"对话框

**2．段落的缩进设置**

段落的缩进是指段落中文本和页边距之间的距离。段落的缩进方式包括左缩进、右缩进、首行缩进和悬挂缩进。缩进的设置有两种方法：

方法一：使用"开始"→"段落"组中右下角的 ◰ 按钮打开"段落"对话框，如图 4-30 所示，在"缩进"选项区域中可以设置不同的缩进方式及各种缩进的度量值，首行缩进和悬挂缩进是在"特殊格式"下拉列表框中设置。

方法二：拖动"标尺"上不同的缩进滑块，如图 4-31 所示，可以实现不同的缩进。

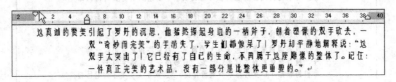

图 4-31　各种缩进效果

方法三：利用"段落布局"按钮。"段落布局"按钮即"八爪鱼"按钮，此功能也是新版 WPS 的亮点之一。

文字八爪鱼是 WPS 文字中的段落调整工具，通过拖动段落调整框上的上下左右小箭头即可轻松调整段前间距、段后间距、左缩进以及右缩进。还可通过移动段落前两行行首的小竖线来调整首行缩进、悬挂缩进。

"段落布局"按钮 ▦ 通常显示在段落左侧的选定栏中，使用时只需单击此按钮，段落即可变形为图 4-32 所示的形式。

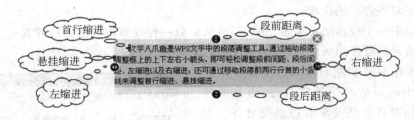

图 4-32 "八爪鱼"功能

提示：

（1）在"段落"对话框中除了可以设置对齐方式和缩进以外，还可以设置行距、段落之间的距离等格式。

（2）如果只对一个段落设置段落格式，只需将光标定位于该段落中；如果要同时对多个段落设置段落格式，则需要选中这些段落。

**例 4-4**　在例 4-3 的基础上进行下列段落格式设置。

（1）将整个文档左、右缩进 3cm。

（2）将标题居中，段后间距设为 0.5 行。

（3）作者姓名右对齐。

（4）将正文第一段的行间距设为 1.5 倍行距。

（5）正文每段的首行缩进 2 个字符。

完成效果如图 4-33 所示。

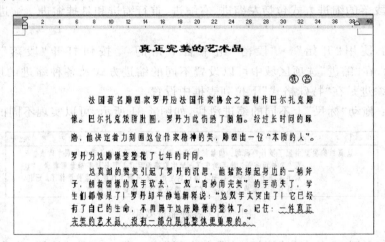

图 4-33　实例效果

操作步骤：

（1）按 Alt＋A 组合键选中全部文档，拖动标尺上的左、右缩进滑块使其缩进量值为 3cm。

（2）将光标置于标题行的任意位置，使用"开始"→"段落"组中右下角的 ⌐ 按钮，打开"段落"对话框，设置对齐方式为"居中"，"段后间距"为 0.5 行。

（3）将光标定位在第二段的任意位置，单击"开始"→"段落"组中的右对齐按钮▤。

（4）将光标置于正文第一段的任意位置，单击"格式"工具栏上的"行距"按钮▤·右侧的下箭头，在下拉列表中选择1.5，如图4-34所示。

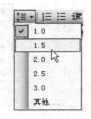

图4-34　行距列表

（5）选中正文的所有段落，拖动标尺上的首行缩进滑块，使其缩进量值为2个字符。

所有格式设置要求完成，效果如图4-34所示。

## 4.3.3　其他格式

### 1. 项目符号和编号

日常的文本操作中，项目符号和编号的设置是必不可少的。下面介绍常用的两种方法。

方法一：选中要设置项目符号或编号的段落，使用"开始"→"段落"组中的"编号"按钮▤或"项目符号"按钮▤。如果要使用其他形式的符号（编号）或多级的项目符号（编号），可以使用▤·和▤·这两个按钮所打开的下拉菜单中的"其他编号"命令，在打开的"项目符号和编号"对话框中选择需要的选项卡，选择"编号"选项卡的对话框内容如图4-35所示。

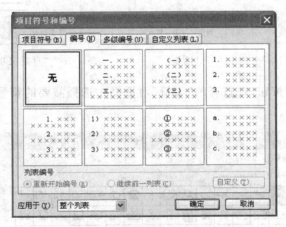

图4-35　"项目符号和编号"对话框

项目符号和编号除了可以使用"项目符号和编号"中默认的项目符号或编号外，还可以使用自定义的项目符号或编号。具体操作步骤在下面的例子中详细介绍。

例4-5　给图4-36(a)所示的文本添加项目符号和编号，其效果如图4-36(b)所示。

操作步骤：

（1）将光标置于标题行，使用"开始"→"段落"组中的"编号"按钮▤或"项目符号"按钮▤。

| 题目要求 | ☞ **题目要求** |
|---|---|
| 将整个文档左、右缩进 3 厘米 | 1. 将整个文档左、右缩进 3 厘米 |
| 将标题居中，段后间距设为 0.5 行 | 2. 将标题居中，段后间距设为 0.5 行 |
| 作者姓名右对齐 | 3. 作者姓名右对齐 |
| 将正文第一段的行间距设为 1.5 倍行距 | 4. 将正文第一段的行间距设为 1.5 倍行距 |
| 正文每段的首行缩进 2 个字符。 | 5. 正文每段的首行缩进 2 个字符。 |

(a) 设置编号前的原文　　　　　　(b) 添加编号后的排版效果

图 4-36　实例效果

（2）在打开的"项目符号和编号"对话框中选择"项目符号"选项卡，对话框内容如图 4-37 所示。

（3）选择任意一种项目符号，单击"自定义"按钮会打开"自定义项目符号列表"对话框，如图 4-38 所示。

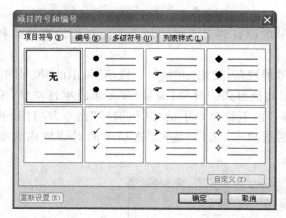

图 4-37　"项目符号和编号"对话框　　　　　图 4-38　"自定义项目符号列表"对话框

（4）单击"字符"按钮，在打开的"字符"对话框中选择需要的符号，如图 4-39 所示，单击"确定"按钮。

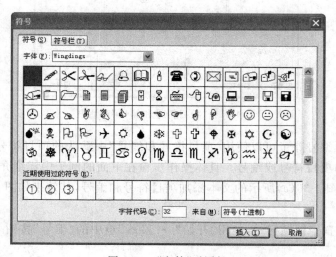

图 4-39　"字符"对话框

（5）选中 5 个题目要求，单击"格式"工具栏上的"编号"按钮▤，为 5 个具体要求添加编号。至此完成了所有的操作。

提示：使用项目符号应注意的事项：

（1）如果使用"格式"工具栏上的▤或▤按钮设置项目符号和编号时，得到的项目符号或编号与要求的不同，可以选择"格式"→"项目符号和编号"命令，在"项目符号和编号"对话框中修改。

（2）要删除项目符号和编号，应先选中要删除项目符号和编号的段落，单击"格式"工具栏上的▤或▤按钮，或将光标移到要删除的项目符号和编号后，按 Back Space 键。

（3）在"自定义项目符号列表"对话框中可以设置项目符号的段落缩进。

### 2．分栏

分栏主要用于报纸和期刊的排版。分栏的具体操作如下：

选中要分栏的段落，使用"页面布局"→"页面设置"组中的"分栏"命令，如图 4-40 所示。

提示：

（1）如果需要分栏的段落包括最后一个段落，通常需在最后一个段落后按一次 Enter 键，即增加一个空段落，而且在选定分栏段落时不能选中这个空段落。

（2）如果没有选定任何内容，则表示对整个文档进行分栏。

（3）撤消分栏：选中要撤消分栏的段落，使用"页面布局"→"分栏"命令，在打开的列表中选择分栏数目为"一栏"。

图 4-40　分栏

（4）更多的分栏设置可以使用列表中的"更多分栏"命令。

### 3．边框和底纹

为了突出文本中某些文字、段落和表格等的显示效果，可以给它们添加边框或底纹。设置边框和底纹的方法是单击"页面布局"→"页面边框"按钮，在打开的"边框和底纹"对话框中选择不同的选项卡，可以为文本添加不同形式的边框、不同颜色的底纹或为整个页面设置边框，如图 4-41 所示。

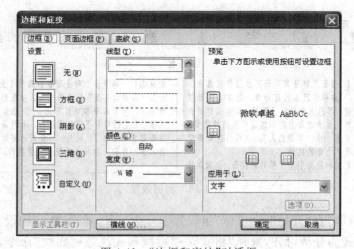

图 4-41　"边框和底纹"对话框

提示：

（1）文本边框有文字边框和段落边框之分，它们的效果如图4-42所示。文本的底纹和边框一样也分为文字底纹和段落底纹。所加边框和底纹的类型取决于在"边框和底纹"对话框中的"应用于"组中选择"文字"还是"段落"。

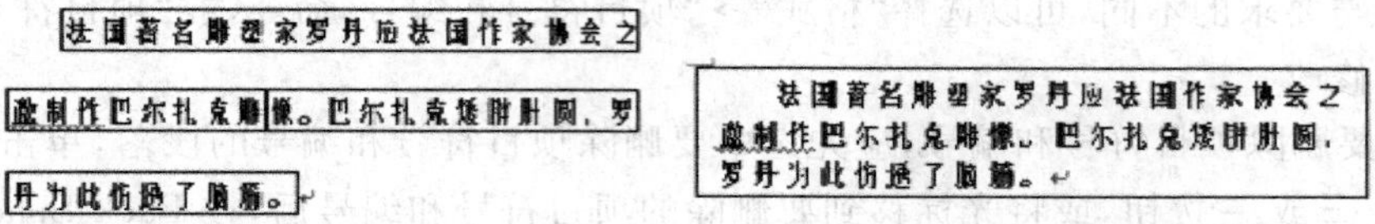

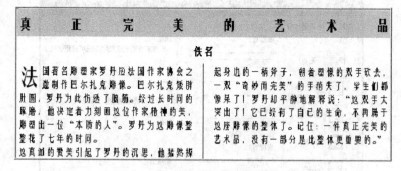

(a) 文字边框效果　　　　　　　　　　　　(b) 段落边框效果

图 4-42　文字边框与段落边框

（2）文字的边框和底纹也可以使用"开始"→"字体"组中的 Ａ Ａ Ｚ· 这三个按钮完成。

### 4. 首字下沉

首字下沉是指将段落的第一个或开始的若干个字符放大，使其占据多行位置。首字下沉的具体操作如下：

（1）将光标定位在需要设置首字下沉的段落中，选择"插入"→"首字下沉"命令。

（2）在"首字下沉"对话框中选择首字下沉的样式及相关的参数，如图4-43所示。

（3）单击"确定"按钮。

提示：首字下沉对于中文只能是第一个汉字，而英文是第一个字母。

**例 4-6**　制作如图4-44所示文档效果，具体要求如下：

（1）标题：三号字，加粗，对齐方式为分散对齐，添加底纹。

（2）作者姓名：四号字，对齐方式为居中，段后间距1行。

（3）正文：分两栏，有分隔线，正文第一段首字下沉2行。

图 4-43　"首字下沉"对话框

操作步骤：

图 4-44　实例效果

（1）选中标题，在"开始"→"字体"组设置字号为三号，单击 **B** 按钮设置为加粗，单击 ▤ 设置对齐方式为分散对齐，选择"格式"→"边框和底纹"→"底纹"命令，在打开的对话框中选择需要的段落底纹。

（2）选中作者姓名，在"格式"工具栏设置字号为四号，选择"页面布局"→"段落布局"命令，在打开的"段落"对话框中设置对齐方式为居中，段后间距为1行。

（3）选中正文中的两段文本（注意，需在最后一个段落后按一次 Enter 键，但不能选中这个回车符），单击"页面布局"→"页面设置"组中的"分栏"按钮 ，选择两栏。

（4）选中第一段文字，选择"格式"→"首字下沉"命令，在打开的对话框中选择下沉2行。

（5）保存文档，操作完成。

## 4.3.4　格式的复制与清除

在编辑文档时，经常会遇到不同位置的文字或段落具有相同格式的情况，这时仅需要复制已有的格式。有的时候需要将已设置的格式清除，还原成默认的格式。

**1. 格式的复制**

格式的复制是单击"开始"→"格式刷"按钮 完成的。具体的操作如下：

（1）选中已设置了格式的文本或段落。

（2）单击（只复制一次时）或双击（需要多次复制时）"常用"工具栏上的 按钮，这时鼠标指针变成 。

（3）将鼠标移到要复制格式的文本上，拖动鼠标即可实现格式复制。如果要复制的是段落格式，则需要一直拖动到段落结束符，或在选定区单击该段落。

（4）双击 按钮可以多次复制同一种格式，直到再次单击 按钮或是按 Esc 键。

**2. 格式的清除**

如果要清除已设置的文字格式或段落格式，使其恢复为 WPS 文字默认的格式，只需选中已设置了格式的文本或段落（可以是多个段落或全部内容），单击"开始"→"字体"组中的"清除格式"按钮 。

## 4.3.5　样式在页面排版中的应用

在编辑文档时，常常希望自己的文本格式（如标题格式、段落格式和编号等）能够在需要时被随时调用而不是每次都重新一一设置，这时就可以使用样式来实现这一要求。例如，将文档中多个不相邻的段落快速设置为同一组编号，而且同为黑体、小四、红色斜体、有边框，就可以应用样式。

样式实际就是一个多种样式的集合，可以包括文字格式、段落格式和列表格式等。样式有内置样式和自定义样式之分，内置样式是 WPS 文字系统内部设定好的一系列样式，可以直接使用。例如，标题1、标题2、…、正文等样式。自定义样式是根据自己的需要随时定义的样式。内部样式和自定义样式的使用方法是一样的。样式的大部分操作都是在"开始"→"样式"命令组中选取需要的样式。

**1．新建样式**

新建样式的操作步骤如下：

在"开始"→"样式"组中单击"新样式"按钮就可以打开"新建样式"对话框，如图 4-45(a)所示。可以定义样式的名称、样式的类型等，最重要的是要设置样式的格式。单击"格式"按钮，会弹出图 4-45(b)所示的"格式"菜单，选择进行所需的格式设置。

(a)"新建样式"对话框　　　　　　(b)样式设置中的格式菜单

图 4-45　创建样式

提示："自动更新"选项用于决定当样式被修改后，是否自动更新当前文档中使用此样式的所有段落。

**2．修改样式**

内置样式和自定义样式都可以进行修改，修改样式后，WPS 文字会自动对文档中使用这一样式的文本格式进行相应更改。修改样式的步骤如下：

在"开始"→"样式"组中右击要修改的样式名称，在弹出的快捷菜单中选择"修改样式"命令可以打开"修改样式"对话框，"修改样式"对话框与"新建样式"对话框类同。

**3．应用样式**

要对某个段落或文字快速应用样式，可以将光标置于相应段落或选中相应的文字，在"开始"→"样式"组中选择要用的样式。

# 4.3.6　页面排版

在 WPS 文字中文档编辑后，要使其正确地按要求打印出来，通常还需要进行页面排版，以得到整齐、美观实用的输出效果。

**1．页面设置**

页面设置主要用于确定打印输出时所用的纸张大小、页边距(文字到纸张页边的距离)和页面版式。页面设置通常是用"页面布局"→"页面设置"命令组中的对应按钮完成。

也可以使用"文件"→"页面设置"组右下角的按钮,如图 4-46 所示,打开"页面设置"对话框(如图 4-47 所示),选择不同的选项卡就可以设置相应的内容了。

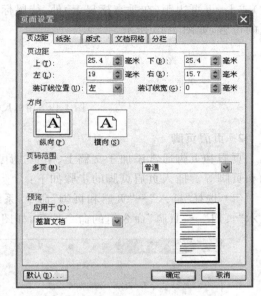

图 4-46　命令按钮组　　　　　　　　　　图 4-47　"页面设置"对话框

提示:

(1) WPS 文字默认的纸张大小是 A4 纸,可以在"纸张大小"下拉列表中选择其他的纸张类型,如 B5、16 开等。

(2) 纸张的方向有横向和纵向之分,其效果如图 4-48 所示。

(a) 纵向纸张　　　　　　　　(b) 横向纸张

图 4-48　同一文档横向纸张与纵向纸张的效果比较

(3) 在"版式"选项卡中可以设置整个文本内容在页面的垂直对齐方式。常常用于文档首页的设置。

(4) 在"文档网络"选项中可以设置页面的行数和列数。

（5）页面边距除了可以在"页面设置"对话框中设置外，还可以在页面视图中直接利用标尺完成此操作。操作步骤如下：将鼠标移动到"标尺"的左、右页边距（在水平标尺上）或上、下页边距（在垂直标尺上）处，待鼠标变为 ←→ 或 形状时按住鼠标左键拖动到合适的位置，如图 4-49 所示。

左页面边距　　　　　　　　　　　　　　　　　　　　右页面边距

图 4-49　用标尺设置左右边界

### 2. 页眉页脚

页眉和页脚通常添加于文稿上、下页边距内，用于显示每页的辅助信息，如文档名、主题和页脚等。插入页眉页脚的步骤如下：

（1）选择"插入"→"页眉和页脚"命令，系统会自动进入页眉和页脚编辑状态，同时会显示"页眉"→"页脚"命令组的命令按钮，如图 4-50 所示。

图 4-50　"页眉和页脚"命令组按钮

（2）在页眉页脚编辑状态，正文的内容是灰色的表示不可以编辑，只有页眉和页脚可以编辑。编辑时直接输入页眉页脚的内容就可以了，而且还可以像正文一样设置格式。

（3）页眉和页脚编辑完成后，单击"关闭"按钮，退出页眉和页脚编辑状态。这时文档中所有页面都会有相同的页眉和页脚。

提示：

（1）页眉和页脚的内容可以直接输入，也可以单击"页眉和页脚"组中的"自动图文集"按钮，插入页码、文档名和作者等信息。

（2）单击"页眉和页脚选项"按钮，打开"页面设置"对话框，如图 4-51 所示，可以设置页眉和页脚奇偶页不同。

（3）要修改已经插入好的页眉和页脚，可以使用"插入"→"页眉和页脚"命令，也可以直接双击已有的页眉和页脚区。

（4）如果要删除页眉和页脚，只需选中页眉和页脚的内容，按 Delete 键即可删除。

**例 4-7**　当前文档为一份试卷，请为其

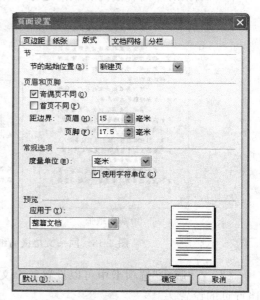

图 4-51　"页面设置"对话框

设置图 4-52 所示的页眉和页脚。

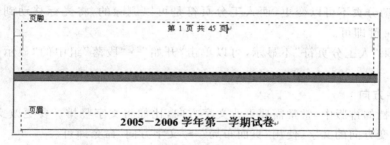

图 4-52　页眉页脚的实例效果

操作步骤：

（1）选择"插入"→"页眉页脚"命令，进入页眉和页脚编辑状态，"2005－2006 学年第一学期试卷"。

（2）插入点定位于页脚位置上，打开"自动图文集"按钮下拉箭头，在下拉列表中选择"第 X 页 共 X 页"。

（3）单击"页眉和页脚"工具栏上的"关闭"按钮，退出页眉和页脚编辑状态。页眉和页脚的设置就完成了。

**3. 插入页码**

前面介绍了使用页眉和页脚的方法添加页码，在文档的排版中常常不需要复杂的页眉和页脚，只是需要一个页码，可以选择"插入"→"页码"命令，打开"页码"对话框，如图 4-53 所示，设置页码的格式和位置，之后就可以看到页码。

**4. 分页符**

正常情况下文档的分页是根据所设定的页面大小自动分页的，但是有时候需要在某处强行分页。如在编辑书稿时，无论上一章在什么位置结束，下一章都必须从新的一页开始，这时就需要用强行分页。这种强制分页称为人工分

图 4-53　"页码"对话框

页，人工分页是通过在要分页的位置插入分页符的方法来实现的。操作步骤如下：选择"页面布局"→"分隔符"→"分页符"命令，可以看到在页面中会显示出一条带有"分页符"字样的虚线，称为"人工分页符"，如图 4-54 所示。

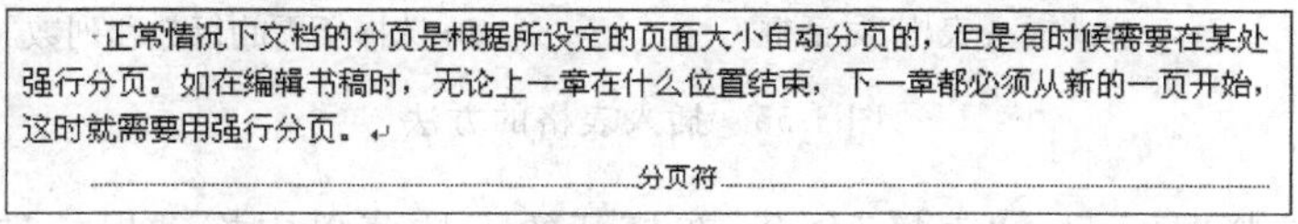

> 正常情况下文档的分页是根据所设定的页面大小自动分页的，但是有时候需要在某处强行分页。如在编辑书稿时，无论上一章在什么位置结束，下一章都必须从新的一页开始，这时就需要用强行分页。
> ────────────分页符────────────

图 4-54　人工分页符

提示：

（1）自动分页不可以变更，而人工分页符是可以删除的，将光标移动到人工分页符上，按 Delete 键即可。

（2）如果"人工分页符"不显示，可以单击"开始"→"段落"组中的"显示隐藏段落标记"按钮 ⤵。

**5．文字方向**

在对文档的排版中，常常需要更改文字方向，比如将文字竖排。要更改文字方向，只需选中要改变方向的文字，使用"页面布局"→"文字方向"命令即可。

# 4.4  WPS 文字的表格制作

在日常工作中表格的使用是很广泛的，如个人简历表、成绩表和课程表等，因此表格处理也是文档处理的一个重要方面。

## 4.4.1  表格的创建

常用的创建表格的方法有两种：自动创建插入表格和手动绘制表格。

**1．自动创建插入表格**

方法一：选择"插入"→"表格"命令，在打开的下拉菜单中选择"表格"，如图 4-55（a）所示，输入要插入表格的行数和列数，单击"确定"按钮即可。

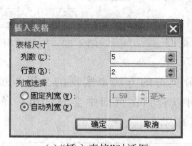
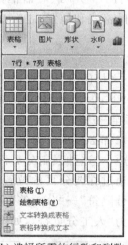

(a)"插入表格"对话框          (b) 选择所需的行数和列数

图 4-55  插入表格的方法

方法二：选择"插入"→"表格"命令，在打开的下拉菜单中拖动鼠标选择所需的行数和列数，如图 4-55（b）所示。

————————计算机应用基础

**2. 手动绘制表格**

手动绘制表格常常用于绘制不规则表格。选择"插入"→"表格"命令,在打开的下拉菜单中选择"绘制表格"命令,如图 4-55(b)所示。使用该命令后,鼠标变成铅笔形状,用户可以随心所欲地绘制表格线。一般在绘制不规则的表时,先插入一个表格样式接近的规则表,然后再做调整。

无论是用哪种方法创建好表格之后都会在标签栏上动态增加两个标签:一个是"表格样式",另一个是"表格工具",如图 4-56 所示。通常情况下,只要插入点定位在表格中时,这两个标签就会自动显示。

| WPS 文字 抢鲜版 ▼ | 开始 | 插入 | 页面布局 | 引用 | 邮件 | 审阅 | 视图 | 表格样式 | 表格工具 |

图 4-56　"表格样式"和"表格工具"选项卡

提示:

(1) 插入表格前应将光标移动到要插入表格的位置。

(2) 在表格中输入内容时,要先将光标移到需要填写数据的单元格中,移动时可以用鼠标,也可以用方向键或按 Tab 键。

## 4.4.2　表格的编辑

**1. 选定表格**

在对表格进行编辑时,应首先选定表格中相应的元素,常用的选定方法有两种:

方法一:单击"表格工具"组中的"选择"按钮,在打开的下拉菜单中选择要选的内容,如图 4-57 所示。

方法二:使用鼠标选择。

(1) 选定单元格。单元格是指组成表格的小方格。将鼠标移到要选定的单元格左侧,当鼠标指针变成"➤"形状时单击鼠标可选定一个单元格,如果拖动鼠标可以选定多个连续的单元格。

图 4-57　选择表格元素

(2) 选定行。将光标移动到表格左侧选定区,当鼠标指针变为↗形状时单击则可选定一行,拖动鼠标即可选定多行。

(3) 选定列。把鼠标定位到要选定列的上方,当鼠标指针变为"⬇"形状时单击可选定一列,拖动鼠标即可选定多列。

(4) 选定整个表格。将鼠标移到表格中,表格的左上角会出现⊞标记,右下角会出现◻标记,单击其中任一标记可以选中整个表格。

提示:选定单元格、行或列时,按住 Shift 键可以选定连续的单元格、行或列;如果按住 Ctrl 键可以选定不连续的单元格、行或列。

**2. 修改行高和列宽**

默认情况下 WPS 文字能根据单元格中输入的内容自动调整行高和列宽,用户也可以根据需要来修改，常用的修改方法有两种：

方法一：单击"表格工具"→"表格属性"按钮，打开"表格属性"对话框，如图 4-58 所示，在"列"和"行"选项卡中可以设置所选中列的宽度和行的高度。

提示：使用"表格属性"命令改变行高和列宽时，必须先选中这些行或列。如果只改变一行的行高或一列的列宽，将光标移动到需要重新设置的行或列中。

方法二：使用鼠标的方法可以直观地修改表格的行高和列宽。具体操作方法：将鼠标移动到表格线上，待鼠标指针变成 ↤╫↦ 或 ↕ 时，拖动鼠标就可以改变表格线左右两侧的列宽，或是改变表格线上方的行高。其他各行或各列的高度和宽度不变。

将鼠标移动标尺上表格线对应的标记上，待鼠标指针变成↕或↔时，如图 4-59 所示，拖动鼠标就可以改变表格线左侧的列宽，或是改变表格线上方的行高。其他各行或各列的高度和宽度不变。

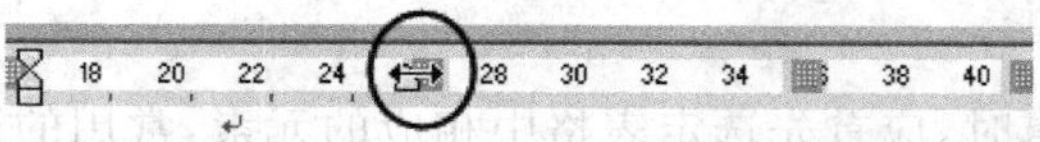

图 4-58 "表格属性"对话框

| 单击"常用"工具栏 | 在快捷菜单中选择 | 快捷键 |
|---|---|---|
|  | 剪切 | Ctrl+X |
|  | 复制 | Ctrl+C |
|  | 粘贴 | Ctrl+V |

图 4-59 用标尺调整列宽

提示：

（1）如果选中了某个单元格，用鼠标拖动表格线时只改变此单元格的宽度，如图 4-60 所示，这种操作在排版时应注意避免。

| 操作方法<br>操作类型 | 在"编辑"菜单中选择 | 单击"常用"工具栏 | 在快捷菜单中选择 | 快捷键 |
|---|---|---|---|---|
| 剪切 | 剪切 |  | 剪切 | Ctrl+X |
| 复制 | 复制 |  | 复制 | Ctrl+C |
| 粘贴 | 粘贴 |  | 粘贴 | Ctrl+V |

图 4-60 仅改变一个单元格的效果

（2）如果想使表格中所有的列等宽或是让表格中的行等高，可以单击"表格工具"→"调整"组中相应的按钮。

计算机应用基础

**3. 插入行、列和单元格**

有些时候因要添加一些数据而需要在表格中的某一位置插入一些单元格或行列，插入行列或单元格需要先在插入位置选定单元格，然后可用下列任一种方法操作：

方法一：使用键盘在表格末尾添加行。将光标移动到表格最后一行的最后一个单元格中，按 Tab 键便可在表格后添加一行。

方法二：单击"表格工具"→"行和列"组中的相应按钮完成。

方法三：使用快捷菜单。右键单击选中的行或列，在弹出的快捷菜单中会显示"插入行"或"插入列"命令。

方法四：使用表格周围的增加行和列按钮，如图 4-61 所示。

图 4-61　表格操作按钮

提示：

（1）如果选中行，则快捷菜单中就显示"插入行"命令；如果选择的是列，就会显示"插入列"。如果没有选中行或列，就不会有相关表的操作命令。

（2）插入行或列的操作中，选中多行或多列就会插入相同的行数和列数。例如，选中两列，再执行插入列操作就可以一次插入两列。

**4. 删除行、列和单元格**

删除行、列和单元格的方法与插入行、列和单元格的方法类似。具体的两种方法是：

方法一：单击"表格工具"→"删除"命令按钮，在打开的下拉菜单中选择相应的命令。

方法二：使用快捷菜单。右键单击选中的行或列，在弹出的快捷菜单中会显示"删除行"或"删除列"命令。

提示：

（1）删除单元格与删除单元格中的内容是有区别的，删除单元格会连同其中的内容一并删除。若只清除单元格的内容，可以先选定要清除内容的单元格，再选择"编辑"→"清除"命令或按 Delete 键。

（2）删除单个单元格常常会使表格右端变成锯齿状，因此必须要特别小心，如图 4-62 所示。

**5. 单元格的合并与拆分**

合并单元格：选中一组连续的单元格，选择"表格工具"→"合并单元格"命令。

拆分单元格：选定要拆分的单元格，选择"表格工具"→"拆分单元格"命令。

**6. 拆分表格**

拆分表格是指把一张表格从指定的位置拆分成两个表格。操作方法：将光标移动到要拆分表格的位置上，然后选择"表格工具"→"拆分表格"命令，则表格从光标所在行开始

| 操作方法 / 操作类型 | 在"编辑"菜单中选择 | 单击"常用"工具栏 | 在快捷菜单中选择 | 快捷键 |
|---|---|---|---|---|
| 剪切 | 剪切 | ✂ | Ctrl+X | |
| 复制 | 复制 | 📋 | 复制 | Ctrl+C |
| 粘贴 | 粘贴 | 📋 | 粘贴 | Ctrl+V |

图 4-62　锯齿状的表格

被分成两张表格。

提示：

（1）如果"表格"菜单中的某些命令是灰色时，通常是由于光标没有定位在要编辑的表格中。

（2）如果表格位于文档的开头，要在表格之前添加文本（如表标题），需要在第一个单元格的开头按下 Enter 键。也可以向下拖动"选定表格"按钮。

### 4.4.3　表格格式

**1. 设置表格的边框和底纹**

如果要给表格添加或修改边框有很多方法，常用的有下面几种：

方法一：选择"表格"→"表格属性"命令，在图 4-63 所示对话框中选择"边框和底纹"按钮。

方法二：使用"表格工具"→"边框和底纹"组中的相应按钮。

提示：如果不想显示表格中的边框线，可以先将表格的边框设为无框线 ⊞，单击"显示虚框"按钮 ⊞。

**2. 快速设置表格格式**

WPS 文字中预设了许多表格格式，利用它们可以快速美化表格。操作步骤如下：

（1）将光标移动到要设置格式的表格中。

（2）单击"表格样式"→"表格样式选项"组中相应的按钮，如图 4-64 所示，即可快速按照预定的格式设置表格的格式。

图 4-63　"表格属性"对话框

图 4-64　"表格样式"列表

### 3．设置单元格中文字的对齐方式

表格中的文字也可以设置对齐方式，其对齐方式是相对于表格的边框线，具体的操作方法是先选定要设置对齐方式的单元格，选择"表格工具"→"对齐方式"命令，在对齐方式列表中选择需要的对齐方式，如图4-65所示。

图4-65　"单元格对齐方式"列表

### 4．设置斜线表头

很多表格常常在左上角的单元格中，同时说明行、列数据的含义，如表4-2中的行说明为"操作方法"，列说明为"操作类型"。斜线表头也有很多种方法，这里介绍常用的三种。

方法一：选择"表格工具"→"绘制斜线表头"命令，打开"斜线单元格类型"对话框，并在其中设置相应的内容，如图4-66所示。

方法二：单击"表格工具"→"绘制表格"按钮 直接绘制斜线。

### 5．表头（标题）的重复

当一张表格超过一页时，通常希望在第二页的续表中也包括第一页的表头（表格的标题行）。WPS文字提供了重复标题功能，具体操作是选定标题行，选择"表格工具"→"标题行重复"命令。

提示：

修改时只能修改第一页表格的标题，其他各页的标题会随着第一页标题的修改而自动修改。

### 6．表格文字混合排版

在WPS文字中插入表格后，默认的方式是表格左对齐，且将文字上下分离。要想改变这种默认的方式，可以选择"表格工具"→"表格属性"命令，在图4-67所示"表格属性"对话框中选择需要的对齐方式，就可以得到需要选择的"环绕"方式。

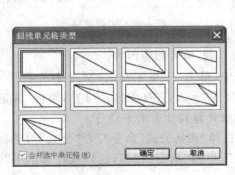

图4-66　"斜线单元格类型"对话框

图4-67　"表格属性"对话框

## 4.4.4　表格内数据的排序与简单计算

### 1. 表格的计算

WPS 文字提供了对表格的简单计算功能,比如求和、求平均值等常用的计算功能。对表格计算可以用以下操作过程完成。

图 4-68　"公式"对话框

（1）将光标移动到存放计算结果的单元格中。

（2）选择"表格工具"→"公式"命令,打开图 4-68 所示"公式"对话框。

（3）在"公式"文本框中输入公式的内容,输入时可以在"粘贴函数"下拉列表中选择所需要的函数。

（4）填写好公式后单击"确定"按钮即可。

如果要进行简单的计算,可以选中用于计算的数据,然后单击"表格工具"→"快速计算"按钮。

提示:

（1）函数的自变量常用的有:ABOVE 表示当前单元格上方的单元格,LEFT 表示当前单元格左方的单元格。

（2）常用的函数有 SUM() 求和函数、AVERAGE() 求平均值函数和 COUNT() 计数函数。

（3）在编辑公式时,公式必须以"＝"开头。

**例 4-8**　完成图 4-69 所示的表格。具体要求如下:

（1）绘制"学生成绩表"。

（2）计算出每个人的平均成绩和每门课程的总分。

（3）为表格添加斜线表头。

（4）为表格套用"精巧型 2"格式。

（5）将表格中所有文字中部居中。

（6）为整张表添加标题"成绩表"。

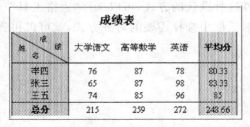

图 4-69　实例效果

操作步骤:

（1）单击"插入"→"表格"按钮 ，选择 5 行 5 列,填入相应内容。

（2）将光标移动到"张三"的平均分单元格中,单击"表格工具"选项卡中的 公式 按钮,打开"公式"对话框,在"公式"文本框中输入公式"＝AVERGE(LEFT)",单击"确定"按钮,这样就计算出了"张三"的平均分。同样方法计算其他人的平均分。

（3）将光标移动到"大学语文"的单元格中,选择"表格公式"命令打开"公式"对话框,在"公式"文本框中输入公式"＝SUM(ABOVE)",单击"确定"按钮,这样就计算出了"大学语文"的总分。同样方法计算其他课程的总分。

（4）选择"表格工具"→"绘制斜线表头"命令,打开"斜线单元格类型"对话框,如图 4-66 所示,并在其中设置行标题为"成绩",列标题为"姓名",单击"确定"按钮即可。

计算机应用基础

（5）使用"表格样式"选项卡中的"首列填充"和"末列填充"项，再选择相应的样式。

（6）单击表格左上角的⊞按钮选中整个表格，单击"表格工具"选项卡中的对齐按钮▤。

（7）将光标移到第一个单元格的第一个字符前，按 Enter 键，在插入的空行中输入文字"成绩表"。

（8）保存文档，即可完成所有操作。

## 4.4.5 表格与文字的转换

### 1. 将文本转换为表格

在文字处理工作中，有时需要将已输入的文本以表格形式输出，这就涉及如何将文本转换为表格。WPS 文字可以很方便地将文本转换为表格，但对文本中各数据项的排列格式有一定的要求。它要求每一个数据项之间的分隔符必须相同，且分隔符只能是空格、制表符、逗号或其他特殊字符之一。这样要求的目的是为了方便 WPS 文字对数据项的识别。操作步骤如下：

（1）选定需要转换为表格的所有文本。

（2）选择"插入"→"表格"→"文本转换成表格"命令，打开"将文字转换成表格"对话框，如图 4-70 所示。

（3）根据选定的文本设置出转换之后的行数、列数和分隔符。

（4）单击"确定"按钮。

### 2. 表格转换为文本

目前在文字处理工作中，常常会从网页上复制很多文本内容，但这些内容都是放在表格中的，下载时实际下载的是表格，这就需要将这些表格转换成文本。WPS 文字提供了方便的手段将表格转换成文本。具体操作步骤是：

（1）将光标定位到表格中。

（2）选择"插入"→"表格"→"表格转换成文本"命令，打开"表格转换成文本"对话框，如图 4-71 所示。

图 4-70 "将文字转换成表格"对话框

图 4-71 "表格转换成文本"对话框

（3）设置每个数据项之间的分隔符，单击"确定"按钮即可。

提示：分隔符的全角与半角模式必须一致。

**例 4-9** 将例 4-8 中的表格转换为文本。转换结果如图 4-72 所示。

操作步骤：

（1）将光标定位到表格中。

（2）选择"表格"→"转换"→"表格转换成文本"命令，打开"表格转换成文本"对话框。

（3）设置每个数据项之间的分隔符为"，"，单击"确定"按钮即可完成操作。

| 大学语文, 高等数学, 英语, 平均分 |
| :--- |
| 张三, 65, 87, 65, 72.33 |
| 李四, 78, 87, 78, 81 |
| 王五, 74, 85, 96, 85 |
| 总分, 215, 259, 272, 248.66 |

图 4-72　转换为表格后的文本

# 4.5　WPS 文字对象的使用

## 4.5.1　插入图片

一幅图片所含的信息是巨大的，将其放在文档中的某一个位置，可以使你的文档更生动，更具有吸引力。图文混排是 WPS 文字最具有特色的功能之一，在 WPS 文字中可以

图 4-73　"插图"组

方便地插入图片和绘制图形等。也可以对图文排列的位置进行调整等。插图可以通过"插入"选项卡中的"插图"功能组完成，如图 4-73 所示。"图片"常常用于插入已形成文件的图片，例如可使用扫描仪或数码相机创建图像。"图形对象"是用户在 WPS 文字中创建的图形，例如有自选图形、使用"绘制新图形"命令创建的图形。

**1. 插入图片**

具体操作步骤如下：

（1）将光标移动到要插入图片的位置。

（2）选择"插入"→"图片"命令。

（3）在打开的"插入图片"对话框中找到并选定要插入的图片，单击"插入"按钮即可将图片插入到光标所在的位置，如图 4-74 所示。

**2. 利用 WPS 素材库插入图片**

WPS 素材库是金山 WPS Office 中的新功能，可以用它收藏素材、使用素材以及编辑管理素材。上网冲浪看到精彩文章、精美的图片想保存下来时，可以使用 WPS Office 2012 文字工具，很轻松地将网页内容保存到 WPS 的素材库中，一键操作，非常方便。

单击右上角的"素材库"按钮 ，或者单击"插入"→"素材库"按钮，打开"WPS 素材库"，如图 4-75 所示。素材分为"在线素材"和"我的素材"，"在线素材"下又有很多的分类，比如图形、按钮、节日、图标、剪贴画和组织结构图等。单击后即可看到其下相应的素材，用户只要单击"复制"按钮，再在文档中"粘贴"即可，也可以直接将素材从下方窗格中拖放到文档中。

图 4-74　"插入图片"对话框　　　　　　　图 4-75　"素材库"窗口

　　用户还可以抓取网页上的文字或图片,将它作为素材库中的素材。只要单击"WPS素材库"下方的"网页抓取已关闭"按钮,使其变为"网页抓取已开启",如图 4-76 所示。在打开的浏览器窗口中,只要选中文字或者将光标停在图片上,就会出现一个 WPS 素材库的按钮,单击后选择"保存到 WPS 素材库"命令(如图 4-77 所示),即可将其保存到"我的素材/临时文件"。

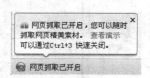

图 4-76　网页抓取已开启　　　　　　　图 4-77　保存到 WPS 素材库

　　需要说明的是,有关素材库操作的前提条件是需要注册 WPS 会员并登录。在第一次使用素材库时会有相应的提示,只需要单击相应的按钮注册或登录就可以了。

### 3. 选定图片

　　和设置文本的格式一样,在设置图片之前必须要先选定图片。选择图片的方法有如下几种:

　　方法一:用鼠标单击要选中的图片,此时图片周围会出现 8 个小圆点,表示图片被选中,如图 4-78 所示。这 8 个圆点称为尺寸控制点,上方绿色的点称为"旋转柄",用于旋转图片。

　　方法二:选择多个图片。先选中一个,再按住 Shift 键的同时依次单击要选中的图片。

　　提示:

　　(1) 选中图片后标签栏会自动增加"图片工具"标签。

图 4-78　选中的图片

（2）有时在对图片设置了"置于文字下方"后，图片会被文字遮盖，此时用鼠标单击将不能选择到该图片。要选中被文字遮盖的图片，可以单击"图片工具"→"对象图层"按钮，再去单击要选择的图片。

**4. 设置图片大小和图片位置**

改变图片大小和图片位置常用的方法用两种：

方法一：鼠标拖动的方法。

（1）要改变图片大小，只需要选中图片后，用鼠标拖动图片的尺寸控制点。

（2）要想移动图片，只需要选中图片，然后用鼠标拖动图片到合适的位置。

提示：如果想图片微移，可以先选中图片，然后按 Ctrl＋光标移动键（即→、←、↑、↓）组合键。

方法二：使用"设置对象格式"对话框。

打开"设置对象格式"对话框有很多种方法，常用的有以下几种：

（1）双击图片。

（2）在右键快捷菜单中选择"设置图片格式"命令。

（3）单击"图片工具"→"图片样式"组中的 按钮。

如果需要精确设置图片的大小，需要使用"设置对象格式"对话框中的"大小"选项卡，如图 4-79 所示。

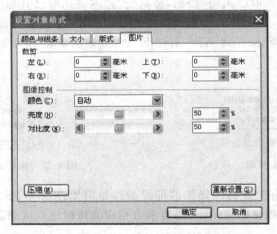

图 4-79 用"设置对象格式"对话框设置图片大小

**5. 设置图片效果**

设置图片效果主要是设置图片的环绕方式、图片颜色、边框和旋转等。图片效果的设置可以使用"图片工具"选项卡（如图 4-80 所示）和快捷菜单。

图 4-80 "图片工具"选项卡

计算机应用基础

提示：选中图片后"图片工具"选项卡会自动打开。

（1）图片色彩的设置。

图片的颜色设置除了图片的亮度和对比度外，还可以进行特殊效果设置，包括灰度、黑白和冲蚀，如图 4-81 所示。冲蚀的效果类似于水印的效果，通常用于当图片衬于文字下方的时候。

设置图片的颜色，可以单击"图片工具"→"图片调整"组中的"颜色"按钮 ，在打开的颜色选项列表中选择要设置的类型，如图 4-82 所示。

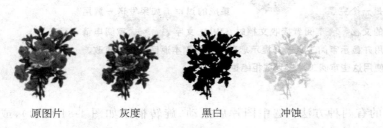

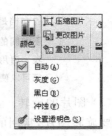

　　原图片　　　　灰度　　　　黑白　　　　冲蚀

图 4-81　图片颜色设置效果　　　　　　　图 4-82　图片颜色列表

（2）图片与文字的环绕。

图片的环绕方式是指图片与文字的位置关系，下面这段文字中显示出了 5 种图片的环绕方式，依次是四周型、紧密型、浮于文字上方、衬于文字下方和嵌入型。设置方法：在选中图片后单击"图片工具"→"环绕"按钮，或是在"设置对象格式"对话框中选择"版式"选项卡，如图 4-83 所示。

图 4-83　在"设置对象格式"对话框中设置图片环绕方式

提示：

① 图片的插入方式分为嵌入式和浮动式。

② WPS 文字默认的图片环绕方式为嵌入式。嵌入式是将图片作为字符看待，图片所在行的行高与图片的高度相同。

③ 在设置图片效果过程中，有很多格式不能用于嵌入式的图片，比如添加边框。

④ 各种环绕方式如下所示。

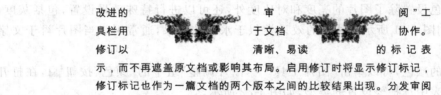

创建协作文档它使您与同事之间的协作变得更加容易。可使用经改进的 "审阅"工具栏用 于文档 协作。修订以 清晰、易读 的 标 记 表示，而不再遮盖原文档或影响其布局。启用修订时将显示修订标记，修订标记也作为一篇文档的两个版本之间的比较结果出现。分发审阅的文档是一个完整 集成的过程。如果发送一篇用于审阅的文档，当审阅者接收文档时，WPS 文字 审阅申请表，启用并显示审阅工具；并提示您在审阅的副本返回时合并更改。您可以使用这些审阅工具接受或拒绝更改。

（3）图片的旋转。

要旋转图片，常用的有两种方法：选中图片后拖动"旋转柄"（如图 4-84 所示），或是单击"图片工具"→"旋转"按钮。

提示：

① 嵌入式的图片旋转之后自动变为浮动方式。

② 拖动"旋转柄"可旋转任意角度，单击按钮每次只能向左旋转 90°。

（4）图片的叠放次序。

图片的叠放次序是指多个图片、图片和文字之间叠放时的上下位置关系，上面的图片会遮盖住下面的图片使其不可见。

操作方法：可以使用快捷菜单中的"叠放次序"命令，如图 4-85 所示。

图 4-84 "旋转柄"旋转图片

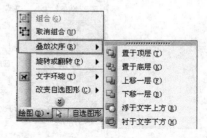

图 4-85 用"绘图"菜单设置图片的叠放次序

提示：

① 裁剪图片是在某个图片插入到文档中后，如果只要其中的一部分，则可以将多余的部分裁剪掉，操作时单击"裁剪"按钮，鼠标就会变成"剪切"工具形状。

② 图片的删除和复制与文本的删除和复制是一样的，在这里就不叙述了。

③ 如果经过了多种图片的格式设置都不是很满意，想让图片还原到初始的状态可以单击"图片"工具栏上的"重设图片"按钮。

例 4-10 对下面已有的文字插入图片并将其旋转、加框，设置为紧密环绕方式。效果如下所示。

创建协作文档它使您与同事之间的协作变得更加容易。可使用经改进的"审阅"工具栏用于文档标记表示，而不再遮盖原文修订时出现。分发审阅的集成的过程。如果发送档，当审阅者接收文档创建审阅申请表，启用并显在审阅的副本返回时合并更改。您或拒绝更改。增强的记忆式键入功能 Microsoft　WPS 文字将识别 Microsoft Outlook 中的任何收件人姓名，并用于记忆式键入的建议。

操作步骤如下：

（1）选择"插入"→"素材库"→"剪贴画"命令打开"剪贴画"的素材库，在"剪贴画"任务窗格的"搜索"文本框中输入文字"花"，单击"搜索"按钮，在"结果"框中单击所需要的图片，便可将图片插入到光标当前位置。

（2）选中图片，使用"控制点"调整图片大小到合适的尺寸。

（3）拖动"旋转柄"转动图片到合适的位置。

（4）单击"图片工具"→"图片轮廓"按钮选择相应的线形和颜色，单击"环绕"按钮，在环绕方式列表中选择"紧密型"，如图 4-86 所示，便可完成要求的排版内容。

图 4-86　设置"图片"环绕方式

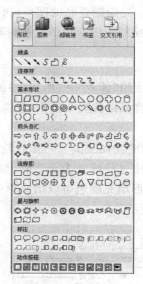

图 4-87　"形状"列表

## 4.5.2　绘制图形和自选图形

WPS 文字提供了一系列基本图形的绘图工具，如直线、矩形和椭圆等。另外还自带了许多种类的自选图形，如箭头、流程图、星与旗帜和标注等。

绘制图形和自选图形都可以利用"插入"→"形状"（如图 4-87 所示）或"绘图工具"选

项卡完成。"绘图工具"选项卡中的功能按钮如图 4-88 所示。

图 4-88 "绘图工具"组

### 1. 图形的绘制

单击"插入"→"形状"按钮打开下拉列表,如图 4-87 所示,选择要绘制的图形按钮,如要画矩形就单击"矩形"按钮□,将鼠标移到文档中,鼠标指针变为"十"字形时拖动鼠标就可以绘制出想要的图形。

提示:如果要绘制正方形、圆形和水平线等图形时,需要在拖动鼠标的同时按住 Shift 键。

### 2. 图形的设置

图形的设置是使用"绘图"工具栏和快捷菜单完成的。图形的大部分设置方法都和图片是一样的,如环绕方式、旋转、叠放次序、移动、选中及组合等。相同之处在这里就不重复了。

图形的线条颜色、宽度是用"绘图工具"组中的"形状填充"和"形状轮廓"按钮实现的。操作方法:先绘制要画的图形,再单击要设置的相应效果的按钮。

如要绘制下图所示的箭头,操作步骤如下:

(1) 使用"插入"→"形状"中的"箭头"按钮。

(2) 将鼠标移到文档中,鼠标指针变为"十"字形时,拖动鼠标就可以绘制出带前头线的图形。

(3) 在"绘图工具"→"形状轮廓"下拉菜单中的"箭头样式"列表中选择。在线形列表中选择线宽为 4.5 磅,如图 4-89 所示。

给图形填充颜色可以填充单一的颜色、过渡色、WPS 文字自带的纹理和图片,效果如图 4-90 所示。

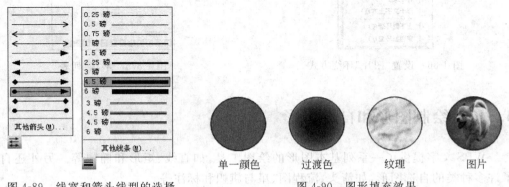

图 4-89 线宽和箭头线型的选择          图 4-90 图形填充效果

过渡色、纹理、图片的填充方法是选中要填充的图片，单击"绘图工具"→"形状填充"按钮，在打开的颜色列表中选择"填充效果"，在填充效果对话框中即可完成各种填充操作。

图形还可以设置阴影和三维的效果。操作方法是选中要设置的图片，单击"绘图工具"→"三维效果"按钮，在下拉列表中选择相应的样式，使用快捷菜单中的"添加文字"命令还可以在图形上添加文字，如图 4-91 所示。

**3. 图片的组合**

WPS 文字允许将插入的图片进行组合，即将多个图片组合成一个图片。操作方法也很简单，只要选中要组合的图片，然后在快捷菜单或"绘图"菜单中选择"组合"命令即可。对于剪贴画不但可以组合，而且还可以进行拆分，即将一张图片分成若干几何图形。操作方法与组合图片类似。在快捷菜单或"绘图"菜单中选择"取消组合"命令即可。图片拆分之后还可以将其部分或者全部重新组合。

图 4-91　图形添加文字
和三维效果

## 4.5.3　艺术字

**1. 插入艺术字**

艺术字是一种将文字变为图片的处理手段。利用艺术字的功能可以在文档中插入非常漂亮的文字。插入艺术字的方法非常简单，具体方法如下：

（1）单击"插入"→"艺术字"按钮。

（2）在打开的"艺术字库"对话框中选择一种艺术字的样式，单击"确定"按钮，如图 4-92 所示。

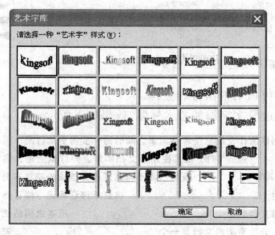

图 4-92　"艺术字库"对话框

（3）在打开的"编辑'艺术字'文字"对话框中输入需要的文字，如"上善若水"，设置字体、字号、字形如图 4-93 所示。

（4）单击"确定"按钮，就会出现图 4-94 所示的艺术字效果。

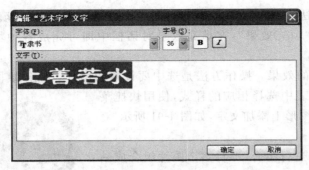

图 4-93  "编辑'艺术字'文字"对话框

图 4-94  艺术字效果

### 2. 艺术字的设置

艺术字的设置是使用快捷菜单和"艺术字"选项卡(如图 4-95 所示)完成的。艺术字选项卡是在选定了艺术字后自动显示的。

艺术字具有图片的性质,有关艺术字格式和效果的设置与图片的设置完全相同,如环绕方式、旋转、叠放次序、移动、选中及组合等。同时艺术字又是一组特殊的文字,所以效果也有一些特别的设置。相同之处在这里就不再重复了。

- 编辑文字:用于修改被选中艺术字的内容。
- 艺术字库:用于修改被选中艺术字的样式。
- 艺术字形状:用于更改艺术字中所含文字的排列形状。单击会打开各种排列形状的列表,如图 4-96 所示。

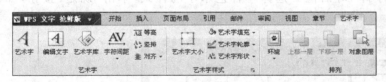

图 4-95  "艺术字"选项卡

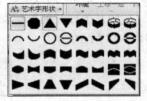

图 4-96  艺术字形状列表

- 艺术字竖排:可以切换横排和竖排。

**例 4-11**  给下面这段文字添加艺术标题,效果如下所示。

创建协作文档它使您与同事之间的协作变得更加容易。可使用经改进的"审阅"工具栏用于文档协作。修订以清晰、易读的标记表示,而不再遮盖原文档或影响其布局。启用修订时将显示修订标记,修订标记也作为一篇文档的两个版本之间的比较结果出现。分发审阅的文档是一个完整、集成的过程。如果发送一篇用于审阅的文档,当审阅者接收文档时,WPS 文字自动创建审阅申请表,启用并显示审阅工具;并提示您在审阅的副本返回时合并更改。您可以使用这些审阅工具接受或拒绝更改。

操作步骤如下：

（1）选择"插入"→"艺术字"命令。

（2）在打开的"艺术字库"对话框中选择一种艺术字的样式，单击"确定"按钮。

（3）在打开的"编辑'艺术字'文字"对话框中输入文字"WPS2012 中的重要新增功能"，设置字体为黑体、字号为 20 磅、字形为加粗。单击"确定"按钮，就会出现上图中的艺术字。

（4）单击"艺术字"→"环绕"按钮，设置环绕方式为紧密型。拖动艺术字的"旋转柄"转动艺术字到合适的位置即完成所有操作。

提示：

如果标题的内容已经存在，那么就可以先选中标题内容，再选择"插入艺术字"命令。

## 4.5.4 文本框

在 WPS 文字文档中，有时需要对某些文字单独处理。比如文档的标题，按照习惯一般是横排在文档的上方，但有时却希望将标题横排在文档的中间，或竖排在文档的左侧等，以使页面更美观。遇到这种情况，只要将这部分文字放入文本框就可以解决这类问题了。在文本框中可以放置文本和图片。文本框属于一种图形对象，但又不完全等同于图形，因此其操作与图形基本相同，但又有其特殊性。常用的文本框操作有如下几种：

**1. 插入文本框**

文本框按其中的文字排列方式分为两种：横排和竖排。创建步骤如下：

（1）选择"插入"→"文本框"命令，在下拉列表中可选择"横排文本框"、"竖排文本框"等。

（2）将鼠标移到文档窗口，鼠标指针变为"＋"形时，在合适的位置按住左键拖动鼠标便可插入一个文本框，松开鼠标后就可以在文本框中输入文字了。

**2. 文本框的激活和选中**

文本框激活后可以编辑文本框中的内容，激活方法是单击文本框中的任意位置。

文本框选中后可以对文本框进行移动、改变大小和设置环绕方式等操作。选中的方法是单击文本框的边框。

文本框的格式和效果的设置与图形的设置方法几乎相同，如环绕方式、旋转、叠放次序、移动、边框线的线型、颜色的填充及组合等，这里就不再赘述了。

提示：

（1）如果要将已经存在的内容放入文本框，那么就要先选中这些文字的内容，再插入文本框，这些文字的内容就会自动出现在文本框中。

（2）使用文本框时，常常需要去掉文本框的边框线，其操作方法是双击文本框的边框，在打开的"设置文本框格式"对话框中设置"线条"选项区域中的"颜色"为"无线条颜色"，如图 4-97 所示。

（3）文本框中的内容可以看做是一个独立的页面。

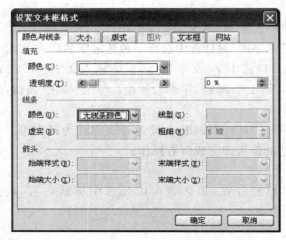

图 4-97　"设置文本框格式"对话框

**例 4-12**　制作效果如下所示的文档。要求：将文本的第一段文字竖排并添加底纹和边框。

创建协作文档它使您与同事之间的协作变得更加容易。可使用经改进的"审阅"工具栏用于文档协作。修订以清晰、易读的标记表示，而不再遮盖原文档或影响其布局。启

> 增强的记忆式键入的功能 Microsoft WPS 文字将识别 Microsoft Outlook 中的任何收件人姓名，并用于记忆式

用修订时将显示修订标记，修订标记也作为一篇文档的两个版本之间的比较结果出现。分发审阅的文档是一个完整、集成的过程。如果发送一篇用于审阅的文档，当审阅者接收文档时，WPS 文字自动创建审阅申请表，启用并显示审阅工具；并提示您在审阅的副本返回时合并更改。

制作步骤如下：

（1）选定文档中第一段文字内容，选择"插入"→"文本框"命令，在下拉列表中选择"竖排文本框"。

（2）选中文本框调整其位置和大小。

（3）打开"绘图工具"选项卡，单击"形状填充"按钮，为文本框填充颜色。

（4）单击"形状轮廓"按钮，更改边框线颜色。

（5）保存文档，完成操作。

## 4.5.5　在文本中插入"文件"对象

在文档的编辑过程中，常常需要将多个文档内容合并成一个文档。除了可以用"复

制"和"粘贴"的方法外,还可以用 WPS 文字提供的插入"文件"对象的方法。具体操作步骤如下:

(1) 将光标移动到要插入其他文档的位置。

(2) 选择"插入"→"对象"→"文件"命令,在打开的"插入文件"对话框中选择要合并的文件位置和名称,如图 4-98 所示。

图 4-98    "插入文件"对话框

(3) 单击"插入"按钮,便可以将选定的文件插入到当前文档中光标所在的位置。

# 4.6　WPS 文字文档的输出

## 4.6.1　打印预览

当一篇文档的全部内容都已编辑完成后,下一步的工作就是打印输出,在打印之前通常要先查看一下整体的排版效果,这就需要用到打印预览功能。

打印预览的操作方法是单击"WPS 文字"按钮,在下拉列表中选择"打印预览"命令便可进入打印预览方式,同时会出现"打印预览"工具栏,鼠标指针也会变为"放大镜"形状 ⊕。

打印预览方式下,文档显示为实际打印时的页面格式,只是按比例缩小而已。查看排版效果时,可以单页、多页和设定比例显示。

提示:

(1) 在打印预览方式下可以单击"打印"按钮进行打印。

(2) "关闭"按钮的作用是退出打印预览方式,返回到原来的视图方式下。

## 4.6.2 打印输出

检查无误后便可以开始打印了,要想打印可以选择"WPS 文字"→"打印"命令,打开
"打印"对话框,然后设置文档打印的参数,如图 4-99 所示。

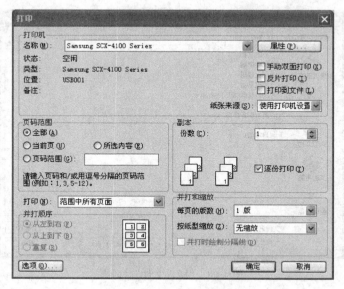

图 4-99 "打印"对话框

### 1. 设定打印范围

在"页面范围"选项组中可以根据需要选择"全部"、"当前页"和"页码范围"。比如打
印之后发现某几页有错需要重新打印时,就可以选择页码范围,将有错误的页面重新打
印。"页码范围"文本框内输入具体的页码,页码与页码之间用"—"分开表示前一个页码
到后一个页码之间的所有页,如果页码与页码之间用","表示前一个页码和后一个页码,
如"3,5—7,10—"表示打印第 3 页、第 5 页到第 7 页以及第 10 页后面的所有页。

### 2. 设定打印份数

打印文档时可以同时打印多份,只要将具体的份数输入到"份数"微调框内。"逐页打
印"表示先将文档的第一页打印规定的份数后,再打印第二页…。"逐份打印"表示将完整
的一份打印完毕后,再打印第二份。

提示:除了用上述方法打印文档外,还可以单击"文档标签"栏上的"打印"按钮,在打
印预览方式下单击"打印"按钮。

## 4.6.3 将 WPS 文档打印输出为 PDF 格式

PDF(Portable Document Format,可移植文档格式)的最大优点就是能跨系统平台
使用,也就是说使用 PDF 无论在哪种打印机或者显示器上都可保证精确的颜色和准确的

打印或显示效果与输入时的效果相同。其次,PDF的制作可以进行加密、权限设置,文档的保密性较其他格式有所提高。因此在工作、学研中PDF的使用率非常高,尤其在外企和高新技术企业,PDF成为文档交换与传送的首选格式。

WPS支持将文档导出为PDF文件。先保存好文档,再选择"WPS文字"→"输出为PDF格式"命令,则出现图4-100所示对话框,通过"浏览"按钮指定文件保存位置,单击"确定"按钮即可导出。如果选择打开文件,即可观看PDF格式文档,不需要可选择关闭。

图4-100 "输出为PDF格式"对话框

提示:请确保所在计算机安装有PDF阅读器。如果想要做进一步的设置,如设置密码等,可以单击"高级"按钮。

# 4.7 WPS文字的高级操作与综合实例

## 4.7.1 制作合同

实例中主要涉及文本的字体和段落格式的设置、制表位及多级编号的设置。实例效果如图4-101所示。

制作步骤如下:

(1)先输入文档中的所有文字。

提示:在输入落款的最后三段时,每项的甲方和乙方内容之间按一下制表键,即Tab键。

(2)对文档中的文字进行格式设置。一般标题使用三号字,黑体。正文使用默认的五号字,宋体。个别内容进行特别的设置,如甲方和乙方的名称设为四号、加粗。

(3)段落格式设置。标题设为居中,段后间距为一行。

(4)编号的设置。从样文可以看出在文档中从"双方责任"到"本合同未尽事宜由双方友好协商"共包含有两级编号。

(5)选中从"双方责任"到"本合同未尽事宜由双方友好协商"处的所有文本,选择"开始"→"编号"命令,在打开的列表中选择"其他编号",在"项目符号和编号"对话框中选择"多级编号"选项卡,如图4-102所示。

(6)选中图4-103所示的编号类型,单击"自定义"按钮,在打开的"自定义多级编号列表"对话框中设置一级编号格式为"一,二,三,…",设置二级编号格式为"1,2,3,…",对齐位置为0.5cm,制表位位置为0.5cm,缩进位置为1cm,如图4-104所示。

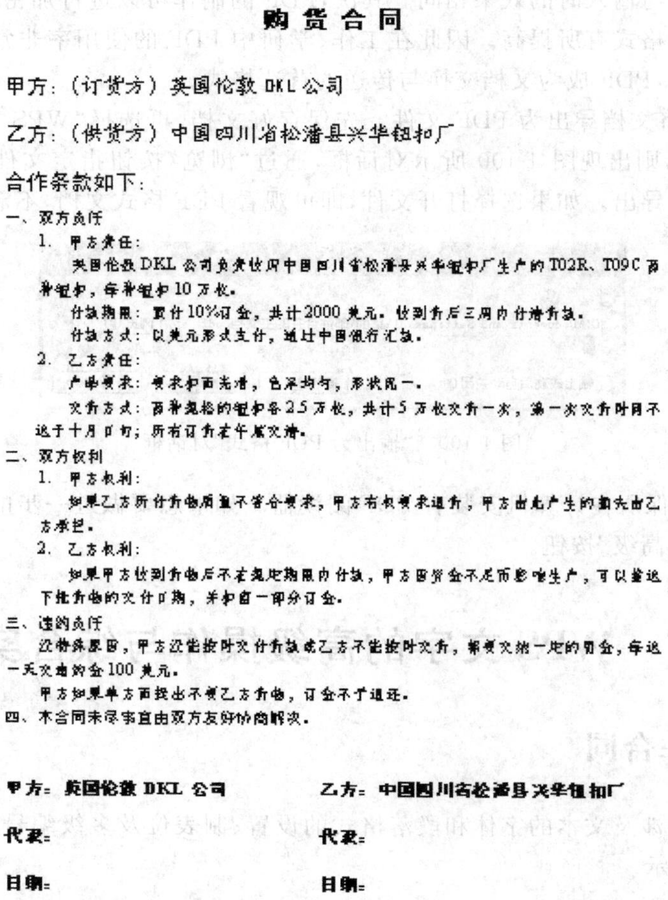

# 购 货 合 同

**甲方：**（订货方）英国伦敦 DKL 公司

**乙方：**（供货方）中国四川省松潘县兴华钮扣厂

合作条款如下：

一、双方责任
　　1. 甲方责任：
　　　　英国伦敦 DKL 公司负责收购中国四川省松潘县兴华钮扣厂生产的 T02R、T09C 两种钮扣，每种钮扣 10 万枚。
　　　　付款期限：取付 10%订金，共计 2000 美元。收到货后三周内付清货款。
　　　　付款方式：以美元形式支付，通过中国银行汇款。
　　2. 乙方责任：
　　　　产品要求：要求扣面光滑，色泽均匀，形状统一。
　　　　交货方式：两种规格的钮扣各 25 万枚，共计 5 万枚交货一次，第一次交货时间不迟于十月 1 日；所有订货年底交清。
二、双方权利
　　1. 甲方权利：
　　　　如果乙方所付货物质量不符合要求，甲方有权要求退货，甲方由此产生的损失由乙方承担。
　　2. 乙方权利：
　　　　如果甲方收到货物后不在规定期限内付款，甲方因资金不足而影响生产，可以延迟下批货物的交付日期，并扣留一部分订金。
三、违约责任
　　没货吏原因，甲方没能按时交付货款或乙方不能按时交货，都需交纳一定的罚金，每迟一天交违约金 100 美元。
　　甲方如果单方面拒收不要乙方货物，订金不予退还。
四、本合同未尽事宜由双方友好协商解决。

**甲方：英国伦敦 DKL 公司**　　　　　　**乙方：中国四川省松潘县兴华钮扣厂**

**代表：**　　　　　　　　　　　　　　　　**代表：**

**日期：**　　　　　　　　　　　　　　　　**日期：**

图 4-101　实例效果

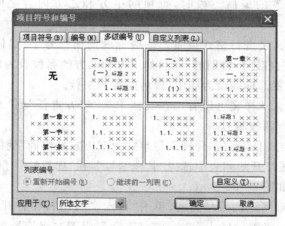

图 4-102　"项目符号和编号"对话框

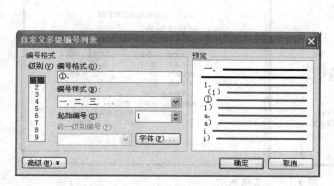

图 4-103　"自定义多级编号列表"对话框　　　　图 4-104　"制表位"对话框

（7）此时选中的所有段落都成为一级编号。下面来介绍如何将一级编号变为二级编号。将光标移动到"双方责任"的"双"前，按下 Tab 键就可以将当前的一级编号变为二级编号了（Tab 键的作用是将上级编号变为下级编号，如果按 Shift＋Tab 组合键可以将下级编号变为上级编号）。

（8）选中从"英国伦敦 DKL 公司"到"通过中国银行汇款"三段文字内容，单击"开始"组中的 三 按钮，删除这三段文字的项目符号，设置左缩进为 3cm。

（9）用同样的方法设置后面的项目符号。

（10）将最后几行落款的双方名称、代表、日期设置为黑体，段前间距设为 1 行，制表位为 18.8 字符。

（11）制表位的设置方法：单击"开始"→"段落"组右下角的 按钮，单击"段落"对话框左下角的"制表位"按钮，在打开的"制表符"对话框中设置制表位为 18.8 字符，如图 4-104 所示。

（12）保存文档即可完成。

## 4.7.2　利用邮件合并制作学生成绩通知单

在日常工作中，经常要发一些公函或报表之类的文档，这类文档的内容通常分为固定不变的内容和变化的内容。如会议的邀请函中，所有邀请函的内容是一样的，变化的内容是客户的名称。如果一封一封地填写客户的名称，比较烦琐和费力。WPS 文字提供的"邮件合并"功能可以使这类工作变得轻松而简单。

由上面的分析可以知道邮件合并需要两部分内容，将不变的内容称为主文档，像客户名这样变化的内容称为数据源。数据源通常是已经建立好的，比如客户名来源于客户资料。

下面通过创建一个学生成绩通知单来详细介绍邮件合并的使用方法。

学生的成绩单已经建好存在磁盘中，文件名为"11020401 班成绩单"，要求由此成绩单创建出每个同学的成绩通知单，实例效果如图 4-105 所示。

图 4-105　实例效果

操作步骤如下：

（1）准备数据源。数据源 11020401 班成绩单可以新建，也可以使用已有的文件。检查数据源（如图 4-106 所示）是否完整。

### 11020401班成绩单

| 学　号 | 姓名 | 性别 | 民族 | 大学语文 | 高等数学 | 计算机基础 | 大学英语 |
|---|---|---|---|---|---|---|---|
| 1154005 | 叶姗 | 女 | 白 | 56 | 86 | 87 | 93 |
| 1154016 | 王天 | 男 | 白 | 86 | 83 | 69 | 85 |
| 1154008 | 黄鹤 | 男 | 汉 | 75 | 65 | 53 | 91 |
| 1154013 | 程旭 | 男 | 汉 | 84 | 67 | 69 | 87 |
| 1154012 | 徐进 | 男 | 汉 | 63 | 77 | 81 | 76 |
| 1154018 | 李冰 | 男 | 汉 | 76 | 99 | 86 | 87 |
| 1154003 | 黎明 | 男 | 汉 | 82 | 85 | 88 | 84 |

图 4-106　数据源内容

提示：

① 首先要将学生的信息制作成表格的形式，最好是使用电子表格，而且必须在表格的第一行输入标题，第二行开始为数据，这样才方便在 WPS 文字中调用。

② 打开数据源时，数据源的文件必须关闭。

（2）创建主文档。按照图 4-107 所示内容建立一个文档。

（3）连接主文档和数据源。操作方法：选择"邮件"→"打开数据源"命令，在选取数据源对话框中选定已准备好的数据源。如果数据源为电子表格，打开数据源时会提示选择表格，因为数据源里有三个工作表，选择存放数据的 Sheet1 工作表，单击"确定"按钮，这样主文档就与数据源连接好了。

（4）插入合并域。将插入点定位到相应的

图 4-107　主文档内容

位置,依次选择"邮件"→"插入合并域"命令,在"插入合并域"对话框中选择相应的内容。如将光标移动到"同学"前,单击"插入合并域"按钮,在打开的"插入合并域"对话框(如图 4-108 所示)中选择"姓名"域。同样的方法插入"大学语文"、"高等数学"、"大学英语"和"计算机基础"域。插入合并域后的文档效果如图 4-109 所示。

图 4-108 "插入合并域"对话框

图 4-109 插入合并域后的文档效果

(5) 单击"邮件"→"合并到新文档"按钮 ,在打开的"合并到新文档"对话框中选择要合并的记录范围,如图 4-110 所示。

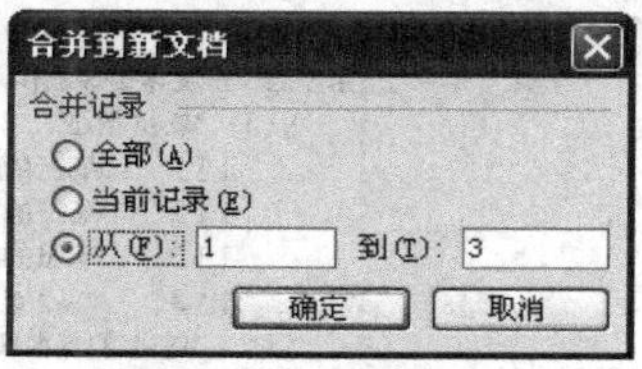

(6) 单击"确定"按钮合并文档,这时所有的成绩通知单就制作完成了,合并的结果放在一个新文件中,默认的文件名为"文档 x. DOC",所有操作完成。

图 4-110 "合并到新文档"对话框

提示:

① 邮件合并的数据源可以是其他应用软件制作的,如 Excel 制作的电子表格。

② 邮件合并的结果可以不写入文件页,直接打印。只需要在合并时单击"合并到打印机"按钮。

从合并结果可以看出,在一张 A4 的纸上只有一个成绩单造成很大的浪费。如果想在一页纸上打印多个成绩单,只需在完成了第 4 步之后,将制作的结果(如图 4-109 所示)复制需要的份数,在前一个和后一个成绩单之间插入一个"Next 域",如图 4-111 所示。在完成了第 5 步和第 6 步之后,即可看到一页上显示多个成绩单的效果。

## 4.7.3 建立目录和索引

本实例中主要涉及的操作有大纲视图、样式、插入页眉和页脚及插入目录。

要求为已有的长文档制作目录,实例效果如图 4-112 所示。

操作过程如下:

(1) 使用"视图"→"大纲"切换到大纲视图,将书稿的三级章节标题从高到低分别设置样式为"标题 1"、"标题 2"和"标题 3"。

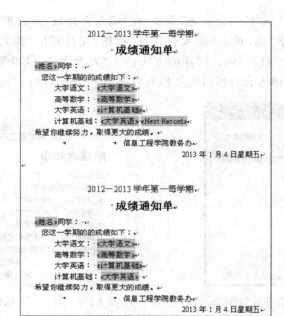

图 4-111　一页多个合并结果

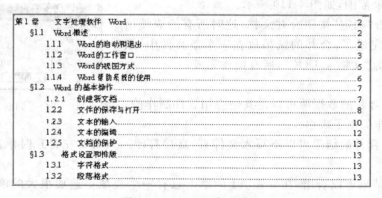

图 4-112　目录和索引效果

（2）为各章节编号设置多级编号。选择"开始"→"编号"→"多级编号"命令，打开图 4-113 所示对话框，选中含有标题的编号样式，单击"自定义"按钮，设置各级标题样式的编号格式为"第 1 章"、"§1.1"和"1.1.1"。

（3）使用"视图"→"页面"切换到页面视图，将光标移动到文档开始处，选择"引用"→"插入目录"命令，在打开的"目录"对话框（如图 4-114 所示）中进行相应的设置。

（4）将光标移动到正文的开始处，即"第 1 章　文字处理软件 Word"前，选择"插入"→"分隔符"→"分页符"命令，在正文前插入一个分页符，使文档从正文开始处另起一页。

提示：

① 插入目录和索引必须在已设置了标题样式的文档中进行。

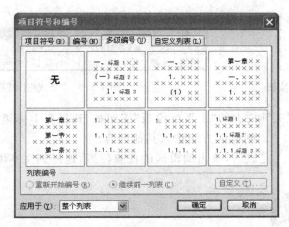

图 4-113　选择带"标题"样式的多级编号

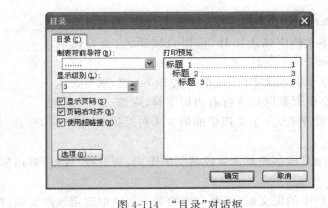

图 4-114　"目录"对话框

② 在选择"插入"→"引用"→"目录和索引"命令之前,必须将光标移动到文档的开始。

## 4.7.4　公式编辑器的使用

有时要在文档中插入一些数学公式,可以利用 WPS 文字提供的公式编辑器,方便地编辑各种复杂的公式。下面通过一个实例来说明公式的编辑方法。

编辑公式：$y = \sqrt[3]{x^3 + y^3}$

操作步骤如下：

(1) 将光标移到要插入公式的位置。

(2) 选择"插入"选项卡,在"符号"选项组中单击"公式"按钮,如图 4-115 所示。

(3) 打开"公式编辑器"窗口,同时还会显示"公式"工具栏,如图 4-116 所示。

(4) 在"公式编辑器"窗口的光标处输入公式的内容"y＝"。

(5) 单击"公式"工具栏上的"分式和根式模板"按钮，在出现的样式列表中选择根式类型,在虚线框中输入"x"。

图 4-115 "公式"按钮

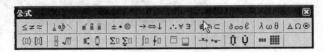

图 4-116 "公式"工具栏

（6）单击"公式"工具栏上的"上下标模板"按钮▓，选择右上标类型，在上标的虚线框中输入"3"，再输入"＋"。同样的方法输入其他内容。

（7）公式内容输入完成后，单击编辑区的任意位置，返回到文本编辑方式下。

## 习题 4

### 一、填空题

1. 新建文档，单击"保存"按钮后，若缺省文件名，则文件名为_____。

2. 在 WPS 文字文档中插入图片，可以直接插入，也可以从_____或_____中插入。

3. 在 WPS 文字中输入文本时，每按一次 Enter 键，就可产生一个_____。

4. 在 WPS 文字中要删除插入符右边的字符，应按_____键。

5. 若要打印一篇 WPS 文字文档中的第 3、4 页及第 8、9、10 页，应在"打印"对话框中的页码范围中输入_____。

6. 要设置文档中某段落与其前后段落间的距离，应选择"段落"对话框中"间距"组中的_____或_____。

7. 若要删除文档中的图文框，可在文档的页面视图中选定该图文框，按_____键。

### 二、上机题

1. 录入下面的文字，并完成下述操作。

CIH 病毒传播的主要途径是 Internet 和电子邮件，当然随着时间的推移，它也会通过软盘或光盘的交流传播。据的 CIH 病毒，"原体"加"变种"要区别在于"原体"会使受感染"变种"不但使受感染的文件增别是有一种"变种"，每月 26 日

悉，权威病毒搜集网目前报道一共有五种之多，相互之间主文件增长，但不具破坏力；而长，同时还有很强的破坏性。特都会发作。

CIH 病毒只感染 Windows 95/98 操作系统，从目前分析来看，它对 DOS 操作系统似乎还没有什么影响，对于仅使用 DOS 的用户来说，这种病毒似乎并没有什么影响，但如果是 Windows 95/98 用户就要特别注意了。正是因为 CIH 病毒独特的使用了 VXD 技术使得这种病毒在 Windows 环境下传播的实时性和隐蔽性都特别强，一般的反病毒软件很难发现这种病毒在系统中的传播。

CIH 病毒"变种"在每年 4 月 26 日（有一种变种是每月 26 日）都会发作。发作时硬盘一直转个不停，所有数据都被破坏，硬盘分区信息也将丢失。CIH 病毒发作后，就只能对

硬盘进行重新分区了。

（1）加上标题"CIH 病毒简介"，将标题设置为黑体、3 号、居中并加粗。

（2）将正文各段的行间距设置为 1.5 倍。

（3）将页左边距设为 3cm，右边距设为 4.5cm。

（4）在正文第 2 段的"它对 DOS 操作系统似乎还没有什么影响，"这一句后插入"所以，"。

（5）插入如图所示的剪贴画。

（6）将文本奇数页页眉设置为"第四章　WPS 文字处理软件"，偶数页页眉设置为"计算机基础"。

2. 根据要求，完成下列操作：

（1）制作如下表格和文字格式。

| 姓名 | 一班 | | | | |
| --- | --- | --- | --- | --- | --- |
| | 计算机 | 数学 | 统计 | 总分 | 平均分 |
| 李阳 | 78 | 63 | 54 | | |
| 张华 | 65 | 78 | 88 | | |
| 陈旭峰 | 49 | 66 | 86 | | |
| 王永民 | 87 | 91 | 68 | | |

（2）求每个同学的总分。

（3）求"计算机"成绩的平均分。

（4）在每个名字前加上编号。

3. 利用 WPS 文字中的模板建立一份简历。

# 第 5 章 演示文稿——WPS 演示

## 5.1 WPS 演示概述

WPS 演示主要用于设计制作广告宣传、产品演示的电子版幻灯片,制作的演示文稿可以通过计算机屏幕或者投影机播放。利用 WPS 演示不但可以创建演示文稿,还可以在因特网上召开面对面会议、远程会议或在 Web 上给观众展示演示文稿。随着办公自动化的普及,WPS 演示的应用越来越广。

首先来关注 WPS 演示中的两个非常重要的概念:演示文稿和幻灯片。WPS 演示制作的文件叫演示文稿,它由许多张幻灯片组成。而幻灯片是 WPS 演示演示文稿的组成元素,每张幻灯片都是演示文稿中既相互独立又相互联系的内容。在幻灯片中可以插入文字、表格、图片、音频和视频等对象。

### 5.1.1 WPS 演示的启动

启动 WPS 演示的方法很多,下面介绍几种常用的方法。

方法一:双击桌面上的 WPS 演示快捷方式图标可以快速启动 WPS 演示,如图 5-1 所示。

方法二:利用"开始"→"所有程序"级联菜单启动 WPS 演示。

方法三:双击任一 WPS 演示演示文稿图标。这种方式与前两种方式的不同之处在于:这种方式在打开 WPS 演示窗口的同时打开该图标所代表的 WPS 演示文稿。

图 5-1　WPS 演示
的快捷方式

### 5.1.2 工作窗口

启动后的 WPS 演示窗口如图 5-2 所示,与其他应用软件窗口相似,有标题栏、菜单栏、工具栏、状态栏、任务窗格和工作区。

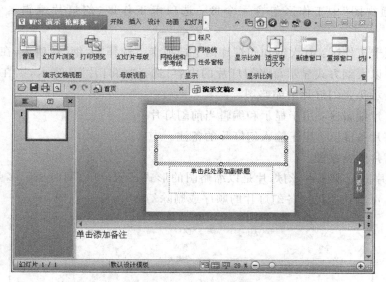

图 5-2　WPS 演示工作窗口

## 5.1.3　视图方式

WPS 演示提供了普通视图、幻灯片浏览视图和打印预览视图三种视图方式。

**1. 普通视图**

该视图是 WPS 演示的默认视图。在该视图中可以插入、编辑、修饰、设置文稿中的幻灯片，如图 5-3 所示。

图 5-3　普通视图

在"普通视图"中工作区包含三个区：选项卡工作区、幻灯片编辑区和幻灯片备注区。

- 选项卡工作区：有大纲和幻灯片两个选项卡。选择"大纲"选项卡，在选项卡工作区中以大纲方式显示每张幻灯片的内容；选择"幻灯片"选项卡，则在选项卡工作区显示每张幻灯片的缩略图。
- 幻灯片编辑区：用于显示和编辑当前幻灯片。
- 幻灯片备注区：用于输入幻灯片的备注。

### 2. 幻灯片浏览视图

在幻灯片浏览视图中，幻灯片是以缩略图的形式显示，可以同时显示多张幻灯片，如图 5-4 所示，可以快速排列各幻灯片的顺序或删除幻灯片。

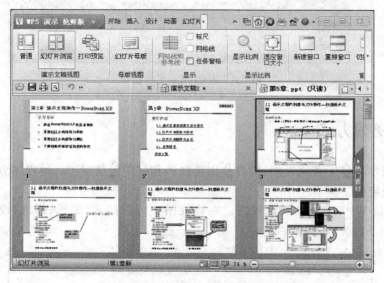

图 5-4　幻灯片的浏览视图

提示：

(1) 浏览视图中只能查看幻灯片，不能编辑幻灯片。

(2) 在浏览视图中双击某个幻灯片会切换到普通视图，该幻灯片则是当前幻灯片。

### 3. 打印预览视图

在打印预览视图中观察打印预览效果，也可以进行一些效果设置。

### 4. 视图方式的切换

切换视图方式常用的有两种方法：一种是在"视图"选项卡中单击需要的视图按钮，如图 5-5 所示；另一种是利用状态栏右侧的视图切换按钮，三个按钮依次是普通视图、幻灯片浏览视图和幻灯片放映视图。

图 5-5　视图切换按钮

# 5.2 创建演示文稿

WPS演示中有很多方法可以创建演示文稿,下面介绍几种常用的方法。

## 5.2.1 创建空白演示文稿

创建空白演示文稿常常是利用空白幻灯片模板从头开始建立,操作步骤如下:

(1) 单击"WPS演示"按钮,在下拉菜单中选择"新建空白文档"命令,或在"新建演示文稿"窗格中单击"新建空白文档",如图5-6所示,打开"幻灯片版式"任务窗格,如图5-7所示。

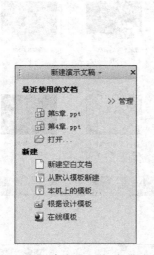
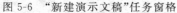

图5-6 "新建演示文稿"任务窗格

图5-7 "幻灯片版式"任务窗格

(2) 如果要保留第一张幻灯片的默认标题版式,则开始编辑其内容即可。如果不满意默认的幻灯片版式,可以在"幻灯片版式"任务窗栏中单击所需的版式。

(3) 在幻灯片中插入所需要的内容,如文本、图片和表格等。

(4) 编辑完一张幻灯片后,若需要继续编辑新幻灯片,则单击"开始"→"新幻灯片"命令按钮◻;然后在"幻灯片版式"任务窗格中单击所需要的版式。

(5) 对每张新幻灯片都重复步骤(3)和步骤(4),并添加任何其他所需的设计元素或效果。

(6) 编辑完所有的幻灯片后,保存文稿即可。

提示：WPS 演示演示文稿的默认文件类型为 .PPT。

## 5.2.2 利用模板创建演示文稿

设计模板是包含演示文稿样式的文件，包括项目符号和字体的类型和大小、占位符大小和位置、背景设计和填充、配色方案等。在 WPS 的首页中有各种类型的设计模板，可以根据需要选择使用，如图 5-8 所示。可以使用"设计"选项卡中的设计模板列表选择使用，如图 5-9 所示。

图 5-8 "首页"

图 5-9 "设计模板"列表

设计模板的使用还可以利用"设计模板"任务窗格。"设计模板"任务窗格可以用以下两种方法打开。

方法一：单击"新建演示文稿"任务窗格中的"根据设计模板"打开。

方法二：选择"设计"→"设计模板"命令打开。

# 5.3　编辑演示文稿

编辑演示文稿的基本操作主要是幻灯片的插入、删除、复制、移动和显示/隐藏等操作。

## 5.3.1　选择幻灯片

和在其他应用软件中一样,要想对幻灯片操作就必须要先选定幻灯片,常用的选择方法有:

(1) 直接单击幻灯片,选中一张幻灯片。

(2) 按住 Ctrl 键依次单击要选择的幻灯片,可以选中多张不连续的幻灯片。

(3) 单击第一张要选择的幻灯片,然后按住 Shift 键,再单击最后一张所需的幻灯片,可以选择多张连续的幻灯片。

(4) 按 Ctrl+A 组合键或选择"开始"→"编辑"→"选择"→"全选"命令,可以选择所有的幻灯片。

提示:

(1) 在普通视图中,选择幻灯片应在"选项卡"工作区选择。而且在此视图方式下不能选择连续的幻灯片。

(2) 对幻灯片的编辑操作通常是在浏览视图中进行。

## 5.3.2　插入、删除、移动和复制幻灯片

### 1. 插入幻灯片

一个 WPS 演示演示文稿中包含有多张幻灯片,所以在创建演示文稿时,插入幻灯片是建立演示文稿必须而且重要的一步。插入幻灯片有以下两种方法:

方法一:选择"开始"→"新幻灯片"命令。

方法二:在普通视图下的"选项卡"工作区中插入新幻灯片也很方便,选中一张幻灯片,然后按一下 Enter 键,可以插入一个新的幻灯片。

提示:插入的新幻灯片会自动放在当前幻灯片之后,因此插入新幻灯片前必须要先选定相应的幻灯片。

### 2. 幻灯片的删除、复制和移动

删除幻灯片的操作常常是在浏览视图下或在普通视图下的"选项卡"工作区中进行的。方法有两种:

方法一:选中要删除的幻灯片按 Delete 键。

方法二:选中要删除的幻灯片,使用右键快捷菜单中的"删除幻灯片"命令。

幻灯片的移动和复制与前几章中介绍的文本移动和复制操作类似,这里不再详细介绍了。可以使用鼠标拖动的方法或利用剪贴板。不同之处在于移动和复制幻灯片要在普

通视图的选项卡工作区进行,或是在幻灯片浏览视图中操作。

### 3.幻灯片的隐藏和显示

有时候,在放映过程中要求不放映某些幻灯片,就可以在放映之前先将这些幻灯片隐藏。隐藏幻灯片的方法是选中要隐藏的幻灯片,单击"幻灯片放映"→"隐藏幻灯片"按钮,或选择右键快捷菜单中的"隐藏幻灯片"命令。

幻灯片隐藏后,在普通视图和浏览视图中依然可以看到这些幻灯片,在隐藏的幻灯片旁边显示隐藏幻灯片图标,图标中的数字为幻灯片的编号,如图 5-10 所示。图中的第一张和第三张幻灯片就是被隐藏的,这些幻灯片不能被放映出来。

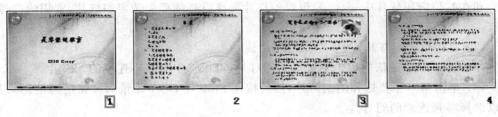

图 5-10　幻灯片隐藏后效果

再次执行上述操作,可以对已经隐藏的幻灯片进行撤销隐藏。

## 5.3.3　制作和编辑幻灯片

制作和编辑幻灯片只能在普通视图方式下,在幻灯片中可以插入文本、表格、图片、图形、艺术字、动画、图表、声音和视频等元素。幻灯片的制作和编辑过程中,可以把一个幻灯片看做是一个 Word 的页面,因此编辑的方法和过程与 Word 中介绍的类似。这里主要介绍 WPS 演示的特色之处。

### 1.在幻灯片中插入一般元素

常用的插入方法有以下几种:

方法一:利用幻灯片的版式插入元素。

每当插入新幻灯片时会打开"幻灯片版式"任务窗格,要求为新建的幻灯片选择版式,如图 5-7 所示。幻灯片版式中是用"占位符"表现元素的,表 5-1 中说明了各占位符的含义。

表 5-1　占位符的含义

| 符　号 | 意　义 | 符　号 | 意　义 |
| --- | --- | --- | --- |
| \|￣￣￣\| | 标题 | ≡ ∿∿∿∿ | 文字 |
| ♨ | 图片 | 组织结构图 | 组织结构图 |
| 图表图标 | 图表 | 表格图标 | 表格 |

根据具体需要的元素和版面的设置情况选择好版式之后,单击幻灯片中的"占位符"

就可以插入相应的元素。

方法二：在"插入"菜单中选择不同的命令，可以直接插入各种元素，如图片、艺术字、图表和表格等；还可以从素材库中选择要插入的对象。"插入"选项卡的内容如图 5-11 所示。

图 5-11 "插入"选项卡

方法三："剪贴板"上的内容可以直接粘贴到当前幻灯片中。

提示：

（1）在幻灯片上是不能直接输入文本的，通常情况下要放入文本框。

（2）幻灯片中占位符通常也都是放在文本框中的。

（3）WPS 演示有一个特色，如果在幻灯片中插入了 GIF 格式的动画图片后，放映幻灯片时就可以看到动画的效果。

**2．插入声音和影片**

为了使幻灯片更加活泼、生动，还可以插入影片及.wav、.mid、.aif 和.rmi 等声音文件。

插入声音效果的方法与插入图片非常相似。插入声音效果的步骤是：

（1）单击"插入"→"媒体"功能组中相应的命令按钮完成，如图 5-12 所示。插入声音文件时在打开的窗格或对话框中，找到保存声音文件的位置，选中并插入。

（2）插入声音时系统会在当前幻灯片中显示一个声音图标 和图 5-13 所示的消息框，提问声音的播放方式，单击"自动"按钮确认，插入的声音在放映该张幻灯片时会自动播放。单击"在单击时"按钮，则幻灯片播放时需要单击声音图标 才会播放声音。如果想在放映之前先听一下，可以双击小喇叭状的图标 。

图 5-12 "媒体"功能组按钮

图 5-13 插入声音后的消息框

提示：

（1）这种方法是给当前幻灯片插入声音元素，当切换到下一张幻灯片时，该声音自动结束。

（2）插入影片和插入声音的操作非常相似，不再重复了。

**3．插入超链接**

为了使演示文稿的放映更具有灵活性，可以在演示文稿中添加超链接。超链接可以实现幻灯片放映时的无序跳转。创建超链接的步骤如下：

（1）在幻灯片上选定要建立超链接的文本或其他元素。

（2）选择"插入"→"超链接"命令，打开"编辑超链接"对话框，如图 5-14 所示，进行相应的设置。如果要改变幻灯片的播放次序，单击"本文档中的位置"按钮，再选择要跳转到的幻灯片即可。

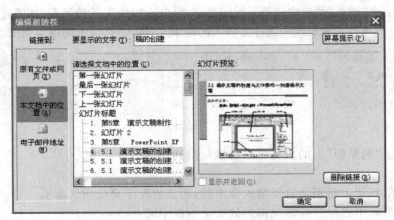

图 5-14 "编辑超链接"对话框

（3）单击"确定"按钮，返回到普通视图中，可以看到建立超链接的文本自动添加了下划线，而且颜色变成了配色方案中指定的颜色。在放映幻灯片时，鼠标移动到该文本时会变成小手的形状，单击实现超链接。

提示：超链接是幻灯片放映时被激活，即小手只有在幻灯片放映时才可以出现。

**4. 动作按钮的插入与设置**

所谓"动作按钮"是 WPS 演示用来实现超链接跳转的一类特殊按钮，如"下一张"和"返回"等按钮。具体的设置步骤如下：

（1）选定要放置按钮的幻灯片，选择"插入"→"形状"命令，可以在其列表中找到图 5-15 所示"动作按钮"列表。

（2）就像绘制自选图形一样，在幻灯片中绘制一个按钮自选图形。

（3）绘制完毕自动弹出图 5-16 所示"动作设置"对话框，设置完相应的动作之后，单击"确定"按钮即可。

图 5-15 "动作按钮"列表    图 5-16 "动作设置"对话框

# 5.4  修饰幻灯片

修饰幻灯片就是为幻灯片,设置色彩缤纷的外观,设置主要有三种途径:模板、母版和配色方案。

## 5.4.1  模板的使用

模板是一个幻灯片的整体格式,它包含特殊的图形元素、颜色、字号、背景及多种特殊效果。在5.1节中已经介绍过如何使用模板建立演示文档。如果用其他方法建立演示文档时,使用模板可以大大简化编辑和修饰幻灯片的复杂程度,使多张或全部幻灯片具有统一的设计风格。应用模板的操作步骤如下:

(1)选定要重新应用模板的幻灯片。

(2)选择"设计"选项卡,打开设计模板按钮列表。或使用"设计模板"任务窗格。

(3)在"设计模板"列表中选择一种模板样式即可。

提示:使用"设计"选项卡中的设计模板按钮,只能应用于所有幻灯片。如果使用"设计模板"任务窗格,单击右侧的下拉箭头,在弹出的菜单中选择相应的操作命令,如图5-17所示。

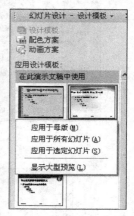

图 5-17   模板的应用菜单

## 5.4.2  母版的使用

在 WPS 演示中有三种母版:幻灯片母版、讲义母版及备注母版,可用来制作统一标志和背景的内容,设置标题和主要文字的格式,包括文本的字体、字号、颜色和阴影等特殊效果,也就是说,母版是为所有幻灯片设置默认版式和格式。修改母版就是在创建新的模板。如果不愿意套用系统提供的现成模板,就自己设计制作一个模板,以创建与众不同的演示文稿。模板是通过对母版的编辑和修饰来制作的。如果需要某些文本或图形在每张幻灯片上都出现,比如公司的徽标和名称,就可以放在母版中,只需编辑一次就行了。下面介绍幻灯片母版的使用,其操作过程如下:

(1)选择"视图"→"母版"→"幻灯片母版"命令,打开幻灯片母版视图,如图5-18所示。

(2)在幻灯片母版中可以编辑和修改母版。利用"幻灯片母版"选项卡(如图5-19所示),在母版视图中单击"幻灯片母版"→"母版版式"按钮▥,插入各种占位符,设置每个占位符的格式,如字体、颜色和项目符号等。需要提醒的是,在母版幻灯片中修改和设置将会影响到演示文稿中的所有幻灯片。

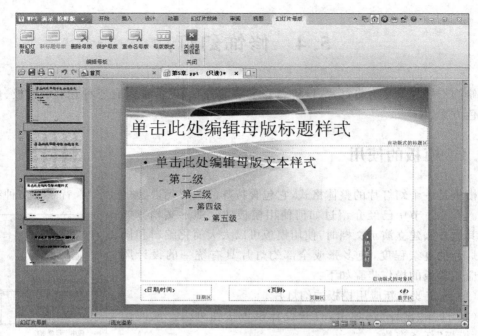

图 5-18　幻灯片母版视图

图 5-19　"幻灯片母版"功能组命令按钮

（3）编辑完成后选择"幻灯片母版"→"关闭母版视图"命令，结束对母版的编辑。

提示：

① 如果演示文稿已经使用了模板，则在母版中会显示出模板，并可以修改它，其实模板就是事先做好的母版。

② 在母版视图中所设置的标题和文本占位符中的文字内容并不会成为幻灯片的内容，也不会被放映出来。这些文字只起说明的作用，用户所能修改的只是格式。

③ 幻灯片母版中主要是设置占位符和各占位符的格式及背景，以及每张幻灯片都需要的图片。

④ 如果使个别的幻灯片外观与母版不同，可以直接修改该幻灯片，而且幻灯片上的文字不会遮住背景。

（4）在普通视图和浏览视图中，一般只能修改幻灯片的内容，而不能修改母版，只有在母版视图中才能对母版中的内容进行修改。

（5）在幻灯片母版中还可以添加页眉和页脚，页眉是指幻灯片文本内容上方的信息，页脚是指在幻灯片文本内容下方的信息，可以利用页眉和页脚来为每张幻灯片添加日期、时间、编号和页码等。选择"视图"→"页眉和页脚"命令，打开"页眉和页脚"对话框进行设置，如图 5-20 所示。

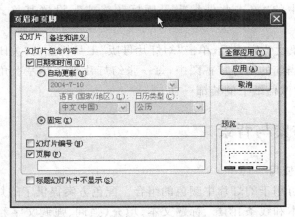

图 5-20 "页眉和页脚"对话框

**例 5-1** 为已有的演示文稿"产品介绍"设置母版，实例效果如图 5-21 所示。

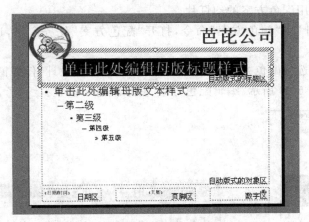

图 5-21 母版的编辑

具体要求：

(1) 每个幻灯片上有公司的徽标。

(2) 每个幻灯片的右上角有公司名称"芭芘公司"。

(3) 设置已有标题为隶书、二号、粉红色字。

操作步骤如下：

(1) 打开"产品介绍"演示文稿。

(2) 选择"视图"→"幻灯片母版"命令，打开幻灯片母版视图。

(3) 选择"插入"→"图片"命令，在打开的"插入图片"对话框中找到徽标的图片文件名，单击"插入"按钮，公司的徽标就被插入了。这时徽标出现在幻灯片母版的中央，调整图片位置和大小。

（4）加入公司名称，单击"插入"→"文本框"→"横向文本框"按钮，在幻灯片的右上角拖出一个文本框，在里面输入"芭芘公司"字样，并设置合适的格式，如图 5-21 所示。

（5）选中母版中的"单击此处编辑母版标题格式"，设置其格式为隶书、三号和粉红色。

（6）对母版对象设置完成后，单击"幻灯片母版"工具栏上的"关闭母版视图"，结束对母版的编辑。回到当前的幻灯片视图中，每一张幻灯片都会在左上角看到公司的图标和"芭芘公司"字样，就像信纸上的装饰一样。

### 5.4.3　配色方案与背景

#### 1. 配色方案的使用

配色方案是指可用于幻灯片中颜色的组合。配色方案提供了幻灯片使用的 8 种颜色设置，包括背景、文本和线条、阴影、标题文本、填充、强调、强调文字和超链接。所选择的配色文字可对某一张幻灯片应用，也可对所有幻灯片使用。

配色方案的设置步骤如下：

（1）选定要应用配色方案的幻灯片。

（2）选择"设计"→"颜色方案"命令，打开"配色方案"任务窗格，选中需要的配色方案，如图 5-22 所示。

（3）如果对所选的配色方案不满意，可以单击"幻灯片设计"任务窗格左下部的"编辑配色方案"，打开图 5-23 所示"编辑配色方案"对话框进行设置。

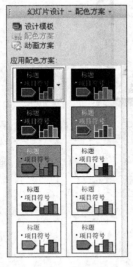

图 5-22　"配色方案"任务窗格

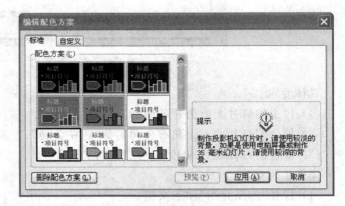

图 5-23　"编辑配色方案"对话框

#### 2. 背景的使用

通过设置幻灯片背景，可以将幻灯片的背景设置为单色和填充效果。具体的设置步骤如下：

（1）选择"设计"→"背景"命令，或使用右击快捷菜单中的"背景"命令。

（2）打开"背景"对话框，单击"背景填充"下拉箭头，在弹出的菜单中列出一些带颜色的小方块，还有"其他颜色"和"填充效果"两个链接，如图 5-24 所示。

（3）单击"填充效果"链接，打开"填充效果"对话框，可以选择填充"过渡"色、"纹理"、图案及图片，如图 5-25 所示，选择好后单击"确定"按钮，返回"背景"对话框。

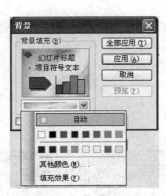

图 5-24  "背景"对话框

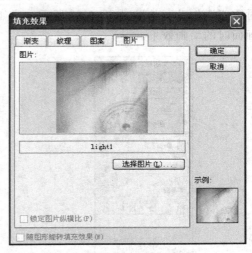

图 5-25  "填充效果"对话框

（4）在"背景"对话框中单击"应用"按钮，所选择的背景只对当前幻灯片起作用。如果单击"全部应用"按钮，演示文稿中所有的幻灯片全都采用这个背景。

提示：幻灯片设置了背景之后只会覆盖母版的背景，如果想要覆盖母版的其他元素，可以选择"背景"对话框下部的"忽略母版"选项复选框。

# 5.5　幻灯片的放映

完成演示文稿的制作之后，就可以对各张幻灯片进行放映的准备工作，如设置放映方式、排练幻灯片、自定义放映和幻灯片切换方式等。一份专业的电子演示文稿可以给人留下非常深刻的印象。演示文稿以什么方式播放，在设计演示文稿时是很重要的一环。

## 5.5.1　动态显示幻灯片中的元素

幻灯片中元素的动画效果通常是用"自定义动画"和"动画方案"设置的。"自定义动画"能使幻灯片上的文本、形状、声音、图像、图表和其他对象具有动画效果，这样就可以突出重点，并提高演示文稿的趣味性。

添加动画效果，具体操作如下：

（1）打开"自定义动画"任务窗格。

选择"动画"→"自定义动画"命令，或选择右键快捷菜单中的"自定义动画"命令，打开

"自定义动画"任务窗格,如图 5-26 所示。

（2）在普通视图中选中要添加动画的文本框或者其他元素。

（3）为选定对象添加动画效果。

大部分情况需要为元素进入画面时添加动画,有时也需要为它的退出设置动画。单击"自定义动画"任务窗格中的"添加效果"按钮右侧的下箭头,在动画效果的列表中选择何时需要添加动画效果,如图 5-27 所示。比如选择"进入"就是设置幻灯片元素在进入放映画面时的动画效果。

图 5-26　"自定义动画"任务窗格

图 5-27　添加动画效果

（4）选择具体的动画效果。

在选择了添加动画效果的时间之后,就可以在其级联菜单中选择具体的动画效果,如图 5-27 所示。如果单击"其他效果"链接,可以得到更多的动画效果。

（5）调整和修改所设置的动画效果。

在"自定义动画"任务窗格的修改栏中,可以利用"开始"、"方向"和"速度"三个选项对所设置的动画效果进一步设置。

（6）为动画效果设置声音。

在"自定义动画"任务窗格中下部单击一种要添加声音的元素右侧的下箭头,选择"效果"选项,打开图 5-26 所示对话框,选择要设置的声音。

（7）设置元素的播放次序。

为幻灯片元素添加了动画效果之后,在"自定义动画"任务窗格中的元素列表中的每个元素名前会显示一个编号,代表该元素的播放次序,如果要改变播放次序,单击"重新排序"按钮可调整播放顺序。

（8）效果预览。

单击"自定义动画"任务窗格中的"播放"按钮可以查看所设置的动画效果。

## 5.5.2  设置幻灯片切换方式

幻灯片的切换效果就是在幻灯片的放映过程中,放完一页后,这一页怎么消失,下一页怎么播放出来。这样做可以增加幻灯片放映的活泼性和生动性。制作步骤如下:

(1) 选中要添加切换效果的幻灯片。

(2) 在"动画"选项卡中选择要切换的方式,如图 5-28 所示。

图 5-28  幻灯片"切换"按钮组

(3) 然后可以单击"动画"→"切换效果"按钮 ,在打开的"幻灯片切换"任务窗格中进行如下设置:

① "应用于所选幻灯片"中显示了所有切换方式列表,单击可选择一种需要的方式。

② "修改切换效果"用于修改切换速度,设置切换时伴随的声音。

③ "换片方式"用于设置激活幻灯片切换的事件。可以是单击,或是每隔几秒自动切换。

## 5.5.3  放映演示文稿

演示文稿制作完成后,就可以放映演示文稿了。在放映之前需要根据不同的要求进行放映设置。

### 1. 设置放映方式

选择"幻灯片放映"→"设置幻灯片放映"命令,打开"设置放映方式"对话框,如图 5-29 所示。在此对话框中可设置放映类型、幻灯片放映范围和切换幻灯片的方式。

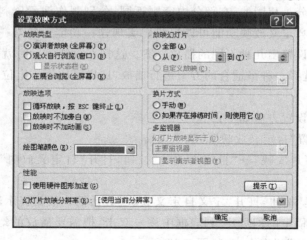

图 5-29  "设置放映方式"对话框

幻灯片的切换方式有手动和自动两种。手动方式是指切换幻灯片时,用以下操作之一就可以实现幻灯片的切换:单击鼠标、空格键、回车键和 PageUp 键。

图 5-30　"预演"对话框

自动方式是指按预先排练好的时间自动切换幻灯片。预先排练设置的步骤如下:

选择"幻灯片放映"→"排练计时"命令,出现图 5-30 所示"预演"对话框,同时开始放映计时排练,WPS 演示会自动记录第一张幻灯片播放的时间。要想查看每张幻灯片播放的时间,可切换到浏览视图下,每张幻灯片左下角显示了它的播放时间,如图 5-31 所示。

☆ 00:04　　　　　　1　　　　☆ 00:11　　　　　　2　　　　00:07　　　　　　3

图 5-31　设置放映计时后的实例效果

## 2. 放映幻灯片

幻灯片的放映有两种方法:

方法一:单击"幻灯片放映"→"从头放映"按钮 ,可以从第一张开始播放。

方法二:单击"幻灯片放映"→"从当前幻灯片开始"按钮 ,或单击视图切换按钮 可以从当前幻灯片开始播放。

在幻灯片放映时,按 Esc 键可以随时强行结束幻灯片的放映。

## 3. 自定义放映

在幻灯片放映过程中,往往需要针对不同的观看者,有时演示内容也有一些差别,这些内容有相当一部分是相同的,有部分内容则不同,分别制作演示资料则没有必要,其实金山演示中提供的自定义放映功能可以帮我们实现这一功能。通常一个演示文档,可以先按实际需要分别设置出几种不同的播放方案。这样在放映演示时就可以按照当时的实际需要,随时切换选择一种最适合的方案进行播放,这样可比逐一定位各张幻灯片要方便不少。

自定义放映的设置方法如下:

(1) 打开要设置"自定义放映"的演示文稿。

(2) 单击"幻灯片放映"→"自定义放映"按钮,打开"自定义放映"对话框(如图 5-32 所示)。

(3) 单击"新建"按钮,打开"定义自定义放映"对话框。依据提示输入要定义的放映名称,在"在演示文稿中的幻灯片"列表框中逐一双击,把需要播放的幻灯片添加到"在自定义放映中的幻灯片"列表框中,如图 5-33 所示。

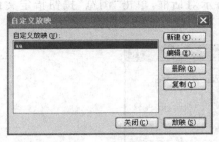
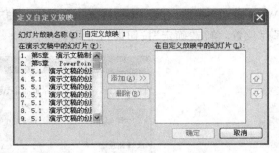

图 5-32 "自定义放映"对话框    图 5-33 "定义自定义放映"对话框

设置完成后，在放映时只需在"自定义放映"对话框（如图 5-32 所示）的"自定义放映"列表框中选择要放映的幻灯片名称，再单击"放映"按钮即可。

# 5.6 演示文稿的打印输出

## 5.6.1 打印演示文稿

通过打印设备可以输出幻灯片、大纲和讲义等多种形式的演示文稿。演示文稿打印可以选择"WPS 演示"→"打印"命令，打开"打印"对话框，如图 5-34 所示，设置相关的打印参数就可以打印了。打印幻灯片时，一页纸上允许打印多张幻灯片。

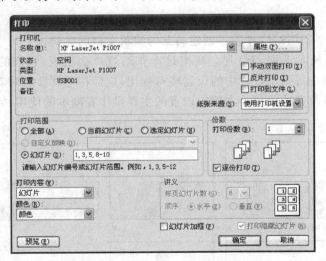

图 5-34 "打印"对话框

## 5.6.2 输出为 PDF 格式

WPS 演示支持将演示文稿导出为 PDF 格式文件。先保存好演示文稿，然后选择

"WPS 演示"→"输出为 PDF 格式",出现图 5-35 所示对话框,单击"浏览"按钮指定文件保存位置,单击"确定"按钮即可导出。

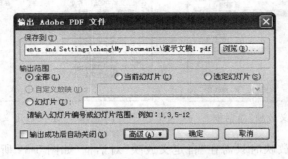

图 5-35　演示文稿输出为 PDF 格式

在输出范围中可以选择输出全部幻灯片、当前幻灯片和选定的某张幻灯片,还可以输入幻灯片的编号或者范围,例如 1,3,6,8—10 等。如果想要做进一步的设置,如设置密码等,可以单击"高级"按钮。

单击"确定"按钮即可完成输出。可以在完成后选择打开文件,即可观看最终输出的 PDF 格式文档。

提示:请确保所在计算机安装有 PDF 阅读器。

## 5.7　演示文稿综合应用案例

本节给出一个利用幻灯片副本创建动态的演示文稿的案例。

制作图 5-36 所示 5 张幻灯片。观察这 5 张幻灯片会发现,它们的基本页面布局一样,只是其中太阳在每张幻灯片中的位置略有变化,这样在连续放映时就会有太阳逐渐升起的效果,添加播放音乐效果。本例中设置的主要操作有副本的使用、插入自选图形元素和设置音乐效果。

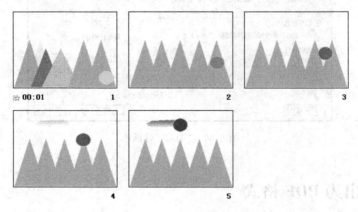

图 5-36　实例效果

制作步骤如下：

（1）选择"文件"→"空白演示文稿"命令，在打开的"幻灯片版式"任务窗格中选择"空白"版式。

（2）在幻灯片中选择"插入"→"形状"命令，添加所有的幻灯片元素，并放在合适的位置。至此第一张幻灯片制作完成。

（3）选择"开始"→"幻灯片副本"命令，插入第二张幻灯片，这时插入的新幻灯片和第一张幻灯片的内容一样，选中并移动圆形的"太阳"到合适的位置。用相同的方法制作第3～5张幻灯片。

下面为幻灯片播放添加音乐。

（1）选中第一张幻灯片。

（2）在"动画"选项卡中选择"切换幻灯片"的方式。

（3）单击"切换效果"按钮，打开"幻灯片切换"任务窗格。

（4）在"声音"下拉列表中选择"其他声音"，打开"添加声音"对话框，选择需要的声音文件，单击"确定"按钮即可，如图 5-37 所示。

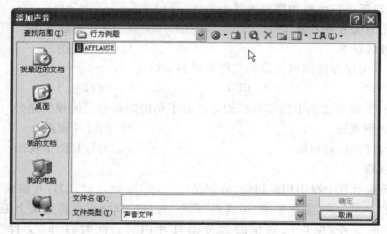

图 5-37　"添加声音"对话框

（5）至此所有的操作完成。选择"幻灯片放映"→"从头放映"命令，放映该演示文稿观察效果。

提示：介绍了两种为幻灯片添加声音的方法，这两种方法有相同之处，也有区别。

两种方法都是为幻灯片添加声音，所以只有当播放该幻灯片时才会出现声音效果。

如果用上例中的方法设置幻灯片切换时的声音效果，则声音效果会一直延续到该声音文件播放完毕。如果想使整个幻灯片放映中都有音乐效果，最好是给第一张幻灯片添加切换幻灯片声音。

在幻灯片的制作过程中，如果连续两页幻灯片的版式和内容差不多，可以在制作完一页幻灯片后选择"插入"→"幻灯片副本"命令，这张幻灯片就被复制了一页，只要在副本上对文字做修改就可以了。

# 习题 5

## 一、选择题

1. WPS 演示电子讲演稿软件可以（　　）。
   A. 在 DOS 环境下运行
   B. 在 Windows 环境下运行
   C. 在 DOS 和 Windows 环境下都可以运行
   D. 不要任何环境，独立地运行

2. WPS 演示窗口中视图切换按钮有（　　）个。
   A. 4　　　　　　　　　B. 5　　　　　　　　　C. 3　　　　　　　　　D. 7

3. 如果要关闭演示文稿，但不想退出 WPS 演示，可以（　　）。
   A. 选择"文件"→"退出"命令
   B. 选择"文件"→"关闭"命令
   C. 关闭 WPS 演示窗口
   D. 单击 WPS 演示窗口标题栏左上角的"控制菜单"按钮

4. 可对母版进行编辑和修改的状态是（　　）。
   A. 幻灯片视图状态
   B. 备注视图状态
   C. 母版状态
   D. 大纲视图

5. 在磁盘上保存的演示文稿的文件扩展名是（　　）。
   A. POT　　　　　　　B. PPT　　　　　　　C. DOT　　　　　　　D. PPA

6. 在 WPS 演示文稿中能够看到幻灯片右下角的隐藏标记的视图是（　　）。
   A. 大纲视图
   B. 幻灯片视图
   C. 幻灯片放映视图
   D. 幻灯片浏览视图

## 二、填空题

1. WPS 演示有个视图切换按钮，分别是＿＿＿＿＿、＿＿＿＿＿幻灯片放映视图按钮。

2. 使用"＿＿＿＿＿"菜单中的"工具栏"命令，可以选择显示或隐蔽某个工具栏。

3. 为防止意外，保存已制作的部分幻灯片内容。此时打开"文件"菜单，选择"＿＿＿＿＿"命令。

4. 母版上有三个特殊的文字对象：＿＿＿＿＿、＿＿＿＿＿和数字区对象。

## 三、上机题

1. 创建一个空白演示文稿，内容为有关暑期社会实践，其中至少包含 4 张幻灯片。

2. 应用模板"大理石型（MARBLE）"，将第一张幻灯片的标题设置为"黑体"，大小为72，删去第一张幻灯片的副标题占位符，在此位置插入一张图片。

3. 在第二张幻灯片上添加动作按钮超链接，链接到第四张幻灯片，添加的动作按钮为"前进或下一项"。

4. 对第二张幻灯片上的"标题 1"和"文本 2"设置动画：缓慢移入、从左侧、整批发送。

5. 对第三张幻灯片上的表格中的文字设置中部居中，填充表格所有单元格为蓝色。

6. 对全部幻灯片设置切换方式为"横向棋盘式"，切换速度为"中速"。

计算机应用基础

# 第 6 章 电子表格——WPS 表格

WPS 表格是 WPS 办公系统软件的重要组成部分,是一个在 Windows 环境下运行的功能强大的电子表格处理系统,类似于微软的 Excel。

电子表格实际上是由行与列组成的矩阵构成,矩阵中的每个元素都作为一个存储单元,称为单元格,每个单元格均可存放数值、变量、字符或公式等信息。利用电子表格可以实现数据计算和管理、数据分析和测试等功能,还可以把数据很容易地转换为各种形式的图形。目前国内常用的有微软公司的 Excel 和金山公司的 WPS 表格。

## 6.1  WPS 表格概述

### 6.1.1  WPS 表格工作窗口和基本概念

#### 1. 了解 WPS 表格工作窗口

当进入 WPS 表格时,会出现图 6-1 所示工作窗口。在这个工作窗口中包含了 WPS 表格的基本工作区域。除了与 WPS 文字类似的界面风格以外,WPS 表格的工作窗口主要由 WPS 表格按钮、工具选项卡、文件标签、滚动条、数据编辑栏和工作表标签等组成。

图 6-1  WPS 表格工作界面

（1）WPS 表格按钮。位于窗口的左上角，单击该按钮将弹出一菜单，该菜单提供了 WPS 表格常用的操作功能，包括新建、打开、保存、关闭以及打印等 16 项菜单命令，是 WPS 表格中唯一的菜单。

（2）文件标签。显示新建或打开的多个工作簿文件的名字。现在看到的是新建工作簿文件，文件名为 Book1，它是由 WPS 表格自动建立的文件名。

（3）名称框。可以在名称框里给一个或一组单元格定义一个名称，也可以从名称框中直接选择定义过的名称来选中相应的单元格。

（4）数据编辑区。也称为编辑栏，用来输入或编辑单元格或图表的值或公式。可以显示出活动单元格中使用的常数或公式。

（5）全选按钮。单击它可以选中当前工作表的全部单元格。全选按钮右边的 A、B 等是列标，单击列标可以选中相应的列。全选按钮下面的数字是行标，单击行标可以选中相应的整行。

（6）工作表区。用来存放数据的表格。

工作表标签位于工作簿文档窗口的左下底部，用来存放工作簿中不同的工作表。用鼠标单击工作表标签名可切换到相应的工作表。

（7）滚动条。滚动条沿着窗口右边和底边的阴影条，分为水平滚动条和垂直滚动条。使用滚动条可以在长工作表中来回移动。滚动条在滚动框中的位置指示当前显示于窗口中的工作表或标题的一部分。

（8）标签拆分框。标签拆分框是位于标签栏和水平滚动条之间的小竖块，用鼠标单击小竖块向左右拖曳可增加水平滚动条或标签栏的长度。

（9）拆分框。拆分框分为水平拆分框和垂直拆分框，分别位于垂直滚动条的顶端和水平滚动条的右端。拖曳拆分框有助于同时查看同一工作表的不同部分。用鼠标双击小竖块可取消工作表的拆分。

**2．WPS 表格的基本概念**

1）工作簿

工作簿是指在 WPS 表格环境中用来存储并处理工作数据的文件，一本工作簿就是一个独立的文件。在一本工作簿中可以拥有多张具有不同类型的工作表，并且可以同时处理多张工作表。一个工作簿内最多可以有 255 个工作表。工作簿内除了可以存放工作表外，还可以存放宏表、图表等。

在默认情况下，每一个工作簿文件会打开三个工作表文件，分别以 Sheet1、Sheet2 和 Sheet3 来命名。WPS 表格新建一个空的工作簿，文件名是 Book1.xls，文件中反映的就是当前工作簿的名称，打开不同的工作簿，标题栏就显示相应的工作簿名称。WPS 表格默认扩展名是.et，也可在安装时设置默认的文件扩展名为兼容 Excel 的.xls。

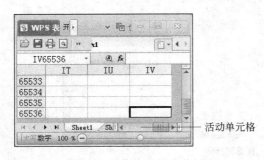

图 6-2　工作表的最大范围

2）工作表

工作表是指由 65 536 行和 256 列所构成的一个表格，如图 6-2 所示。行号的编号由上自下从 1 到 65 536；列号则由左到右采用字母编号为 A，B，…，IV。每一个行、列坐标所指定的位置称为单元格。

**注意**：在一个工作簿文件中，无论有多少个工作表，在将其保存时都会保存在一个工作簿文件中，而不是按照工作表的个数保存。

3）单元格

单元格是 WPS 表格的基本工作单位，输入的任何数据都将保存在单元格中。这些数据可以是一个字符串、一组数字、一个公式或者一个图形、声音等。对于每个单元格都有其固定的地址。例如 C2 就代表了 C 列的第 2 行单元格。同样，一个地址也唯一地表示一个单元格，例如 B3 指的是 B 列与第 3 行交叉位置上的单元格。为了区分不同工作表的单元格，要在地址前面增加工作表名称。例如 Sheet3！A3 就说明了该单元格是 Sheet3 工作表中的 A3 单元格。

4）当前活动单元格

当前活动单元格是指正在使用，具有输入焦点，可以进行编辑的单元格。在其外有一个黑色的方框（如图 6-2 所示），这时输入的数据会被保存在该单元格中。将鼠标指针移到一个单元格，单击鼠标左键，此单元格就成为"当前活动单元格"。

## 6.1.2 创建与保存工作簿

**1. 创建工作簿**

启动 WPS 表格，通过以下几种方法创建新的工作簿。

1）创建空白工作簿

单击文件标签中的 ⬜▾ 就可以创建一个空白工作簿，或者单击 WPS 表格按钮，在出现的菜单中选择"新建空白文档"即可，还可以按 Ctrl＋N 组合键快速创建一个空白工作簿。

2）利用模板创建新工作簿

单击标题栏中的 ⬜▾ 下拉列表可以选择"从默认模板新建"创建一个默认模板工作簿，并且一旦选择默认模板就会在文件标签的右端出现 ⬠▾，或者单击 WPS 表格按钮，在出现的菜单中选择"本机上的模板"，出现模板对话框，选择需要的模板就创建了一个新的工作簿。

3）利用网站上的模板

WPS 表格有一部分功能被放在指定的服务器上，必须上网才能在线使用这些功能。单击标题栏中的 ⬜▾ 下拉列表，可以选择"从在线模板新建"，出现文件标签"首页"，从中选择需要的模板就可以了。

**2. 保存工作簿**

完成一个工作簿的建立、编辑后，需要将工作簿保存到磁盘上，以便保存工作结果。还可以避免由于断电等意外事故造成的数据丢失。在 WPS 表格中常用的保存工作簿方法有以下三种：

（1）单击 WPS 表格按钮，在出现的菜单中选择"保存"命令。

（2）在快速访问工具栏中单击"保存"按钮。

（3）按 Ctrl＋S 组合键快速保存。

## 6.1.3　打开与关闭工作簿

### 1. 打开工作簿

对于已经保存在磁盘上的工作簿，要想对它再进行编辑、排版等操作时，就需要打开工作簿。如果要打开最近使用过的工作簿，单击 WPS 表格按钮，在出现的菜单中列出的最近使用过的工作簿中选择某个文件名，就可以打开相应的工作簿。如果菜单中没有要打开的工作簿，可以在"打开"对话框中打开工作簿。

### 2. 关闭工作簿

完成工作簿的编辑操作后应该将它关闭，以释放该工作簿所占用的内存空间。如果单击右上角的"关闭"按钮，会将打开的多个工作簿全部关闭，并且退出 WPS 表格。如果在不退出 WPS 表格的情况下，关闭的只是当前编辑的一个工作簿，可以用该文件标签的"关闭"按钮或快捷菜单关闭。

## 6.1.4　操作工作表

一个工作簿文件可以具有若干张工作表，针对每张工作表可以输入不同类型的数据。同时还可以将一张工作表拆分成两个部分，或者在不同的工作表格间复制数据，或者插入一张新的工作表等。下面将对这些操作进行详细的介绍。

### 1. 切换工作表

由于一本工作簿具有多张工作表，且它们不可能同时显示在一个屏幕上，因此要不断地在工作表中切换来完成不同的工作。有如下两种实现方法：

（1）使用鼠标切换。

（2）标签滚动按钮切换。

### 2. 选定工作表

可以在一本工作簿中选定一张或者多张工作表，并在其中输入数据、编辑或者设置格式。通常只能对当前活动工作表进行操作，但是通过选定多张工作表，可以同时处理工作簿中的多张工作表。如果想在工作簿的多个工作表中输入相同数据或设置相同格式，设置工作组将节省不少时间。

要使用某一工作表，必须先移到该工作表标签上，使该工作表成为选取的工作表，选取的工作表标签用白底表示，未选取的工作表标签会用灰底表示。

选定多张工作表时可以选定相邻的或者不相邻的工作表，使其成为"同组工作表"（简称"工作组"）。

（1）要选定相邻的工作表，必须先单击想要选定的第一张工作表的标签，按住 Shift 键，然后单击最后一张工作表的标签即可。

（2）要选定不相邻的工作表，可以先单击想要选定的第一张工作表标签，只需在按住

Ctrl键的同时单击所要选择的工作表标签。多个被选中的工作表组成一个工作表组。图 6-3 表示由Sheet2 和 Sheet4 组成的工作组。

图 6-3 "同组工作表"的选定

（3）工作组的取消可通过鼠标单击工作组外任意一个工作表标签来进行。

### 3. 插入和删除工作表

（1）插入工作表。

单击某工作表标签来选定该工作表,然后选择"开始"→"单元格"→"插入"→"插入工作表"命令,或者右击某工作表标签,从弹出的快捷菜单中选择"插入"命令,出现如图 6-4 所示"插入工作表"对话框,可以一次插入一个或多个工作表,可以选定是插入在当前工作表之前或之后。

（2）删除工作表。

图 6-4 "插入工作表"对话框

和插入工作表的操作类似,若要删除工作表,首先单击工作表标签来选定该工作表,然后选择"开始"→"单元格"→"删除"→"删除工作表"命令,删除选中的工作表。

### 4. 重命名工作表

在 WPS 表格中建立一本新的工作簿时,所有的工作表都以 Sheet＋序号(1～255)来命名,可以通过改变这些工作表的名字进行有效的管理。首先选定要改名的工作表,通过以下三种方法进行重新命名:

（1）选择"开始"→"单元格"→"插入"→"重命名"命令。

（2）右击要改名的工作表标签,在弹出的快捷菜单中选择"重命名"命令。

（3）直接双击工作表标签。

此时工作表的名称呈高亮状态,在其中直接输入新的名称,然后按 Enter 键即可完成工作表的重命名。

### 5. 移动和复制工作表

利用工作表的移动或复制功能可以实现两个工作簿之间或工作簿内工作表的移动或复制。

（1）用鼠标拖曳实现工作表的移动或复制工作表。

要在一本工作簿中调整工作表的次序,只需用鼠标在工作表标签上单击选中的工作表标签,然后沿着标签拖动选中的工作表到达新的位置,松开鼠标键即可将工作表移动到新的位置。

如果要在同一本工作簿中复制工作表,只需在工作表标签上单击选中的工作表标签,然后按下 Ctrl 键,并沿着工作表标签行拖动选中的工作表到达新的位置,之后松开鼠标键即可将复制的工作表插入到新的位置。

提示:使用该方法复制相当于插入一张含有数据的新表。该张工作表的名字以"源工作表的名字+(2)"命名。例如 Sheet2 的复制工作表名称为 Sheet2(2)。

(2) 用对话框实现移动或复制工作表。

用"移动或复制工作表"对话框不仅可以实现工作簿内工作表的移动或复制,还可以实现工作簿之间工作表的移动或复制。将当前工作簿内的工作表移动到另外一个工作簿的执行过程如下:

① 光标在源工作簿工作表任意一单元格,选择"开始"→"单元格"→"格式"→"移动或复制工作表"命令,这时屏幕上出现图 6-5 所示对话框。

② 在其中的"工作簿"下拉列表中选择用于接收工作表的工作簿名。若选择"(新工作簿)",可将选定的工作表移动到新的工作簿。

③ 在"下列选定工作表之前"列表框中选择要在其前插入工作表的工作表名称。

④ 若要复制工作表,选中"建立副本"复选框,然后在"工作簿"下拉列表中选择"新工作簿"。

⑤ 单击"确定"按钮。

提示:如果在目的工作簿中含有相同的工作表名,则移动过去的工作表名字会改变。

前面对工作表的插入、删除、重命名、移动和复制等操作使用鼠标或菜单完成,实际上也可以通过使用快捷菜单实现对工作表的操作。方法是右击工作表标签,在弹出的快捷菜单(如图 6-6 所示)中进行相应的选择即可。

图 6-5 "移动或复制工作表"对话框

图 6-6 操作工作表的快捷菜单

### 6. 改变工作表视图

拆分工作表窗口是将工作表窗口分为几个窗口,每个窗口均可显示工作表。冻结工作表是将工作表窗口的上部或左部固定住,不随滚动条而移动。

(1) 拆分工作表窗口。

在使用中经常会建立一些较大的表格,在对其编辑的过程中可能希望同时看到工作

计算机应用基础

表的不同部分。WPS 表格提供了拆分工作表的功能,即可以将一张工作表按"横向"或者"纵向"进行拆分,这样就能同时观察或者编辑同一张表格的不同部分。前面已经介绍过在滚动条上分别有两个水平和垂直拆分框。拆分方式分为三种:水平拆分、垂直拆分和水平垂直同时拆分。拆分后的部分被称为"窗格",在每一个窗格上都有其各自的滚动条,可以使用它们滚动本窗格中的内容,拆分线为一水平或垂直粗杠。

① 用鼠标拆分窗口。

将鼠标指针定位在水平或垂直拆分框上时,鼠标指针变成双向指针,然后按下鼠标拖动拆分框按水平或垂直方向拆分窗口,或者在水平或垂直拆分框双击,系统会按照默认的方式拆分工作表。若水平、垂直同时拆分,则可先水平(或垂直)拆分,再垂直(或水平)拆分即可。

② 用"视图"→"窗口"拆分窗口。

选中要水平拆分的下一行的行号或下一行最左列的单元格,单击"视图"→"窗口"→"拆分口"按钮,实现水平拆分。对于垂直拆分窗口,其方法和水平拆分窗口相同,只是要先选中要垂直拆分的右边一列的列号或右边一列最上方的单元格。要同时水平、垂直拆分时则要先选中拆分位置的单元格。这样,通过拆分工作表窗口就可以同时查看一个工作表的不同部分。

撤销拆分可以单击"视图"→"窗口"→"取消拆分"按钮,或者直接双击窗口拆分线。

**注意**:拆分后的工作表还是一张工作表,对任一窗格内容的修改都会反映到另一窗格中。

(2) 冻结工作表行/列标题。

工作表较大时,由于屏幕大小的限制,往往需要通过滚动条移动工作表来查看其屏幕窗口以外的部分,这时无法同时看到行或列的标题。单击 WPS 表格的"视图"→"冻结窗口"按钮就可以冻结行和列标题,这样在滚动工作表时,这些被冻结的标题行或标题列能够保持不动。

# 6.2 工作表中的数据输入

在工作表中输入原始数据后才能对数据进行各种处理。输入单元格中的所有信息都称为数据,这些输入的数据可以是文本、数字、日期和时间、公式和函数等。本节主要介绍输入文本、数字、日期和时间的方法。有关输入公式和函数的方法将在本章 6.5 节介绍。

## 6.2.1 活动单元格的选定

在 WPS 表格中,只有当前活动单元格才能输入和编辑数据。当前活动单元格也代表了单元格指针。输入的数据都将保存在当前单元格中。

为了将数据输入到单元格或者对单元格中的数据进行修改等操作,必须知道单元格如何在工作表中移动。可以利用鼠标或键盘在工作表中移动,使所需的单元格成为活动单元格。

(1) 使用鼠标选定活动单元格时,只需将鼠标指针移到选定的单元格单击即可。

(2) 使用键盘选定活动单元格的方法是:

① 按←、→、↑、↓方向键,可使相邻的单元格成为活动单元格。

② 按 Ctrl+← 或 Ctrl+→组合键,可使当前行上有数据的最左边或最右边单元格成为活动单元格。

③ 按 Ctrl+↑ 或 Ctrl+↓组合键,可使当前列上有数据的最上边或最下边单元格成为活动单元格。

## 6.2.2　不同类型数据的输入

输入数据常用的方法是在当前活动单元格中直接输入或在数据编辑区中输入,输入数据结束后按 Enter 键或用鼠标单击编辑栏的 ✓(输入)按钮确定输入;按 Esc 键或单击编辑栏的 ✗(取消)按钮可取消输入。在 WPS 表格中输入的数据类型有文本、数字、日期和逻辑值等。下面主要介绍文本、数字、日期和时间三种类型数据的输入方法。

**1. 输入文本**

在 WPS 表格中的文本通常是指字符或者是任何数字和字符的组合。任何输入到单元格内的字符集,只要不被系统解释成数字、公式、日期、时间、逻辑值,则 WPS 表格一律将其视为文本。在 WPS 表格中输入文本时,默认对齐方式是单元格内靠左对齐。

对于全部由数字组成的字符串,比如邮政编码、电话号码等这类字符串的输入,为了避免被 WPS 表格认为是数字型数据,WPS 表格提供了在这些输入项前添加单撇号"'"或"=数字串"的方法来区分是数字字符串而非"数字"。例如,要在 B5 单元格中输入02982334560,可在输入框中输入 '02982334560 或 =02982334560。

输入的文字长度超出单元格宽度时,若右边单元格无内容,则扩展到右边列;否则,截断显示。

**2. 输入日期和时间**

WPS 表格将日期和时间视为数字处理,日期和时间的显示取决于单元格中所用数字格式。当在单元格中输入可识别的日期和时间数据时,单元格的格式就会自动从"通用"转换为相应的"日期"或者"时间"格式,而不需要去设定该单元格为日期或者时间格式。WPS 表格中常见的日期时间格式为 mm/dd/yy、dd-mm-yy 和 hh:mm(am/pm)。

在显示时间中可以选择 12 小时或者 24 小时。若选择 12 小时制格式,应该在时间后加上一个空格,然后输入 AM 或 A(表示上午),PM 或 P(表示下午),如 7:20 PM,缺少空格将被当做文本处理;若选择 24 小时制格式,则不必使用 AM 或 PM。

如果在同一单元格中输入日期和时间,在它们之间用空格分隔。

提示:如果输入当天的日期,按 Ctrl+;组合键;如果输入当前的时间,按 Ctrl+Shift+;组合键。

**3. 输入数字**

在 WPS 表格中,当建立新的工作表时,所有单元格都采用默认的通用数字格式。当输入的数字长度超过单元格的列宽或超过 11 位时,将以科学记数法的形式表示,例如输入 123456789012 时,WPS 表格会在单元格中用 1.23457E+11 来显示该数字。当科学记数形式仍然超过单元格的列宽时,屏幕上会出现符号♯♯♯♯♯♯,可以通过调整列宽将其显示出来。又如单元格数字格式设置为带三位小数,此时输入第四位小数,则末位将进行四舍五入。值得一提的是,WPS 表格计算时以输入数值而不是显示数值为准,即在该单元格编辑栏显示的仍是输入的数值。

要作为常量值输入数字时,选定单元格并输入数字。数字可以是包括(0~9)数字字符和＋、－、╲、E、e、$、％以及小数点"."和千分位符号","等特殊字符(如 50％)。在输入数字时,可参照下面的规则:

(1) 负数的输入可以用"－"开始,也可以用"( )"的形式,例如－78 也可以表示为(78)。但是括号表示法不能用于公式。

(2) 可以在数字中包括逗号,如"21,051,301"。

(3) 数值项目中的单个句点作为小数点处理。

输入分数时,应先输入一个 0,再输入一个空格,然后再输入分数,否则系统认为是一个日期型数据。例如输入 0 5/15,可得到 1/3。

**例 6-1** 几种数据类型的输入实例如图 6-7 所示,具体操作步骤如下:

图 6-7 输入三种类型数据的情况

(1) 在 A1 单元格中输入"长安大学信息工程学院",按下 Enter 键,就会看到单元格指针指向了 A2 单元格。

(2) 在 A2 单元格中输入"计算机基础教学部",按 Tab 键,单元格指针就移动到了 B2 单元格。

(3) 在 B2 单元格的数据编辑区输入"数据库"后,单击编辑栏的 ✓ 按钮。

(4) 在 A3 单元格输入 123456789012,按 Tab 键,显示 1.235E+11。

(5) 在 B3 单元格输入 5/10,按 Enter 键,显示日期 5 月 10 日。

(6) 在 A4 单元格输入 true,按 Enter 键,显示 TRUE,这是逻辑值。

(7) 在 B4 单元格输入 2012/9/10 23:00,显示如图 6-7 所示,由于单元格列宽不够,因此显示的是一连串的 ♯。

(8) 在 A5 单元格输入(23),按 Enter 键,显示数值－23。

(9) 在 B3 单元格输入'02982334560,按 Enter 键,显示电话号码 02982334560。

至此,可以看到输入的全部数据显示在图 6-7 所示的表格中了。在输入过程中可以看到,A1 单元格的内容虽然超过了默认的宽度,但它仍然全部显示出来,而 A2 单元格的内容由于其相邻单元格 B2 有数据,因此它的部分内容被覆盖,这时可以通过调整单元格的宽度使之全部显示出来。

## 6.2.3 快速填充相同数据

在输入数据的过程中,经常发现有大量重复的数据,可以使用复制实现。如果输入类似于“2,4,6,…”的有规律数据,可以考虑使用 WPS 表格的序列填充功能,它可以方便快捷地输入等差、等比数列。如果输入类似于“一等奖、二等奖、三等奖、…”等数据,则可以考虑使用自定义序列功能。

**1. 同时对多个单元格输入相同数据**

除了可以使用“复制”与“粘贴”功能复制相同数据外,还可以使用填充或 Ctrl+Enter 组合键实现。

**例 6-2** 某班学生档案如图 6-8 所示,其中入学时间、专业相同。

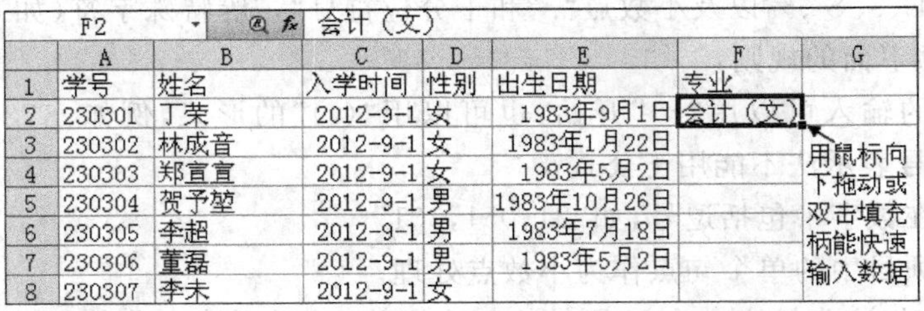

| | A | B | C | D | E | F | G |
|---|---|---|---|---|---|---|---|
| 1 | 学号 | 姓名 | 入学时间 | 性别 | 出生日期 | 专业 | |
| 2 | 230301 | 丁荣 | 2012-9-1 | 女 | 1983年9月1日 | 会计(文) | |
| 3 | 230302 | 林成音 | 2012-9-1 | 女 | 1983年1月22日 | | |
| 4 | 230303 | 郑宣宣 | 2012-9-1 | 女 | 1983年5月2日 | | |
| 5 | 230304 | 贺予堃 | 2012-9-1 | 男 | 1983年10月26日 | | |
| 6 | 230305 | 李超 | 2012-9-1 | 男 | 1983年7月18日 | | |
| 7 | 230306 | 董磊 | 2012-9-1 | 男 | 1983年5月2日 | | |
| 8 | 230307 | 李未 | 2012-9-1 | 女 | | | |



图 6-8 某班学生档案

在 WPS 表格中至少有三种方法可以快速输入相同的数据。

方法一:用 Ctrl+Enter 组合键输入。

用鼠标选定要输入数据的单元格区域 C2:C13(也可以是多个不连续的单元格),输入数据(注意输入后不要按 Enter 键),按 Ctrl+Enter 组合键,则所有选定的单元格都会输入相同数据。

方法二:用填充柄复制。

在 F2 单元格中输入“会计(文)”,按 Enter 键。单击 F2 单元格,该单元格的右下角有一个黑色小方块,称为填充柄,将鼠标指向填充柄,鼠标指针变成黑色的实心十字光标,按住鼠标左键向下拖动鼠标,鼠标拖过的单元格都被填入了相同数据。

方法三:双击单元格的填充柄。

同方法二一样,输入数据后双击 F2 单元格的填充柄,这样单元格区域 F3:F13 就填入了与 F2 相同的数据。

**2. 同时对多个表输入数据**

当在多个工作表中的单元格具有相同的数据时,可以将其选定为工作组,之后在其中的一张工作表中输入数据后,输入的内容就会反映到其他选定的工作表中。

**例 6-3** 实现对三个工作表输入相同数据,如图 6-9 所示。

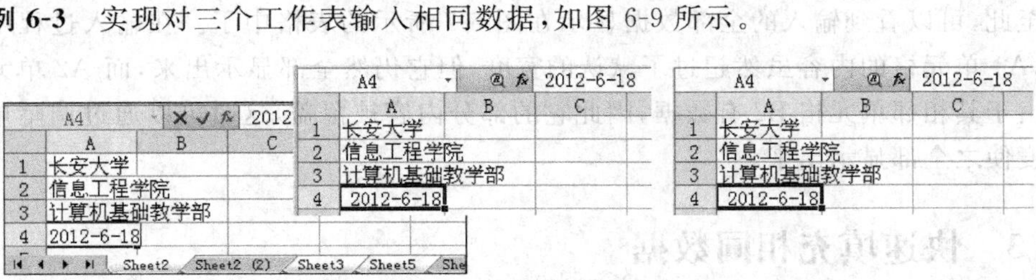


图 6-9 用工作组同时对多个表输入数据

具体操作是：选定工作表 Sheet2 标签，按住 Ctrl 键选定工作表 Sheet3 和 Sheet5，形成工作组。在 Sheet2 中输入相应的文字，则在相应的另外两个工作表中对应的位置也会出现，如图 6-9 所示。

## 6.2.4 输入特殊序列数据

在输入一张工作表的时候，可能经常遇到一些输入一个序列数字的情况。例如，表格中的项目序号、一个日期序列等。对于这些特殊的数据序列，使用 WPS 表格中的"填充"功能可以非常轻松地完成这一工作。

在 WPS 表格中，可以使用鼠标或"序列"对话框进行等差序列、等比序列、日期以及自动填充等类型的序列填充。

**1. 用鼠标输入序列**

选定单元格后，通过拖动填充柄来填充数据。可以将填充柄向上、下、左、右 4 个方向拖动，以填入数据。

例 6-4 如图 6-10 所示，通过使用填充柄实现数字的输入。

（1）输入纯数字增量序列：在 A1 单元格中输入初始值 2012110101；选中该单元格，移动鼠标至填充柄，按住鼠标左键向右拖动，就可实现增量为 1 的序列输入。

（2）输入自定义数字增量序列：在 B1、B2 单元格分别输入 200、180，然后选定这两个单元格，用鼠标完成向右的填充，就可按增量值－20 输入序列。

（3）输入文字与数字混合序列：在 C3 单元格输入"会计 3 班"，用鼠标向左填充，就可以填充"会计 2 班"、"会计 1 班"混合序列。

**2. 利用"序列"对话框输入序列**

例 6-5 用"序列"对话框填充日期型数据。

具体操作是：

（1）在 A1 单元格输入日期"2012-9-1"作为序列的起始值，选定要填充数据的单元格区域 A1：A8。

（2）选择"开始"→"编辑"→"填充"→"序列"命令，出现图 6-11 所示"序列"对话框。

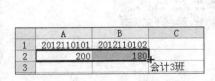

图 6-10 输入三种类型数据的情况

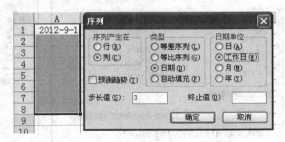

图 6-11 "序列"对话框填充的操作

（3）"序列产生在"选择"列"，"类型"选择"日期"，"日期单位"选择"工作日"，"步长值"文本框中设定为 3。单击"确定"按钮就可以完成希望的序列填充。

**3. 利用自定义格式产生特殊序列**

在 WPS 表格中提供了自定义格式满足一些特殊需求,如学生学号、职工号和产品编号等。

**例 6-6** 设计某班学生出生日期的快速输入方法。

具体方法是:

(1)在图 6-8 中选定要设置格式的单元格区域 E2:E8,单击"开始"→"数字"按钮,出现"单元格格式"对话框。

(2)选择"分类"列表框中的"自定义"选项,在"类型"列表框中选定格式"yyyy"年"m"月"d"日"",把 yyyy 改为 1983,如图 6-12 所示,单击"确定"按钮。

(3)在设置了格式的单元格比如 E4 中输入 123,按 Enter 键,就出现了图 6-8 中的"1983 年 5 月 2 日"。

**4. 创建自定义填充序列**

对于需要经常使用特殊的数据系列,例如产品的清单、公司各部门名称或中文序列号等一系列数据,可以将其定义为一个序列,这样当使用"自动填充"功能时就可以将数据自动输入到工作表中,就可节省许多输入工作量。

单击 WPS 表格按钮,选择"选项"→"自定义序列"命令按需要定义新序列。具体操作步骤如下:

(1)单击选择 WPS 表格按钮,然后单击"选项"按钮,出现"选项"对话框。

(2)选择"自定义序列"选项卡,选中"自定义序列"列表框中的"新序列"选项。

(3)在"输入序列"列表框中输入自定义序列项,比如"特等奖"、"一等奖"等,在每项末尾按 Enter 键进行分隔。

(4)输入完毕后单击"添加"按钮,新定义的填充序列出现在"自定义序列"列表框中。

(5)单击"确定"按钮,完成一个新序列的增加,如图 6-13 所示。

图 6-12　自定义特殊数字的输入

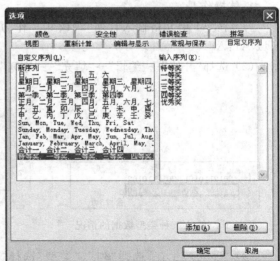

图 6-13　自定义序列

# 6.3 编辑工作表

创建工作表后,需要利用 WPS 表格的编辑功能对工作表中的数据进行各种操作和处理,如单元格的移动、插入及删除等。

**注意**:可以右击鼠标,从弹出的快捷菜单中选择相应的命令。

## 6.3.1 编辑单元格中的数据

### 1. 选定操作区域

选定操作区域的方法有很多,表 6-1 列出了一些选定单元格或数据区域的操作方法。

表 6-1　选定操作区域方法

| 选 定 区 域 | 操 作 方 法 |
|---|---|
| 选定单元格 | 用鼠标单击该单元格 |
| 选定单元格区域 | 拖动鼠标就可以选定单元格区域 |
| 选定多个相邻的单元格 | 用鼠标单击区域左上角的单元格,按住鼠标左键并拖到区域右下角;单击选定区域的第一个单元格,按住 Shift 键,然后用鼠标单击选定区域的最后一个单元格 |
| 选定多个不相邻的单元格 | 先选定第一个单元格区域,按住 Ctrl 键,然后选定其他的单元格区域 |
| 选定整行或整列 | 用鼠标单击该行行号或该列列标 |
| 选定多行或多列 | 在行号或列标上拖动鼠标 |
| 选定不连续的多行或多列 | 先选定第一行或第一列,按住 Ctrl 键,然后单击其他的行号或列标 |
| 选定整个工作表 | 单击图 6-1 中的"全选"按钮,或按 Ctrl＋A 组合键 |
| 取消选定 | 在工作表中任意单击一个单元格即可取消单元格区域的选取 |

### 2. 编辑单元格数据

在 WPS 表格中,编辑单元格中的数据有以下两种方法:

(1) 在数据编辑区(编辑栏)中修改数据。

选定要编辑的单元格,单击编辑栏,对其中的内容进行编辑,按 Enter 键或单击编辑栏左边的 ✔ 按钮完成修改。此方法适合内容较多的修改和公式的修改。

(2) 直接在单元格修改。

若要编辑单元格中的全部内容,选中单元格就选中了全部内容,重新输入新的数据,原内容将被覆盖,按 Enter 键完成修改;若要编辑单元格中的部分内容,双击单元格或在选定单元格后按 F2 键,按 ←、→ 键移动插入点进行修改,修改后按 Enter 键完成。此方法适合内容较少的修改。

在编辑过程中,如果出现误操作,随时按 Esc 键或单击 ✕ 按钮撤销误操作。

当单元格内输入多行文本时,可以按 Alt+Enter 组合键强行换行,或选中要换行的单元格,单击"开始"→"对齐方式"→"自动换行"按钮,或者单击"开始"→"对齐方式"按钮,在出现的"单元格格式"对话框中选中"自动换行"复选框。

## 6.3.2 复制、移动和合并单元格数据

对于单元格中的数据可以通过复制或者移动操作,将它们复制或者移动到同一个工作表上的其他地方,另一个工作表或者另一个工作簿中。

WPS 表格数据复制和移动的方法多种多样,除了利用剪贴板外,也可以利用鼠标拖放操作。

**1. 鼠标拖放复制或移动单元格数据**

选定要复制或移动的单元格,将鼠标指针移到所选区域的边框上,当鼠标指针由空心十字形变成十字箭头时,按住 Ctrl 键或不按 Ctrl 键拖动鼠标到希望的位置。

提示:当在含有数据的单元格上执行复制或移动操作时,单元格中的旧数据就会被新复制或移动的数据替换掉。

**2. 插入地移动或复制单元格数据**

如果不希望覆盖掉要插入区域已有的内容,即以插入方式移动或复制数据。除了使用"剪贴板"外,还可以使用鼠标,具体方法是当鼠标指针在选定区域边框上变成十字箭头时,按住 Shift 键或 Ctrl+Shift 组合键,拖动鼠标至新位置即可实现单元格数据插入地移动或复制。

**3. 复制、粘贴单元格区域中的特定内容**

单元格、单元格区域有许多内容,如数值、格式、边框、公式及有效性验证等,当对单元格进行复制、粘贴时,操作的是其全部内容。

在 WPS 表格中可以使用"选择性粘贴"对复制的单元格的部分内容进行粘贴。可以只粘贴单元格中的公式、数值、格式,还可以粘贴运算、粘贴链接等。这些是通过在"开始"→"剪贴板"→"粘贴"下拉列表中选择相应的命令实现的。

注意:"选择性粘贴"命令对使用"剪切"命令定义的选定区域不起作用,而只能用于"复制"命令定义的数值、格式、公式或附注粘贴到当前选定区域的单元格中。若想去掉复制或剪切的虚框可以按 Esc 键。

**4. 合并单元格**

在各类报表中,表格的标题往往会跨越多列且位于表头中央,为了使表格意义清晰,往往要把标题处理的醒目,这时就需要合并单元格。合并操作的方法有两种:一是单击"开始"→"对齐方式"→"合并及居中"按钮;二是单击"开始"→"对齐方式"按钮,进入"单元格格式"对话框,选中"合并单元格"复选框。如果想解除合并,取消"合并单元格"复选框即可。

**例 6-7** 将图 6-14 所示某公司所有职员的年薪增加 20%。

具体操作方法如下:

(1) 选定单元格区域 B2:E2,单击"开始"→"对齐方式"→"合并及居中"按钮,将表题

目所在单元格合并并居中。

（2）在工作表的某一空白单元格 F1 输入"1.2"，复制该单元格数据。

（3）选择 F3:F10 工资区域。

（4）选择"开始"→"编辑"→"粘贴"→"选择性粘贴"命令，出现图 6-15 所示"选择性粘贴"对话框。

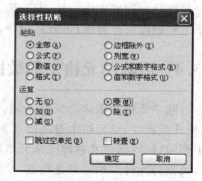

图 6-14　某公司员工表　　　　　　　图 6-15　"选择性粘贴"对话框

（5）在"运算"选项区域中选中"乘"单选按钮，单击"确定"按钮即可。

## 6.3.3　插入和删除行、列以及单元格

在对工作表的编辑中，可以很容易地插入、删除单元格、行或列。当插入单元格后，现有的单元格将发生移动，给新的单元格让出位置。当删除单元格时，周围的单元格也会移动来填充空格。

**1. 插入或删除单元格**

（1）插入单元格。

在对工作表的输入或者编辑过程中可能会发生遗漏等情况，这时就需要在工作表中插入一个或多个空白单元格。插入单元格的操作步骤如下：

① 在要插入处选定相应的单元格区域，选定的单元格数目应该与待插入的空白单元格一致。

② 选择"开始"→"单元格"→"插入"→"插入单元格"命令，出现图 6-16 所示"插入"对话框，就可以选择让活动单元格右移、下移、整行、整列地插入。

（2）删除单元格。

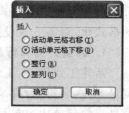

图 6-16　"插入"对话框

删除单元格的具体操作与插入单元格相似，只是要选择"开始"→"单元格"→"删除"→"删除单元格"命令，这时屏幕上出现类似于"插入"对话框的"删除"对话框，也是 4 种选择。

**2. 插入或删除行、列**

对于一个已编辑好的表格，可能要在表中增加多行或者多列来容纳新的数据。

（1）插入空白行、列。

插入一行（列）单元格的操作方法：用鼠标单击行（列）编号，选择"开始"→"单元格"→"插入"→"插入行（列）"命令。如需插入多行（列），则选择多个行（列）单元格。另外，也可以用图 6-16 所示"插入"对话框插入行、列。

（2）删除行、列。

删除行和列的操作一样，即先选定要删除的"行"或"列"编号，然后选择"开始"→"单元格"→"删除"→"删除行（列）"命令，就可以删除选定的"行"或"列"。

### 6.3.4 清除单元格中的数据

清除单元格和删除单元格不同。清除单元格只是从工作表中删除了单元格中的内容、格式或批注，单元格本身还留在工作表中；而删除单元格则是将选定的单元格从工作表中删除，同时调整和被删除单元格相邻的其他单元格来填补删除后的空缺。

数据清除针对的对象是数据，单元格本身并不受影响。清除单元格的操作方法是选定要清除的一个单元格或多个单元格，在"开始"→"编辑"→"清除"下拉列表中选择清除全部、格式、内容或批注。数据清除后单元格本身仍留在原位置不变。

# 6.4 工作表的格式设置

利用 WPS 表格创建工作表后，通常还需要对工作表进行格式化操作，这样可以使工作表更加美观，重点更突出，方便阅读工作表中的数据。WPS 表格提供了丰富的格式化命令，可以设置单元格格式、设置条件格式和自动套用格式等。下面将分别详细介绍。

## 6.4.1 设置单元格格式

对单元格进行格式的设置，WPS 表格提供了行高、列宽的调整，数字的格式化，字体的格式化，对齐方式设置，表格边框线及底纹的设置等来美化工作表。

**1. 调整列宽和行高**

新建工作簿时，工作表中每列的宽度和每行的行高都是相同的，WPS 表格默认的列宽是 8.43 字符，行高是 14.25 磅，但是通常默认值不能显示单元格中的全部内容，太长的信息将使部分内容显示不出来，这时就需要调整列宽或行高。WPS 表格中既可以使用鼠标拖动法调整列宽和行高，也可以使用下拉列表命令设置列宽和行高。

**1）使用鼠标拖动法**

先选定要调整的一行（列）或多行（列），然后将鼠标指针指向行号的下分隔线（列标的右分隔线），当鼠标指针变成双向箭头时，按住鼠标左键向上或向下（向左或向右）拖动行（列）分隔线设置行高（列宽），在拖动过程中会提示当前的行高（列宽）信息，调整到位后释放鼠标左键。但是这样不能达到精确的效果，用列表命令可以精确地设定行高（列宽）。

2）使用鼠标双击法

将鼠标指针指向行号的下分隔线（列标的右分隔线），当鼠标指针变成双向箭头时双击鼠标左键，即可快速将行（列）的行高（列宽）调整为"最适合的行高（列宽）"。

3）用下拉列表精确设置行高、列宽

选定要调整行高（列宽）的一行（列）或若干行（列），单击"开始"→"单元格"→"格式"按钮，从弹出的下拉列表中选择行高或列宽，在对话框中设置行高或列宽的精确数值。

**2. 设置单元格格式**

输入单元格数据的字体、对齐方式等总是系统默认情况。为了使工作表看起来美观，通过"开始"选项卡中提供的字体、对齐方式、数字选项组的按钮实现基本的外观设置。

为了实现更加细致的单元格格式设置，可以通过"单元格格式"对话框来达到目的。例如将某单元格的日期"2012-12-3"变为"二〇一二年十二月三日"格式，可以单击"开始"→"数字"下拉箭头，出现图 6-17 所示"单元格格式"对话框，在"数字"选项卡中选择"分类"列表框中的"日期"，选中希望的格式即可。另外，还可以通过此对话框的"图案"选项卡为单元格添加底纹等。

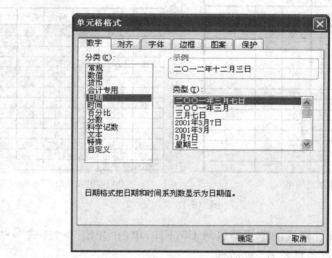

图 6-17　"单元格格式"对话框

# 6.4.2　套用表格样式

WPS 表格提供了自动格式化的功能，它可以根据预设的格式将制作的报表格式化，产生美观的报表，也就是表格的自动套用。这种自动格式化的功能可以节省使用者将报表格式化的许多时间，而制作出的报表却很美观。表格样式自动套用的步骤如下：

（1）选取要格式化的单元格或单元格区域。

（2）选定"表格样式"选项卡，从"表格样式"组中选择所需样式。

如果对格式化的结果不满意，可以单击"表格样式"→"清除表格样式"按钮或按 Ctrl＋Z 组合键。

### 6.4.3 条件格式

所谓条件格式是指当单元格中的数据达到设定的条件时的显示方式。通过使用条件格式可以使单元格中的数据更加可读。条件格式用于指定底纹、字体或颜色等格式,使数据在满足不同的条件数据时显示不同的格式。

**例 6-8** 将 2012—2013 学年秋季学期成绩单按 85 分(包括 85 分)设置为红色,60～85 分之间(包括 60 分)设置为黄色,60 分以下设为蓝色。

(1) 在图 6-18(a)中的 C2 单元格输入"2012—2013 学年秋季学期成绩单"。

(2) 选中区域 A1:F3,单击"开始"→"对齐方式"→"合并及居中"按钮,这样只是水平居中,单击"开始"→"对齐方式"下拉按钮,出现"单元格格式"对话框,在"对齐"选项卡的"垂直对齐"下拉列表中选择"居中",就出现了图 6-18(b)所示的居中。

| | A | B | C | D | E | F |
|---|---|---|---|---|---|---|
| 1 | | | | | | |
| 2 | | | | | | |
| 3 | 2012—2013年度秋季学期成绩表 | | | | | |
| 4 | 学号 | 姓名 | 综英 | 阅读 | 英概 | 计算机基础 |
| 5 | | | | | | |
| 6 | 230521 | 王璐 | 95 | 100 | 69 | 100 |
| 7 | 230522 | 李扬 | 87 | 69 | 50 | 89 |
| 8 | 230523 | 王宇 | 64 | 59 | 71 | 92 |
| 9 | 230524 | 刘丽红 | 68 | 88 | 70 | 72 |
| 10 | 230525 | 将项荣 | 52 | 90 | 55 | 87 |
| 11 | 230526 | 张城 | 88 | 85 | 49 | 49 |
| 12 | 230527 | 孙倩 | 76 | 73 | 62 | 91 |
| 13 | 230528 | 杨波 | 50 | 67 | 60 | 50 |
| 14 | 230529 | 孙严 | 69 | 81 | 56 | 64 |
| 15 | 230530 | 赵岩 | 46 | 74 | 76 | 80 |
| 16 | 230531 | 苗兰 | 64 | 67 | 83 | 69 |
| 17 | 230532 | 张榆 | 82 | 100 | 68 | 86 |
| 18 | 230533 | 曹依雷 | 59 | 91 | 60 | 52 |
| 19 | 230534 | 宋春生 | 61 | 56 | 77 | 79 |

(a) 原始成绩单　　　　　　　(b) 使用"条件格式"示例

图　6-18

(3) 选择要设置条件格式的单元格区域 C6:F19,单击"开始"→"样式"→"条件格式"按钮,出现图 6-19 所示"条件格式"对话框。

图 6-19　"条件格式"对话框

（4）"条件1（1）"下默认"单元格数值"，条件选择"大于或等于"和85，单击"格式"按钮，打开"单元格格式"对话框，选择"图案"选项卡，选定"红色"。

（5）单击"添加"按钮，出现"条件2（2）"，重复上面的步骤（4），条件选择"介于"、60与85。

（6）重复步骤（5）继续设定条件，一共可以设定三种条件格式。单击"确定"按钮完成设置，如图6-18（b）所示。

提示：可将条件公式复制到其他的单元格中。

（1）选择带有要复制的条件格式的单元格，单击"格式刷"按钮，然后选择要应用该条件格式的单元格。如果设定了多个条件且同时有不止一个条件为真，WPS表格只会使用其中为真的第一个条件。如果设定的所有条件都不满足，那么单元格将会保持它们的已有格式。

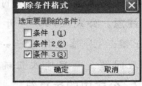

图6-20　"删除条件格式"对话框

（2）更改或删除条件格式时，先选择含有相应的单元格区域，单击"开始"→"样式"→"条件格式"按钮，出现图6-19所示"条件格式"对话框，更改条件的运算符、数值、公式或格式。若要删除条件格式，则单击"删除"按钮，出现图6-20所示"删除条件格式"对话框，选中要删除条件的复选框，单击"确定"按钮即可。

# 6.5　公式与函数

作为一个电子表格系统，除了进行一般的表格处理外，最主要的还是它的数据计算能力。在WPS表格中，可以在单元格中输入公式或者使用WPS表格提供的函数来完成对工作表的计算，还可以进行多维引用来完成各种复杂的运算。例如，制作工程预算表并对其进行分析；或者对财务报表进行计算、分析等。

## 6.5.1　创建公式

公式是在工作表中对数据进行分析的等式，可以对工作表中的数据执行各种运算。如加法、乘法或者比较工作表数值，还可以引用同一工作表中的其他单元格、同一工作簿不同工作表中的单元格，或者其他工作簿的工作表中的单元格。当要向工作表输入计算的数值时就可以使用公式。公式可以包括以下的任何元素：运算符、单元格地址、数值、工作表函数以及名称等。若要在工作表单元格中输入公式，可以在编辑栏中输入这些元素的组合。

**1. 公式的输入**

输入公式的操作类似于输入文字型数据，不同的是在输入一个公式的时候总是以一个等号"="作为开头，然后才是公式的表达式。在单元格中输入公式时，先选择要输入公式的单元格，在所选的单元格或其编辑栏中输入等号"="，输入一个数值、单元格地址、函数或者名称等内容,公式输入完毕,按 Enter 键或编辑栏中的"输入"按钮即可。

例如,假定在单元格 A1 中输入了数值 200,分别在单元格 B1、C1、D1 中输入三个公式"=A1 * 10"、"=(B1+A1)/A1"、"=A1-C1"。

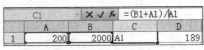

图 6-21 输入公式及结果

当输入这些公式后,就会看到图 6-21 所示的情况。可以看到,如果正确地创建了计算公式,那么默认状态下其计算值就会显示在单元格中,公式则显示在"编辑栏"中。

在输入公式的过程中,总是使用运算符号来分割公式中的项目,在公式中不能包含有"空格"。如果要取消输入的公式,可以单击编辑栏中的"取消"按钮或按 Esc 键。

**注意**:公式应以等号开头,公式内容紧接在后面。如果输入了一个错误的公式,按下 Enter 键后,屏幕上将显示一条出错信息,并询问处理方式,要求选择是否通过一个向导来处理问题。一旦输入正确的公式,单元格中就会显示相应的数字。

**2. 公式中的运算符**

在 WPS 表格中,公式可以使用数学运算符号来完成。运算符用于对公式中的各元素进行特定类型的运算操作。常用的运算符有算术运算符、比较运算符、文本运算符和引用运算符 4 种类型。

1)算术运算符

算术运算符用来完成基本的数学运算。算术运算符有+(加)、-(减)、*(乘)、/(除)、%(百分比)和^(乘方)等。通过对这些运算的组合,就可以完成各种复杂的运算。

在执行算术操作时,基本上都是要求两个或者两个以上的数值、变量,例如"=10^2 * 15"。但对于百分数来说,只有一个数值也可以运算,例如=15%,百分数运算符号会自动地将 15 除以 100,得出 0.15 来。

2)文字运算符

在 WPS 表格中不仅可以进行算术运算,还提供了可以操作正文(文字)的运算符"&",它用来将一个或多个文本链接成为一个组合文本。利用这种操作,可以将文字连接起来,例如"Micro"&"soft"的结果为"Microsoft"。还可以利用"&"符号将一个字符串或一个单元格和另一个单元格的内容连接起来,例如"=A1&"累计"&A2"的结果为"一季度累计销售额"(其中假定 A1 单元格的内容是一季度,A2 单元格的内容是销售额)。

3)比较运算符

WPS 表格还提供了比较运算,比较运算符有=(等于)、>(大于)、<(小于)、>=(大于等于)、<=(小于等于)和<>(不等于)。这些比较运算符号会根据公式判断条件,返回逻辑结果 TRUE(真)或 FALSE(假)。

4)引用运算符

引用运算符可以将单元格区域合并计算。引用运算符如表 6-2 所示。

表 6-2　引用运算符号及举例

| 引用运算符 | 含　义 | 举　例 |
|---|---|---|
| :（冒号） | 区域运算符,表示单元格区域 | =SUM(A1:A10) |
| ,（逗号） | 联合运算符,将多个引用合并为一个引用 | =SUM(A1:A3,A5:A7,A10:A11) |
| （空格） | 交叉运算符,表示几个单元格区域所共有的单元格 | =SUM(A2:C3 B1:B4) |

### 3. 运算符的运算顺序

在 WPS 表格中,不同的运算符号具有不同的优先级。因此,如果公式中同时用到了多个运算符,就应该了解运算符的运算顺序。如果要改变这些运算符号的优先级,可以使用括号,以此来改变表达式中的运算次序。在 WPS 表格中规定所有的运算符号都遵从"由左到右"的次序来运算,例如,"＝C1＋B2/100"和"＝(C1＋B2)/100"的结果是不同的。运算符号的运算顺序如表 6-3 所示。

表 6-3　运算符的运算优先级

| 运　算　符 | 说　明 | 优先级别 |
|---|---|---|
| :（冒号） | 引用运算符 | |
| （空格） | 引用运算符 | |
| ,（逗号） | 引用运算符 | |
| — | 负号 | 高 |
| % | 百分号 | |
| ^ | 乘方 | |
| * 和 / | 乘和除 | |
| ＋和－ | 加和减 | 低 |
| & | 文本运算符 | |
| =,<,>,<=,>=,<> | 比较运算符 | |

**注意**：一旦建立起了计算公式,WPS 表格将根据公式中运算符的特定顺序从左到右进行计算,与小学课程中四则混合运算法则相同。另外,在公式中输入负数时,只需在数字前面添加"－"即可,而不能使用括号。例如,"＝6 ＊ －20"的结果是"－120"。

创建公式是很容易的,关键在于要想好怎么去创建这个公式,以及合理地使用单元格的引用。

## 6.5.2　单元格的引用及区域名

### 1. 单元格引用

一个引用位置代表工作表上的一个或者一组单元格,引用位置告诉 WPS 表格在哪些单元格中查找公式中要用的数值。通过使用引用位置,可以在一个公式中使用工作表上不同部分的数据,也可以在几个公式中使用同一个单元格中的数值。还可以引用同一个工作簿上其他工作表中的单元格,或者引用其他工作簿,也可以引用其他应用程序中的数据。引用其他工作簿中的单元格称为外部引用。引用其他应用程序中的数据称为远程引用。

单元格引用位置基于工作表中的行号和列标,即单元格的地址。公式的复制可以避免大量重复输入公式的工作,当复制公式时,若在公式中使用单元格或单元格区域,则在复制的过程中根据不同的情况使用不同的单元格引用。单元格的引用有三种:相对引用、绝对引用和混合引用。

1) 相对地址引用

在输入公式的过程中,如果没有特别申明,WPS 表格一般是使用相对地址来引用单元格的位置。当把一个含有单元格地址的公式复制到一个新的位置或者用一个公式填入一个范围时,公式中的单元格地址会随着位置的改变而改变就是相对地址引用,例如 A1 就是相对地址。相对引用在公式复制中体现出:横向复制变列号,纵向复制变行号。

2) 绝对地址引用

一般情况下,复制单元格地址时是使用相对地址引用,但在某些情况下不希望单元格地址改变,这时就必须使用绝对地址引用。把公式复制或填入到新位置时,使公式中的固定单元格地址保持不变就是绝对地址引用。在 WPS 表格中是通过对单元格地址的"冻结"来达到此目的,即在列号和行号前面添加美元符号"＄",例如 ＄A＄1 就是绝对地址,公式复制过程中引用地址(值)保持不变。

3) 混合地址引用

在某些情况下,需要在复制公式时只有行或列保持不变。在这种情况下就要使用混合地址引用。所谓混合地址引用是指在一个单元格地址引用中,既有绝对地址引用,同时也包含有相对地址引用。混合地址如 ＄A2,B＄1,其特点是在公式中使用混合引用,形如复制"＝＄A2"的混合引用"纵变行号横不变"。而"＝B＄1"恰好相反,在公式复制中"横变列号纵不变"。

提示:以上三种引用输入时可以互相转换:在编辑栏的公式中用鼠标或键盘选定引用单元格的部分或放其后,反复按 F4 键可进行引用间的转换。转换时,公式的引用会按下列顺序变化:D4 到 ＄D＄4、＄D＄4 到 ＄D4、＄D4 到 D＄4、D＄4 再到 D4。

4) 三维地址引用

所谓三维地址引用是指对同一工作簿内不同工作表中相同引用位置的单元格或单元格区域的引用。三维引用的一般格式为"Sheet1:Sheetn! 单元格(区域)"。例如"Sheet2:Sheet5!D5",包括 Sheet2~Sheet5 这 4 个工作表中每个工作表的单元格 D5。利用三维引用可以一次性将一本工作簿中指定的工作表的特定单元格进行汇总。

**2. 内部引用和外部引用**

公式中可以引用相同工作表中的单元格,也可以引用不同工作表中的单元格,还可以引用不同工作簿中的单元格。把引用同一工作表中的单元格称为内部引用,引用不同工作表中的单元格称为外部引用。下面是几种引用的举例。

(1) 引用相同工作表中的单元格:＝D4＋D6＋D7＊10。

（2）引用同一工作簿的不同工作表中的单元格：= Sheet2！D3＋Sheet3！C4。

说明：该公式位于同一工作簿的 Sheet1 工作表的单元格 B1 中，惊叹号"！"是工作表和单元格之间间隔符。

（3）引用已经打开的不同工作簿中的单元格：=［Book1.xls］Sheet2！＄C＄1＋［Book1.xls］Sheet2！＄D＄1。

说明：该公式位于工作簿 Book2 的 Sheet2 工作表的 C2 单元格中，"［ ］"是工作簿的定界符，鼠标选中就自动显示。

（4）引用未打开的不同工作簿中的单元格：= 'F:\wps_et\［学生名单.xls］Sheet2'！＄B＄1。

（5）同一公式中存在几种不同的引用：=［Book1.xls］Sheet2！＄C＄1＋Sheet1！D3＋B4。

说明：该公式位于工作簿 Book2 的 Sheet2 工作表的 C2 单元格中，＄C＄1 单元格在工作簿 Book1 的工作表 Sheet2 中，D3 单元格与公式在同一工作簿的另一工作表 Sheet1 中，B4 单元格与公式在同一工作表中。

**3．单元格地址的输入**

在公式中输入单元格地址最准确的方法是使用单元格指针。用键盘虽然可以输入一个完整的公式，但在输入过程中很可能有输入错误或者读错屏幕单元地址，例如很可能将 B23 输入为 B22。因此，在将单元格指针指向正确的单元格时，实际上已经把活动的单元格地址移到公式中的相应位置了，从而也就避免了错误的发生。在利用单元格指针输入单元格地址的时候，最得力的助手就是使用鼠标。

下面是对单元格地址引用的综合举例。

**例 6-9** 图 6-22 为某公司的职工工资情况表及计算的实发工资，要使用计算公式完成以下功能：

（1）统计每个人本月实发工资，例如第一个人的实发工资：=C4＋D4＋E4－F4。

（2）将每个人基本工资增加 10％，则第一个人的实发工资公式变为=C4＊C2＋D4＋E4－F4。

| | H4 | ✕ ✓ fx | =$C4*$C$2+$D4+$E4-$F4 | | | | |
|---|---|---|---|---|---|---|---|
| | A | B | C | D | E | F | G | H |
| 1 | | | 系数 | 职工工资表 | | | | |
| 2 | | | 1.1 | | | | | |
| 3 | | 工号 | 基本工资 | 职务工资 | 加班工资 | 扣除 | 实发一 | 实发二 |
| 4 | | GH1112 | 310.00 | 385.00 | 75.00 | 21.00 | 749.00 | $F4 |
| 5 | | GH1103 | 275.50 | 350.50 | 75.00 | 23.00 | 678.00 | 705.55 |
| 6 | | GH1104 | 210.50 | 285.50 | 75.00 | 25.70 | 545.30 | 566.35 |
| 7 | | GH0910 | 310.00 | 375.00 | 65.00 | 16.90 | 733.10 | 764.10 |
| 8 | | GH1118 | 310.00 | 355.00 | 45.00 | 43.10 | 666.90 | 697.90 |
| 9 | | GH1108 | 320.00 | 395.00 | 75.00 | 21.80 | 768.20 | 800.20 |
| 10 | | GH0901 | 310.00 | 385.00 | 75.00 | 21.20 | 748.80 | 779.80 |
| 11 | | GH0905 | 275.00 | 350.00 | 75.00 | 32.60 | 667.40 | 694.90 |
| 12 | | GH0906 | 275.00 | 350.00 | 75.00 | 21.50 | 678.50 | 706.00 |
| 13 | | GH0907 | 275.00 | 320.50 | 45.50 | 18.90 | 622.10 | 649.60 |

图 6-22 三种引用实例

具体操作步骤如下：

（1）将鼠标指向 G4 单元格，输入一个"＝"号，接着用鼠标单击 C4 单元格，输入"＋"号，单击 D4 单元格，重复这一过程直到将公式"＝C4＋D4＋E4－F4"全部输入进去。

（2）用鼠标向下拖动 G4 单元格的填充柄经过目标区域"G5：G13"，完成功能（1）要求的统计。其中可以看到 G5 单元格的公式变为了"＝C5＋D5＋E5－F5"，从中可以发现按列移动，行变列不变，公式中对单元格的相对地址引用是正确的。

（3）用鼠标向左拖动 G4 单元格的填充柄到 H4 单元格，发现公式变为＝D4＋E4＋F4－G4，但是这种按行移动，列变行不变，却出现了计算错误。这样就要把 G4 单元格公式中的相对引用变为混合引用，在 G4 单元格编辑栏将公式全选，反复按 F4 键直到公式变为＝＄C4＋＄D4＋＄E4－＄F4 为止。

（4）在 C2 单元格输入增加的系数 1.1，在 H4 单元格编辑栏 ＄C4 后录入 ＊＄C＄2，按 Enter 键，用鼠标双击 H4 单元格填充柄，公式自动复制完毕，就完成了功能（2）的计算。

当然，实现公式的复制操作还可以使用"开始"→"剪贴板"组的"复制"和"粘贴"命令。

**4. 区域名的命名及使用**

在使用工作表进行工作的时候，如果不愿意使用那些不直观的单元格地址，可以为其定义一个名称。在 WPS 表格中用一个名称可以代表一个单元格、一组单元格、数值或者公式。特别是当需要经常使用同一个公式时，可以为该公式定义一个名称。给公式命名对于使用绝对引用位置的公式尤其有用。每当改变了公式的定义，则所有使用这个名称的单元格都将自动更新。在定义名称的时候要注意，名称的第一个字符必须是字母、汉字或下划线，而且名称不能与单元格引用相同。

定义名称有多种方法，如定义、指定等，都是使用"公式"→"定义名称"组中的命令实现。在使用时可以针对具体情况采用不同的方法。

1）用名称框定义名称

选择所要命名的单元格或区域，单击编辑栏左端的名称框，输入需要的名称，按 Enter 键确认即可。

2）用名称管理器定义名称

选定所要命名的区域，然后单击"公式"→"名称管理器"按钮，添加一个新定义的名称。

3）使用命令定义名称

已经定义的名称可以在公式或者函数的参数输入时使用。例如，若将图 6-22 中 C2 单元格 1.1 的名称命名为"系数"，则可以用"系数"来替换 H4～H13 单元格公式中所有 ＄C＄2 的引用位置。这样，当选定一个已命名的公式时，名称会出现在编辑栏的引用区域中。

**例 6-10** 对图 6-22 的工资系数定义名称。

具体操作步骤如下：

（1）选择"公式"选项卡，在"定义名称"组中单击"名称管理器"或者"定义"按钮，出现图 6-23 所示"定义名称"对话框。

（2）在"在当前工作簿中的名称"文本框中输入要定义的名称"系数"。

（3）单击"引用位置"文本框右角的暂时隐藏按钮 ，出现"定义名称－引用位置"对话框，单击要命名的 C2 单元格，其绝对地址就会出现在空白框中。

（4）单击"添加"按钮，将名称添加到名称列表中。定义完毕后，单击"确定"按钮完成命名操作，结果如图 6-23 所示。

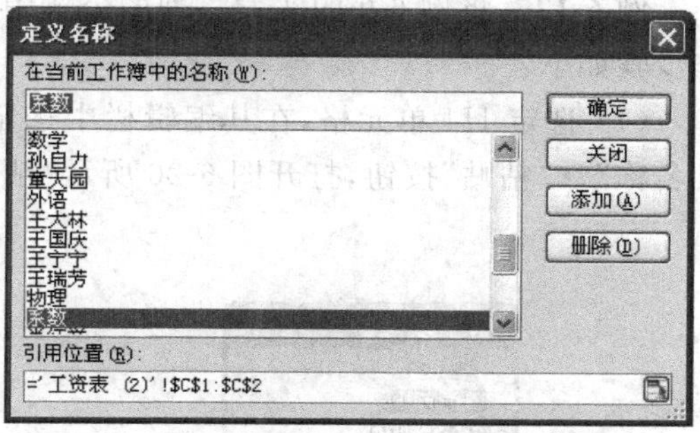

图 6-23 "定义名称"对话框

（5）如果单击"删除"按钮，可删除所定义的名字。如果再次选择上述区域，在名称框中就会出现所定义的名字。

**例 6-11** 对图 6-24 所示学生成绩表的数据区域命名。

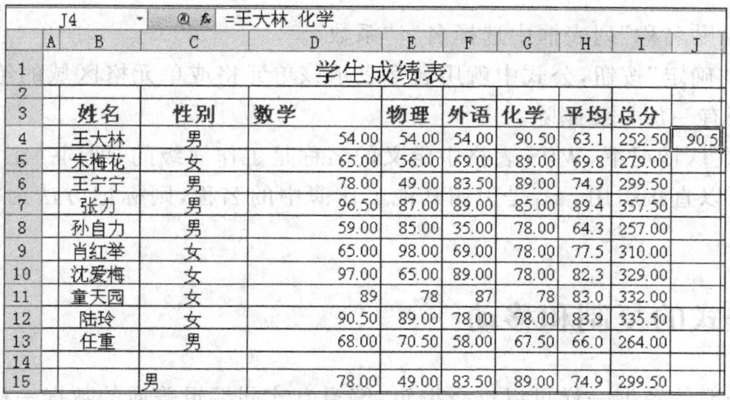

图 6-24 学生成绩表数据区域的命名及应用

（1）选择所要命名的单元格区域 B3：I10。

（2）单击"公式"→"定义名称"→"指定"按钮，打开"指定名称"对话框，如图 6-25 所示。

（3）在"名称创建于"选项区域中已经自动勾选了"首行"和"最左列"复选框。单击"确定"按钮，就完成了对列数据区域的命名。

（4）选定单元格区域 C4：C13，则在名称框就会出现名字"性别"。在 J4 单元格输入公式"＝王大林 化学"后，此单元格就会显示王大林的化学成绩 90.5。选定单元格区域 C15：I15，输入"＝王宁宁"，按 Ctrl＋Shift＋Enter 组合键就会得到与区域 C6：I6 相同的数据。

**注意**：用"行的名称 列的名称"确定的单元格称为行列交叉点。在本例中采用指定方式把成绩表的首行和最左列指定为名称之后，就可以用行、列交叉的方式引用单元格中的数据。

在新建或已经建好的公式、函数中使用已定义的名称，除了直接输入名称的方法外，还可以使用粘贴方式完成。

**例 6-12**  将例 6-9 的实发二列的公式中对 C2 单元格地址的引用改为名称。具体操作步骤如下：

（1）选定 H4 单元格，在其编辑栏中选定要更改的单元格＄C＄2，单击"公式"→"定义名称"→"粘贴"按钮，打开图 6-26 所示"粘贴名称"对话框。

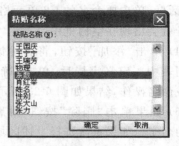

图 6-25　"指定名称"对话框　　　　　　图 6-26　"粘贴名称"对话框

（2）在"粘贴名称"列表框中选择名字"系数"。

（3）单击"确定"按钮，公式中就用名字表示该单元格或单元格区域的绝对地址引用。注意名称前面有一加号要删除。

另外，在默认情况下，WPS 表格中定义的名称是工作簿级的，即同一工作簿其他工作表的公式中可以直接引用。若是引用其他工作簿中的名称，则标记方法为"工作簿名称！单元格名称"。

## 6.5.3　公式的复制和移动

公式和一般的数据一样可以进行编辑，编辑方式同编辑普通的数据一样，可以进行复制和粘贴，其作用与填充柄的效果是相同的。其他的操作如移动、删除等也同一般的数据是相同的，只是要注意在有单元格引用的地方，无论使用什么方式在单元格中填入公式，都存在一个相对和绝对引用的问题。

对于移动、复制公式的操作与移动、复制单元格的操作方法一样，在这里就不再赘述。和移动、复制单元格数据不同的是，对于公式有单元格地址的变化，它们会对结果产生影响。也就是说，WPS 表格会自动地调整所有移动单元格的引用位置，使这些引用位置仍然引用到新位置的同一单元格。如果将单元格移动到原先已被其他公式引用的位置上，则那些公式会产生错误值"＃REF！"，因为原有的单元格已经被移动过来的单元格代替了。

移动和复制单元格对相对地址引用和绝对地址引用所产生的影响是不同的。对于相对地址引用，在移动或复制单元格时，WPS 表格会自动调整位于新粘贴单元格区域内的所有相对地址引用及混合引用的相关部分。

如果要使移动或复制后公式的引用位置保持不变，应该使用绝对地址引用或者混合地址引用。

除了可以使用通常的"复制"、"粘贴"操作实现数据的快速输入外，还可以使用 WPS

表格提供的"选择性粘贴"命令实现数据的快速输入与转换。选择"开始"→"剪贴板"→"选择性粘贴"命令,出现图 6-15 所示"选择性粘贴"对话框,可以进行全部、数值、格式和公式等的"粘贴"等操作,而且还可以将"剪贴板"上的数据与选定的"粘贴"区域的数据进行运算。

## 6.5.4　函数的使用

WPS 表格中所提的函数其实是一些预定义的内置公式,它们使用一些称为参数的特定数值按特定的顺序或结构进行计算。可以直接用它们对某个区域内的数值进行一系列运算,如分析和处理日期值和时间值、确定贷款的支付额、确定单元格中的数据类型、计算平均值、排序显示和运算文本数据等。

在 WPS 表格中,函数是能运用于工作表中以自动地实现决策、执行以及数值返回等操作的计算工具。它提供了大量能完成许多不同计算类型的函数。

### 1. 函数的语法

函数由函数名称开始,后面是用圆括号括起来的参数组成,括号说明了参数开始和结束的位置,括号前后都不能有空格。括号内放置指定参数,参数可以是数字、文本、逻辑值、数组、日期和时间,以及单元格或单元格区域的引用等,给定的参数必须能产生有效的值,参数之间用逗号隔开,参数也可以是常量、公式或者其他函数。

### 2. 函数的输入

在工作表中,对于函数的输入可以采取以下几种方法:

(1) 直接输入函数。

(2) 单击"公式"→"函数库"→"插入函数"按钮。

(3) 单击编辑栏的"插入函数"图标 $f_x$。

(4) 选择"开始"→"编辑"→"求和"→"其他函数"命令。

**例 6-13**　对图 6-24 所示学生成绩表用函数 COUNTIF 统计男生的人数,结果放在 J5 单元格。具体操作步骤如下:

(1) 选定 J5 单元格,单击编辑栏的"插入函数"图标 $f_x$,在弹出的"插入函数"对话框中选择"全部函数"选项卡。

(2) 在"或选择类别"下拉列表中选择"统计"类型,如图 6-27 所示,再从"选择函数"列表框中查找函数 COUNTIF 并双击,出现图 6-28 所示"函数参数"对话框。

(3) 用鼠标单击"区域"文本框右侧的"暂时隐藏对话框"按钮,则只在工作表上方显示参数编辑框。选择单元格区域 C4:C13,然后再次单击按钮,可恢复图 6-28 所示对话框。

(4) 在"条件"文本框中直接输入""男""。单击"确定"按钮,公式"=COUNTIF(C4:C13,"男")"输入完毕,统计的人数显示在单元格中。

### 3. 函数的嵌套

函数是否可以是多重的呢? 也就是说一个函数是否可以是另一个函数的参数呢? 当然可以,这就是嵌套函数的含义。所谓嵌套函数,就是指在某些情况下可能需要将某函数

图 6-27 "插入函数"对话框

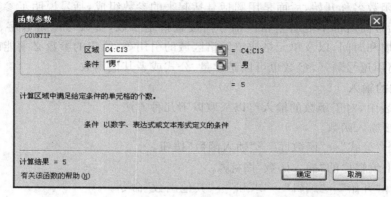

图 6-28 "函数参数"对话框

作为另一个函数的参数使用。例如,"＝ROUND(SUM(A1:D1),2)"就是一个函数的嵌套。被嵌套的函数必须返回与当前参数使用的数值类型相同的数值。如果被嵌套函数返回的数值类型不正确,WPS 表格将显示"♯VALUE!"错误值。

**4. 常用函数的说明**

WPS 表格提供了 300 多个功能强大的函数,有财务函数、数学与三角函数、统计函数、日期与时间函数、数据库函数、逻辑函数、文本函数等多达 10 类函数。下面主要介绍几个常用的函数。

(1) 逻辑函数 AND()、OR()、NOT()和条件函数 IF()。

语法:

AND(逻辑值 1,[逻辑值 2],…)
OR(逻辑值 1,[逻辑值 2],…)
NOT(逻辑值)
IF(测试条件,真值,[假值])

说明：

- AND()：表示逻辑与，所有参数逻辑值为真时返回 TRUE，只要一个逻辑值为假返回 FALSE。
- OR()：表示逻辑或，只要一个参数逻辑值为真时就返回 TRUE，所有逻辑值都为假返回 FALSE。
- NOT()：只有一个参数，逻辑值为假时就返回 TRUE，逻辑值为真就返回 FALSE。
- IF()：用于执行真假值判断后，根据逻辑测试的真假值返回不同的表达式结果。若测试条件为 TRUE 成立，即条件成立，则执行真值表达式的计算，否则执行假值表达式的计算。

(2) 数据求和函数 SUM() 和条件求和函数 SUMIF()。

语法：

```
SUM(数值 1,数值 2,…)
SUMIF(区域,条件,[求和区域])
```

说明：

- SUM()：一个求和汇总函数，用来对所指定的单元格或区域所有数字计算总和。
- SUMIF()：用于对指定单元格区域进行条件求和。其中，区域是用于条件判断的单元格区域；条件为确定哪些单元格将被相加求和的条件，其形式可以为数字、表达式或文本，例如，条件可以表示为 60、"60"、"＞60" 或 "及格"。只有当区域中的相应单元格满足条件时，才对求和区域中的单元格求和。若省略求和区域，则直接对区域求和。

(3) 平均值函数 AVERAGE() 和 AVERAGEA()。

语法：

```
AVERAGE(数值 1,数值 2,…)
AVERAGEA(数值 1,数值 2,…)
```

说明：这两个函数都是计算给定参数的平均值，但它们对文本、逻辑值的处理方法不同。AVERAGE() 只计算数字的平均值，而 AVERAGEA() 计算包括文字、逻辑值或空单元格。

(4) 统计个数函数 COUNT()、COUNTA() 和 COUNTBLANK()。

语法：

```
COUNT(值 1,值 2,…)
COUNTA(值 1,值 2,…)
COUNTBLANK(区域)
```

说明：COUNT() 只统计数字的个数，COUNTA() 则是统计所有类型数据的个数，只要单元格不空，就要被计数，而 COUNTBLANK() 统计指定区域中空白单元格的个数。

(5) 求最大值函数 MAX()、求最小值函数 MIN() 和排名函数 RANK()。

语法：

MAX(数值 1,数值 2,…)

MIN(数值 1,数值 2,…)

RANK(数值,引用,[排位方式])

说明：RANK()返回一个数字在一组数中的排位。引用中的非数值型数据将被省略。

（6）分类汇总函数 DSUM()。

语法：

DSUM(数据库区域,操作域,条件)

返回列表或数据库的列中满足指定条件的数字之和。数据库区域是构成列表或数据库(数据库概念见第 4 章的 4.7 节)的单元格区域,列表的第一行包含着每一列的列标题；操作域指定函数所使用的数据列,就是列表中的数据列列标题,它可以是文本,即两端带双引号的标志项；条件为一组包含给定条件的单元格区域,可以为其指定任意区域,只要它至少包含一个列标题和列标题下方用于设定条件的单元格。

（7）查找与引用函数 LOOKUP()。

语法：

LOOKUP(查找值,查找向量,[返回向量])

说明：从单行、单列或数组中查找一个值。查找向量和返回向量大小相同,查找向量中的内容必须按升序排序。

**5. 函数的应用**

**例 6-14** 图 6-29 为某班计算机应用一的成绩表。现要实现：计算每位同学的总分；根据总分求出每个学生的相应等级；根据总分排名；统计各分数段的人数；统计男女生总成绩及平均成绩。

| | A | B | C | D | E | F | G | H | I | J |
|---|---|---|---|---|---|---|---|---|---|---|
| | I21 | ▼ | ⓐ fx | =AVERAGEIF(性别,"女",期末) | | | | | | |
| 1 | | | | 计算机应用一成绩表 | | | | | | |
| 2 | 学号 | 姓名 | 性别 | 平常作业 | 大作业 | 期中 | 期末 | 总分 | 等级 | 名次 |
| 3 | 11000801 | 王璐 | 女 | 95 | 88 | 85 | 99 | 94 | 优秀 | 1 |
| 4 | 11000802 | 张玉 | 女 | 84 | 69 | 83 | 91 | 85 | 良好 | 3 |
| 5 | 11000803 | 李阳 | 男 | 63 | 74 | 81 | 65 | 70 | 中 | 8 |
| 6 | 11000804 | 王宇 | 男 | 76 | 85 | 86 | 78 | 81 | 良好 | 4 |
| 7 | 11000805 | 刘丽红 | 女 | 68 | 82 | 75 | 75 | 75 | 中 | 7 |
| 8 | 11000806 | 蒋相荣 | 男 | 60 | 50 | 60 | 45 | 51 | 不及格 | 12 |
| 9 | 11000807 | 孙倩倩 | 女 | 85 | 92 | 96 | 82 | 90 | 优秀 | 2 |
| 10 | 11000808 | 苗小兰 | 女 | 83 | 73 | 75 | 40 | 58 | 不及格 | 11 |
| 11 | 11000809 | 张诚 | 男 | 76 | 68 | 83 | 78 | 78 | 中 | 5 |
| 12 | 11000810 | 孙悦 | 女 | 79 | 64 | 77 | 82 | 78 | 中 | 5 |
| 13 | 11000811 | 赵彦 | 男 | 68 | 76 | 55 | 73 | 68 | 及格 | 9 |
| 14 | 11000812 | 曹依福 | 男 | 72 | 69 | 50 | 60 | 60 | 及格 | 10 |
| 15 | | | | 909 | 890 | 906 | 874 | 888 | | |
| 16 | | 统计表 | | | | | | 总成绩 | | |
| 17 | 总人数 | 12 | | | | | | 性别 | 性别 | |
| 18 | 分数段 | 0~59 | 60~100 | | | | | 男 | 女 | |
| 19 | 人数 | 2 | 10 | | | 期末(DSUM) | | 326 | 548 | |
| 20 | 条件 | <60 | >=60 | | | 期末(SUMIF) | | 326 | 548 | |
| 21 | 总分最高 | 94 | | | | 期末平均成绩 | | 65.20 | 78.29 | |
| 22 | 总分最低 | 51 | | | | 人数 | | 5 | 7 | |

图 6-29　计算机应用一成绩表应用函数完成结果

具体操作步骤如下：

（1）统计每个人总分。在 H3 单元格输入公式"＝ROUND(D3＊0.1＋E3＊0.2＋F3＊0.2＋G3＊50％,0)"，其中 ROUND()可以完成四舍五入。双击 H3 单元格填充柄完成其他同学总分的计算。

（2）计算每个人成绩等级。在 H3 单元格输入公式"＝IF(H3＜60,"不及格",IF(H3＜70,"及格",IF(H3＜80,"中",IF(H3＜90,"良好","优秀"))))"。

（3）选定单元格区域 A2:J14，在名称框输入"计算机成绩"，单击"公式"→"定义名称"→"指定"按钮，打开"指定名称"对话框，勾选首行即可。这样，在下面操作中凡是公式或函数中使用单元格区域的绝对地址就可以直接使用名字代替。

（4）排名。在 J3 单元格输入公式"＝RANK(H3,H3:H14)"计算王璐同学排名，选中公式中的"H3:H14"，单击"公式"→"定义名称"→"粘贴"按钮，在"粘贴名称"对话框选择名字"总分"，则 J3 单元格公式变为"＝RANK(H3,总分)"。双击 J3 单元格填充柄，完成其他同学的排名。

（5）自动求和。选定单元格区域 D15:H15，单击"公式"→"函数库"→"自动求和"按钮，就可以求出每列数据的总和。若想求平均值等，可以选择"公式"→"函数库"→"自动求和"下拉列表提供的功能。

（6）统计总人数。在 B17 单元格输入公式"＝COUNTA(B3:B14)"。

（7）统计各分数段人数。在 B19 单元格输入公式"＝COUNTIF(总分,"＜60")"，在 B20 单元格输入公式"＝COUNTIF(总分,D20)"。注意"条件"可以直接输入，也可以使用单元格输入好的数据。

（8）求总分最高、最低成绩。在 B21 单元格输入公式"＝MAX(H3:H14)"，在 B22 单元格输入公式"＝MIN(H3:H14)"，求出最高、最低成绩。

（9）分别用函数 DSUM()和 SUMIF()统计男女生总成绩。在 H19 单元格输入公式"＝DSUM(计算机成绩,＄G2,H＄17:H＄18)"计算男生的期末总成绩，向右拖动 H19 单元格填充柄，填充 I19 单元格，计算出女生总成绩；在 H20 单元格输入公式"＝SUMIF(性别,H18,期末)"，同样拖动填充柄填充 I20 单元格。

（10）统计男女生平均成绩。在 H21 单元格输入公式"＝AVERAGEIF(性别,"男",期末)"，拖动填充柄填充 I21 单元格，把其中的条件改为""女""即可。

**注意**：在输入公式或函数后，要注意该单元格格式的设置。在粘贴名称时，名字前面有一加号要删除。

# 6.6 图表的制作

WPS 表格具有丰富的图表类型，能够建立柱形图、折线图、饼图和条形图等多种类型的图表。在本节中将学习建立一张简单的图表，再进行修饰，使图表更加精致，以及如何为图形加上背景、图注和正文等。

在 WPS 表格中，图表是指将工作表中的数据用图形表示出来。因此当基于工作表选定区域建立图表时,WPS表格使用来自工作表的值,并将其当作数据点在图表上显示。数据点用条形、线条、柱形、切片、点及其他形状表示。这些形状称作数据标示。

建立了图表后,可以通过增加图表项,如数据标记、图例、标题、文字、趋势线、误差线及网格线来美化图表及强调某些信息。大多数图表项可被移动或调整大小。也可以用图案、颜色、对齐、字体及其他格式属性来设置这些图表项的格式。

通过图表可以使数据更加有趣、吸引人、易于阅读和评价,也可以帮助分析和比较数据。

## 6.6.1 认识图表

- 数据点:又称为数据标记,一个数据点就是源工作表中一个单元格的数值的图形表示。
- 数据系列:一组相关联的数据点就是一个数据序列,其数据来源于数据表的行或列。
- 网格线:是指可以添至图表的线条,包括水平和垂直两种网格线。
- 轴:作为绘图区域一侧边界的直线,大多数图表有 X 轴(即分类轴)和 Y 轴(即数值轴)两条。
- 刻度线与刻度线标志:刻度线是与轴交叉的起度量作用的短线,其标志用于标明图表中的类别、数值或数据系列。
- 图例:用于说明每个数据系列中的数据点采用的图形外表。
- 图表中的标题:用于表明图表或分类的内容。

## 6.6.2 图表的创建

图表与工作表中数据相链接,当工作表中数据改变时,图表发生相应变化。

创建图表有两种方法:

(1) 在工作表中选定要创建图表的数据,按 F11 键就创建一个默认的柱形图图表。

(2) 用"图表工具"创建图表。

**例 6-15**　图 6-30 所示为某公司的产值统计表,建立各地区一、二月产值的柱形图。

| | A | B | C | D | E | F | G |
|---|---|---|---|---|---|---|---|
| 1 | 产值统计表 | | | | | | |
| 2 | 地区 | 一月 | 二月 | 三月 | 四月 | 五月 | 六月 |
| 3 | 北部 | 10111 | 13500 | 12600 | 13400 | 13200 | 15300 |
| 4 | 南部 | 22110 | 24050 | 24020 | 24050 | 16050 | 14650 |
| 5 | 东部 | 13270 | 15360 | 15680 | 15490 | 15670 | 15870 |
| 6 | 西部 | 10880 | 21500 | 21700 | 11500 | 19500 | 20500 |

图 6-30　产值统计表

具体操作步骤如下:

(1) 选定用于创建图表的数据源区域,至少应包含一行(或一列)分类数据和一行(或一列)数值数据。选定数据区域 A2:C6。

（2）单击"插入"→"图表"按钮，出现图 6-31 所示"图表类型"对话框。在对话框中列出了 WPS 表格提供的图表类型。单击"柱形图"，从展开的图表形状中选中柱形图的第一个图形，出现选定图表类型的实际效果，修改图表子类型、配色方案。单击"完成"按钮，统计图表如图 6-32 所示。

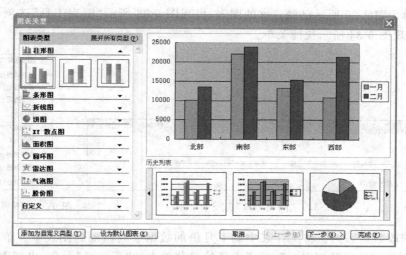

图 6-31 "图表类型"对话框

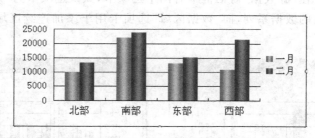

图 6-32 一、二月份统计图表

**注意**：在图 6-30 的工作表中的数据区域 A2:C6 用线框起来，表示其为数据源。

## 6.6.3 图表的修改

图表建立之后，可以根据需要随时修改图表。可使用"图表工具"对图表的格式进行编辑修改及美化。

**1. 修改图表方法**

（1）通过相应图表项的快捷菜单。

（2）通过"图表工具"选项卡。

**2. 修改图表**

（1）修改图表标题。

（2）更改图表类型。

（3）调整嵌入图表的位置和大小。

（4）添加和删除图表数据系列。

**例 6-16** 将例 6-15 所建立的柱形图修改、美化。其中将 X 轴变为月份。

具体操作步骤如下：

（1）单击图 6-30 所示已经建好的图表，出现图 6-33 所示"图表工具"选项卡，单击鼠标右键，出现图 6-34 所示快捷菜单。

图 6-33　"图表工具"选项卡　　　　　　　　　　图 6-34　图表的快捷菜单

（2）修改数据系列。将统计表中剩下月份的数据系列添加到图表中。单击"图表工具"→"数据"→"选择数据"按钮，或者选择快捷菜单中的"源数据"命令，出现图 6-35 所示"源数据"对话框。在"源数据"对话框中有两个选项卡，默认选项卡为"系列"选项卡，主要是用于添加不连续的数据系列，而"数据区域"选项卡用于添加连续区域的数据系列比较方便。

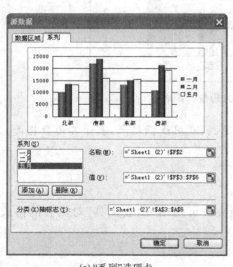

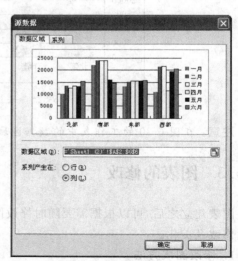

(a) "系列"选项卡　　　　　　　　　　　　(b) "数据区域"选项卡

图 6-35　"源数据"对话框

① 在"系列"选项卡中添加五月份数据系列。单击"添加"按钮，在"名称"文本框输入

名称"五月",或单击文本框右侧的![]按钮,选定 F2 单元格,单击![]按钮,回到对话框。在"值"文本框输入数据系列或指定数据系列 F3:F6。修改结果如图 6-35(a)所示。

② 修改数据系列的产生方式。选择"数据区域"选项卡,在"系列产生在"中选中"行"单选按钮,使 X 轴变为"月份"。在"数据区域"文本框中重新选定数据系列 A2:G6,这样把"名称"和"值"全部包含进去。这里数据区域连续,若不连续,则区域之间是用逗号分隔符分隔。修改结果如图 6-35(b)所示。或者直接单击"图表工具"→"数据"→"按行切换"。

③ 删除数据系列。可以在图 6-35(a)所示"系列"中选定要删除的"系列",或者直接选定图表中的系列按 Delete 键即可。

(3) 添加图表标题。选择快捷菜单中的"图表选项"命令,出现"图表选项"对话框,在这个对话框中可以对标题、网格线等进行修改。选择"标题"选项卡,在各标题文本框中输入所需的内容即可,如图 6-36 所示。

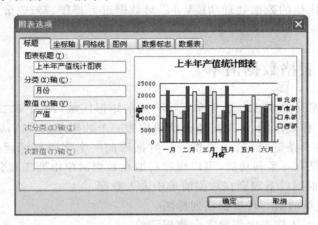

图 6-36 "图表选项"对话框

(4) 美化图表。可以格式化整个图表区域或一次格式化一个图表项目。

① 美化整个图表。从快捷菜单中选择"图表区格式"命令,出现"图表区格式"对话框,可以修改图表的图案、字体和属性。

② 美化单个图表项目。从"图表工具"→"当前所选内容"组的下拉列表中选择,或者直接在图表中选中"图表标题"右击,从弹出的快捷菜单中选择"图表标题格式"命令,在相应的对话框中进行修改。

经过以上(1)～(4)步的操作以后,图表如图 6-37 所示。

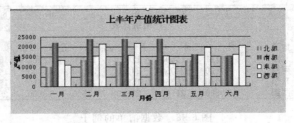

图 6-37 修改美化后的图表

（5）改变系列次序。选中图 6-37 所示图表的任意系列，如"南部"，右击鼠标，从弹出的快捷菜单中选择"数据系列格式"命令，出现"系列'南部'格式"对话框，选择"系列次序"选项卡就可以修改其位置了。

（6）添加趋势线。同上面操作，在"南部"系列快捷菜单中选择"添加趋势线"命令，出现相应对话框，在"类型"选项卡可以添加选中系列的趋势线。

除了以上的编辑操作外，还可以对网格线、数据标志、坐标轴以及为图表添加其相应的数据表等进行修改和美化。

# 6.7　数　据　处　理

WPS 表格不仅具有简单数据计算处理的能力，还具有数据库管理的部分功能。WPS 表格提供了快捷的数据处理功能，可以对数据进行排序、筛选、分类汇总、创建数据透视表等操作。

## 6.7.1　WPS 表格数据清单

数据清单是 WPS 表格工作表中单元格构成的矩形区域，即一张二维表，又称为工作表数据库。它与工作表不同，一般把数据清单作为一个数据库来看待，数据清单中的每一行相当于数据库的一条记录，每一列相当于数据库的一个字段列标题，即数据库的字段名。WPS 表格提供有一系列功能，可以很容易地在数据清单中处理和分析数据。在运用这些功能时，应该根据以下规则在数据清单中输入数据：

（1）在数据清单的第一行里创建列标题。

（2）避免在一个工作表中创建多个数据清单。

（3）工作表数据清单与其他数据间至少留出一列或一行空白单元格。比如含有合并单元格的标题行与数据清单要留出一空行。

（4）数据清单中不允许有空行或空列，单元格不要以空格开头。

（5）避免将关键数据放到数据清单的左右两侧。

数据清单既可以像普通工作表一样直接输入数据、修改数据，也可以通过单击"数据"→"数据工具"组的"记录单"按钮来查找、修改、添加及删除数据清单中的记录。当数据清单较大时，使用记录单来管理数据清单非常方便，图 6-38 所示就是一个符合数据清单规则的例子。

| | A | B | C | D | E | F | G |
|---|---|---|---|---|---|---|---|
| 1 | | | | 产值统计表 | | | |
| 2 | | | | | | | |
| 3 | 地区 | 一月 | 二月 | 三月 | 四月 | 五月 | 六月 |
| 4 | 北部 | 10111 | 13500 | 12600 | 13400 | 13200 | 15300 |
| 5 | 南部 | 22110 | 24050 | 24020 | 24050 | 16050 | 14650 |
| 6 | 东部 | 13270 | 15360 | 15680 | 15490 | 15670 | 15870 |
| 7 | 西部 | 10880 | 21500 | 21700 | 11500 | 19500 | 20500 |

图 6-38　数据清单的例子

**例 6-17** 对图 6-38 所示的数据清单用记录单编辑数据表。

具体操作步骤如下：

（1）选定数据清单中任意一个单元格，单击"数据"→"数据工具"→"记录单"按钮，出现图 6-39（a）所示记录单对话框，记录单的标题栏显示当前数据清单所在的工作表名。记录单的左边部分显示记录的各字段名字，中间部分显示数据清单中记录的内容，带有公式的字段是不能被编辑的。右上角显示的分母为总记录数，分子表示当前显示第几条记录。

 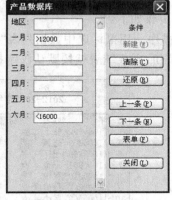

　(a) 记录单对话框　　　　　(b) 使用记录单查找数据

图 6-39　记录单编辑数据表

（2）如果想添加一条新记录，可单击记录单对话框中的"新建"按钮，显示一个空白记录单，输入数据，按 Tab 键或 Shift＋Tab 组合键可以将光标移到下一字段或上一字段。对每条记录重复此过程，直到所有记录添加完毕，单击"关闭"按钮。新建记录位于数据清单的最后。另外，还可以在工作表中直接添加空行输入数据来实现。

（3）如果要修改某条记录，可以用鼠标双击要修改的单元格，或者使用记录单修改记录。对不再需要的记录可以将其删除。使用记录单对话框修改记录时，单击"上一条"、"下一条"按钮查看各条记录内容，对话框中间的滚动条也可用于翻滚记录；单击"删除"按钮，删除当前显示记录；单击"还原"按钮，取消对当前记录的修改。

（4）如果要查找所需记录，如条件是一月产值大于 12000 且六月产值小于 16000，单击图 6-39（a）中的"条件"按钮，出现图 6-39（b）所示对话框，在"一月"文本框中输入">12000"，在"六月"文本框中输入"<16000"，单击"表单"按钮查看符合该组合条件的记录。

## 6.7.2　数据排序

在查阅数据的时候，经常会希望工作表中的数据可以按一定的顺序排列，以方便查看。数据排序就是按一定规则对数据进行整理和排列，这样可以为数据进一步处理做好准备。排序所依据的特征值称为"关键字"，最多可以有三个"关键字"，依次称为"主要关键字"、"次要关键字"和"第三关键字"。先根据"主要关键字"进行排序，若遇到某些行主关键字的值相同,无法区分时,根据其"次要关键字"的值区分,依此类推。

排序的方法有以下三种:

(1)选择"开始"→"编辑"→"排序和筛选"下拉列表提供的命令进行简单和复杂排序。

(2)单击"数据"→"排序和筛选"组的"排序"按钮进行复杂排序。

(3)单击"数据"→"排序和筛选"组的"升序"按钮 $\frac{A}{Z}\downarrow$ 或"降序"按钮 $\frac{Z}{A}\downarrow$ 进行快速排序。

**例 6-18** 对学生成绩单进行简单、复杂排序。

具体操作步骤如下:

(1)简单排序。用鼠标选中数据列表"姓名"中任一单元格,单击"数据"→"排序和筛选"→"降序"按钮,则成绩表就按默认汉字拼音顺序降序排列,结果如图 6-40 所示。

| | A | B | C | D | E | F | G | H | I |
|---|---|---|---|---|---|---|---|---|---|
| 1 | 2012-2013学年秋季学期某班成绩单 | | | | | | | | |
| 2 | | | | | | | | | |
| 3 | 学号 | 姓名 | 性别 | 高数 | 英语 | 法律 | 计算机 | 总分 | 平均 |
| 4 | 11000802 | 张玉 | 女 | 84 | 69 | 83 | 92 | 328 | 82 |
| 5 | 11000809 | 张诚 | 男 | 50 | 56 | 66 | 50 | 222 | 56 |
| 6 | 11000804 | 王宇 | 男 | 76 | 85 | 86 | 83 | 330 | 83 |
| 7 | 11000801 | 王璐 | 女 | 95 | 88 | 99 | 89 | 371 | 93 |
| 8 | 11000810 | 孙悦 | 男 | 60 | 64 | 60 | 82 | 266 | 67 |
| 9 | 11000807 | 孙倩倩 | 女 | 80 | 60 | 82 | 72 | 294 | 74 |
| 10 | 11000808 | 苗小兰 | 女 | 83 | 73 | 80 | 66 | 302 | 76 |
| 11 | 11000805 | 刘丽红 | 女 | 60 | 82 | 76 | 76 | 294 | 74 |
| 12 | 11000803 | 李阳 | 男 | 50 | 74 | 55 | 50 | 229 | 57 |
| 13 | 11000806 | 蒋相荣 | 男 | 92 | 91 | 79 | 70 | 332 | 83 |

图 6-40 按"姓名"降序排序

(2)复杂排序。选择数据列表"性别"中任一单元格,选择"数据"→"排序"命令,出现图 6-42(a)所示"排序"对话框。"主要关键字"默认为"性别"字段名,选中"降序"单选按钮;在"次要关键字"下拉列表中选择"平均"字段名,排序方式为"降序";在"第三关键字"下拉列表中选择"学号"字段名,排序方式为"升序"。为避免字段名也成为排序对象,可选中"有标题行"单选按钮,再单击"确定"按钮进行排序,结果如图 6-41 所示。

| | A | B | C | D | E | F | G | H | I |
|---|---|---|---|---|---|---|---|---|---|
| 1 | 2012-2013学年秋季学期某班成绩单 | | | | | | | | |
| 2 | | | | | | | | | |
| 3 | 学号 | 姓名 | 性别 | 高数 | 英语 | 法律 | 计算机 | 总分 | 平均 |
| 4 | 11000805 | 刘丽红 | 女 | 60 | 82 | 76 | 76 | 294 | 74 |
| 5 | 11000807 | 孙倩倩 | 女 | 80 | 60 | 82 | 72 | 294 | 74 |
| 6 | 11000808 | 苗小兰 | 女 | 83 | 73 | 80 | 66 | 302 | 76 |
| 7 | 11000802 | 张玉 | 女 | 84 | 69 | 83 | 92 | 328 | 82 |
| 8 | 11000801 | 王璐 | 女 | 95 | 88 | 99 | 89 | 371 | 93 |
| 9 | 11000809 | 张诚 | 男 | 50 | 56 | 66 | 50 | 222 | 56 |
| 10 | 11000803 | 李阳 | 男 | 50 | 74 | 55 | 50 | 229 | 57 |
| 11 | 11000810 | 孙悦 | 男 | 60 | 64 | 60 | 82 | 266 | 67 |
| 12 | 11000804 | 王宇 | 男 | 76 | 85 | 86 | 83 | 330 | 83 |
| 13 | 11000806 | 蒋相荣 | 男 | 92 | 91 | 79 | 70 | 332 | 83 |

图 6-41 三级复杂排序

另外,按自定义顺序排序。一般默认数字单元格的排序依据为数值大小,字母单元格的排序依据为字母顺序的先后,汉字单元格的排序依据为拼音顺序的先后。这些规定适

————————— 计算机应用基础

合绝大多数情况,但也有一些特殊情况,例如有大小写字母同时存在怎么办?为此,WPS表格提供了特殊的排序功能,如按笔画排序或者按自定义序列排序等。就是在图 6-42(a)所示对话框中单击"选项"按钮,出现图 6-42(b)所示"排序选项"对话框,在"自定义排序次序"下拉列表中可选择需要的自定义次序。

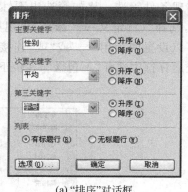 

(a) "排序"对话框        (b) "排序选项"对话框

图 6-42   自定义序列排序

## 6.7.3   数据筛选

筛选数据清单可以快速寻找和使用数据清单中的数据子集。筛选功能可以只显示出符合设定筛选条件的某一值或符合一组条件的行,而隐藏其他行。在 WPS 表格中提供了"自动筛选"和"高级筛选"命令来筛选数据。一般情况下,"自动筛选"就能够满足大部分的需要。不过,当需要利用复杂的条件来筛选数据清单时,就必须使用"高级筛选"才可以。

对于数据清单,可以在条件区域中使用两类条件:一是对于单一的列,可以使用多重的比较条件来指定多于两个的比较条件;二是当条件是计算的结果或需要比较时,可以使用计算条件。

无论自动筛选还是高级筛选,WPS 表格提供两种方法进行数据的筛选:一是通过选择"开始"→"编辑"→"排序和筛选"下拉列表中的命令,二是"数据"→"排序和筛选"组提供的按钮操作。

**1. 自动筛选**

自动筛选提供了快速访问大量数据清单的管理功能。如果要执行自动筛选操作,在数据清单中必须有列标题(即字段名)。

**例 6-19**   对图 6-40 所示学生成绩表进行"自动筛选"及"自定义筛选"。

其操作步骤如下:

(1) 在要筛选的数据清单中选定任意一个单元格,单击"数据"→"排序和筛选"→"自动筛选"按钮,在数据清单中每一个列标题的旁边出现一个下拉列表筛选标志,如图 6-43所示。

（2）单击列标题"总分"下拉列表箭头，出现图 6-44 所示下拉列表，选定"降序排列"，结果如图 6-43 所示。

（3）若选择"（前 10 个…）"命令，出现"自动筛选前 10 个"对话框，选择显示项数即可。

（4）若选择"（自定义…）"命令，可以实现条件筛选。比如筛选出不姓"王"同学的所有记录。单击列标题"姓名"下拉列表箭头，选择"（自定义…）"命令，出现如图 6-45 所示"自定义自动筛选方式"对话框，该对话框可以设置两个用"与"或"或"连接的条件。本例只需要一个条件，所以在第一个条件的比较运算符中选择"不包含"，在值下拉列表框中输入"王＊"，结果如图 6-43 所示。

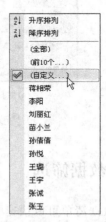

| 2012-2013学年秋季学期某班成绩单 | | | | | | | | |
|---|---|---|---|---|---|---|---|---|
| 学号 | 姓名 | 性别 | 高行 | 英行 | 法行 | 计算 | 总分 | 平 |
| 11000806 | 蒋相荣 | 男 | 92 | 91 | 79 | 70 | 332 | 83 |
| 11000802 | 张玉 | 女 | 84 | 69 | 83 | 92 | 328 | 82 |
| 11000808 | 苗小兰 | 女 | 83 | 73 | 80 | 66 | 302 | 76 |
| 11000807 | 孙倩倩 | 女 | 80 | 60 | 82 | 72 | 294 | 74 |
| 11000805 | 刘丽红 | 女 | 60 | 82 | 76 | 76 | 294 | 74 |
| 11000810 | 孙悦 | 男 | 60 | 64 | 60 | 82 | 266 | 67 |
| 11000803 | 李阳 | 男 | 50 | 74 | 55 | 50 | 229 | 57 |
| 11000809 | 张诚 | 男 | 50 | 56 | 66 | 50 | 222 | 56 |

图 6-43　"自定义自动筛选"筛选"姓名"　　　　　　　　图 6-44　"自动筛选"的下拉列表

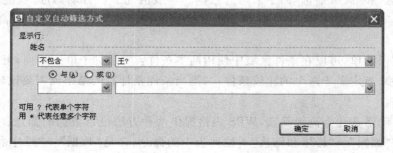

图 6-45　"自定义自动筛选方式"对话框

（5）移去数据清单的筛选。如果取消对某一列的筛选，可以单击该列的下拉箭头，从下拉列表中选择"全部"命令；如果取消所有条件筛选，可以单击"数据"→"排序和筛选"→"全部显示"按钮。如果退出自动筛选，可以单击"数据"→"排序和筛选"→"自动筛选"按钮。

注意：通配符"？"代表单个字符，"＊"代表任意多个字符。

**2．高级筛选**

使用"自动筛选"命令寻找合乎准则的记录，且方便又快速，但该命令的寻找条件不能太复杂。如果要执行较复杂的寻找,就必须使用"高级筛选"命令。"高级筛选"命令不在字段名旁边显示用于条件选择的箭头,而是在工作表的条件区域输入条件。

在使用"高级筛选"命令前要先建立一个条件区域,以便显示出满足条件的行。可以定义几个条件(称为多重条件)来显示满足所有条件的行,或显示满足一组或另一组条件的行。

条件区域的构造规则是:同一列中的条件表示"或",即 OR(只要其中一个单元格的条件成立,则整个条件成立);同一行中的条件表示"与",即 AND(只有所有单元格中的条件成立,整个条件才成立)。

**注意**:当利用比较条件时,条件标题必须和想评价的列标题相同。在列标题下面的行中输入需要的条件,利用"高级筛选"命令来显示满足指定条件的行。

**例 6-20** 对图 6-40 所示的学生成绩表,要求用"高级筛选"筛选出满足条件的所有记录,即要求显示"性别"为"男"而且"英语"在 70 分(不包括 70 分)以上的记录。

具体操作步骤如下:

(1) 在空白行建立条件区域:"复制"所有列标题到单元格区域 K2:S2,在列标题"性别"单元格下方,即 M3 单元格输入"男",在列标题"英语"单元格下方的 O3 单元格输入条件">70",如图 6-46 所示。

(2) 单击"数据"→"排序和筛选"→"高级筛选"按钮,出现图 6-47 所示"高级筛选"对话框。

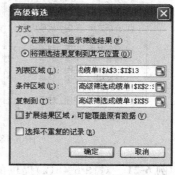

| K | L | M | N | O | P | Q | R | S |
|---|---|---|---|---|---|---|---|---|
| | | | | 条件区域 | | | | |
| 学号 | 姓名 | 性别 | 高数 | 英语 | 法律 | 计算机 | 总分 | 平均 |
| | | 男 | | >70 | | | | |
| | | | | | | | | |
| 学号 | 姓名 | 性别 | 高数 | 英语 | 法律 | 计算机 | 总分 | 平均 |
| 11000806 | 蒋相荣 | 男 | 92 | 91 | 79 | 70 | 332 | 83 |
| 11000804 | 王宇 | 男 | 76 | 85 | 86 | 83 | 330 | 83 |
| 11000803 | 李阳 | 男 | 50 | 74 | 55 | 50 | 229 | 57 |

图 6-46 设定的条件和筛选的结果图          图 6-47 "高级筛选"对话框

(3) 在"方式"选项区域中选中"将筛选结果复制到其他位置"单选按钮。

(4) 在"列表区域"文本框中指定数据区域 A3:I13;在"条件区域"文本框中指定条件区域 K2:S3,其中包括条件标题;在"复制到"文本框中选定复制的区域 K5。结果如图 6-46 所示。若要从结果中排除条件相同的行,可以选中"选择不重复的记录"复选框。

提示:

(1) 如果要对不同的列指定多重条件,在条件区域的同一行中输入所有的条件;如果要对相同的列指定一个以上的条件,或某一值域,可以通过多次输入列标题来实现。各条件之间的关系为"与"。

(2) 如果要符合一个或另一个条件的行或对相同的列指定不同的条件,把条件输入在不同的行上。各条件之间的关系为"或"。

### 6.7.4　分类汇总

对数据清单上的数据进行分析的一种方法是分类汇总。分类汇总就是对数据清单按某个字段进行分类，将字段值相同的连续记录作为一类，进行求和、求平均值、计数等汇总运算。针对同一个分类字段，还可进行多种汇总。分类汇总采用分级显示的方式显示数据清单数据，它可以折叠或展开数据清单的数据行（或列），快速创建各种汇总报告。

**注意**：在进行分类汇总之前，第一，数据清单的第一行里必须有列标题；第二，必须对数据清单要分类汇总的数据列排序。排序的列标题称为分类汇总关键字，在进行分类汇总时，只能指定已经排序的列标题作为汇总关键字。

| 序号 | VCD名 | 国家 | 类别 | 张数 |
|---|---|---|---|---|
| | 个人VCD管理数据库 | | | |
| 2 | 狮子王 | 美国 | 动画片 | 2 |
| 9 | 米老鼠与唐 | 美国 | 动画片 | 2 |
| 1 | 魂断蓝桥 | 美国 | 故事片 | 2 |
| 3 | 廊桥遗梦 | 美国 | 故事片 | 2 |
| | 教父 | 美国 | 故事片 | 6 |
| | 龙卷风 | 美国 | 故事片 | 2 |
| 11 | 本能 | 美国 | 故事片 | |
| 12 | 闻香识女 | 美国 | 故事片 | |
| 15 | 雨中曲 | 美国 | 故事片 | |
| 16 | 漂亮女人 | 美国 | 故事片 | |
| 17 | 钢琴课 | 美国 | 故事片 | |
| 18 | 莫扎特 | 美国 | 故事片 | |
| 19 | 第一滴血 | 美国 | 故事片 | |
| 21 | 音乐之声 | 美国 | 故事片 | 3 |
| 8 | 大闹天宫 | 中国 | 动画片 | 1 |
| 10 | 海尔兄弟 | 中国 | 动画片 | 16 |
| 4 | 活着 | 中国 | 故事片 | |
| 7 | 少林寺 | 中国 | 故事片 | |
| 13 | 红高粱 | 中国 | 故事片 | |
| 14 | 大红灯笼 | 中国 | 故事片 | |
| 20 | 秋菊打官 | 中国 | | |

(a) 按"国家"和"类别"排序

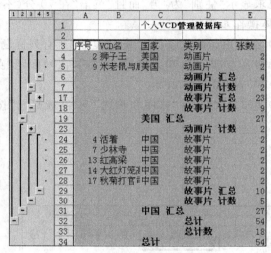

(b) 嵌套的分类汇总

图 6-48　VCD 管理数据库分类汇总前后

**例 6-21**　对图 6-48(a)提供的个人 VCD 管理数据库进行多级的分类汇总。具体操作步骤如下：

（1）分类汇总。

① 将数据清单按要进行分类汇总的列先进行排序。按"主要关键字"为"国家"，"次要关键字"为"类别"，对数据清单进行了复杂排序，如图 6-48(a)所示。

② 在要进行分类汇总的数据清单里选取一个单元格。单击"数据"→"分级显示"→"分类汇总"按钮，出现"分类汇总"对话框。

③ 在"分类字段"下拉列表中选择"国家"；在"汇总方式"下拉列表框中默认为"求和"；在"选定汇总项"列表框中接受默认选择"张数"。"分类汇总"对话框如图 6-49 所示，单击"确定"按钮完成第一级的分类汇总。

图 6-49　"分类汇总"对话框

计算机应用基础

④ 单击"数据"→"分级显示"→"分类汇总"按钮，在"分类汇总"对话框中的"分类字段"下拉列表中选择"类别"，在"汇总方式"下拉列表中选择"计数"，"选定汇总项"默认选择"张数"。为了保留已有的分类汇总，必须清除"替换当前分类汇总"复选框。

⑤ 再进行一级分类汇总，"分类字段"选择"类别"，"汇总方式"选择"平均"，"选定汇总项"默认选择"张数"，取消对"替换当前分类汇总"复选框的勾选。

⑥ 分类汇总结果如图6-48(b)所示。

（2）分级显示。

对数据清单进行分类汇总后，WPS表格会自动对列表中的数据进行分级显示。在工作表窗口的左边会出现分级显示区，列出一些分级显示符号，主要用于显示或隐藏某些明细数据。明细数据就是在进行了分类汇总的数据清单或者工作表分级显示中的分类汇总行或列。

分类汇总的查看方式有三种：一是单击分级显示符号，二是单击"隐藏明细数据"按钮"＋"或"－"，三是单击"数据"→"分级显示"组的"显示明细数据"或"隐藏明细数据"按钮。

（3）移去所有自动分类汇总。

对于不再需要的或者错误的分类汇总，可以将之取消，其操作步骤是在分类汇总数据清单中选择一个单元格，单击"数据"→"分级显示"→"分类汇总"按钮，出现"分类汇总"对话框，单击"全部删除"按钮即可。

## 6.7.5　数据透视表

数据透视表是一种对大量数据快速汇总和建立交叉列表的交互方法。可以根据需要重新排列数据以查看数据的不同汇总结果，可以通过显示不同的页来筛选数据，也可以显示所感兴趣区域的明细数据。它是一种动态工作表，提供了一种以不同角度观看数据清单的简便方法。

**例6-22**　建立数据透视表，要统计各位销售代理，各种产品的销售情况，此时既要按销售代理分类，又要按产品类别分类，下面来看看用数据透视表如何来解决问题。

具体操作步骤如下：

**1. 创建数据透视表**

（1）选定用于创建数据透视表的数据清单中任意一个单元格。

（2）单击"插入"→"数据透视表"按钮，出现图6-50所示"创建数据透视表"对话框，用于选定数据源和保存位置。选中"现有工作表"单选按钮，输入"H3"即可。

（3）单击"确定"按钮，出现图6-51

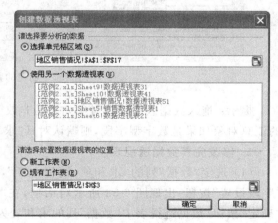

图6-50　"创建数据透视表"对话框

所示"数据透视表工具"选项卡以及"数据透视表"任务窗格,用于创建数据透视表的环境。

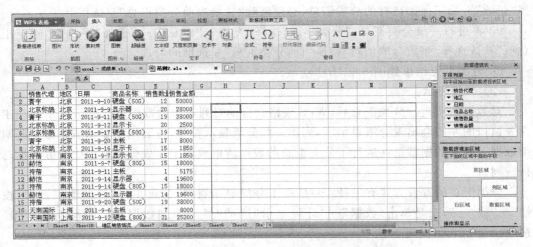

图 6-51　数据源和"数据透视表"创建环境

（4）在"数据透视表"任务窗格的"字段列表"中将"商品名称"字段拖入到"行区域"，"销售代理"字段拖入到"列区域"，将"销售数量"字段拖入"数据区域"，默认是"求和项"，将"销售金额"字段拖入"数据区域"，默认也是"求和项"，出现如图 6-52 所示结果。

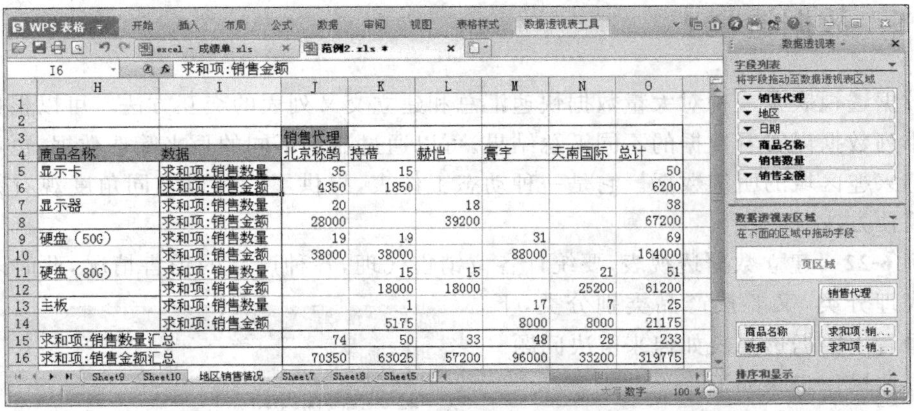

图 6-52　创建的数据透视表

提示：拖入数据区的汇总对象如果是非数字型字段，则默认对其"计数"；拖入数据区的汇总对象如果是数字型字段，则默认对其"求和"。

**2. 修改完善数据透视表**

（1）选定"数据"列的"求和项：销售金额"，单击"数据透视表工具"→"活动字段"→"字段设置"按钮，出现图 6-53 所示对话框，在"汇总方式"选项卡中选中"平均值"，单击"确定"按钮，数据透视表中"数据"列的求和变为了"平均值项：销售金额"。

（2）数据更新。若源数据表内的数据发生变化后，希望数据透视表的数据也随着变

　计算机应用基础

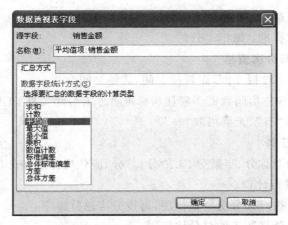

图 6-53  "数据透视表字段"对话框

化,则单击"数据透视表工具"→"布局"→"表选项"按钮,出现图 6-54 所示"数据透视表"对话框,选中"打开时刷新"复选框即可更新透视表中的数据。

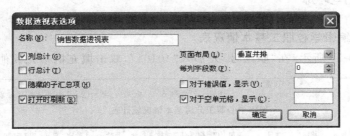

图 6-54  "数据透视表选项"对话框

因此,对已经建好的数据透视表进行修改、完善可以使用"数据透视表工具"选项卡提供的"数据"、"活动字段"和"布局"组,更改数据透视表的布局等。也可以使用"数据透视表"任务窗格修改,在其中选定某项使用快捷菜单进行局部修改。

# 6.8  综 合 应 用

学校为了改善教师住房条件,准备为一些教职工分配住房,使用 WPS 表格为申请要房的网络中心教职工进行打分。网络中心职工基本情况由职工号、姓名、职称、出生日期、参加工作日期和现住房间数等组成。现在需要按下列规定增加职工的职称分、年龄分、工龄分、总分、应住房标准和分房资格等数据项。

## 6.8.1  任务与要求

### 1. 分房计分标准

(1)职称分计算标准:教授 25 分,副教授 20 分,讲师 15 分,其他 5 分。

（2）年龄分计算标准：每年 0.5 分。

（3）工龄分计算标准：每年 1 分。

**2. 应住房标准与分房资格**

（1）应住房标准：教授 4 间，副教授 3 间，其他 2 间。

（2）分房资格：现住房间数低于应住房标准者才有分房资格，工龄分低于 5 分的没有分房资格。有资格取"有"，无资格取"—"。

**3. 需要完成的任务**

（1）增加职工的职称分、年龄分、工龄分、总分、应住房标准和分房资格等数据项。分别使用公式或函数进行计算。

（2）数据排序。按有无分房资格排序，再按分房总分排序。

（3）建立有分房资格职工的总分比较图。

（4）查找每个人的分房资格。

## 6.8.2　操作步骤

**1. 建立并编辑学校职工基本情况表**

（1）如图 6-55 所示，在"职工号"处输入"'0101"，双击填充柄填充其他"职工号"。

图 6-55　"网络中心分房基本情况统计表"及"分房计算标准"

（2）输入"出生日期"时单击"插入函数"按钮，在打开的"插入函数"对话框中"选择类别"为"日期与时间"，"选择函数"为 DATE，单击"确定"按钮，出现图 6-56 所示"函数参数"对话框，输入年、月、日，单击"确定"按钮。这时的出生日期显示比如"1985-3-12"，可以单击"开始"→"数字"下拉箭头，在出现的"单元格格式"对话框中的"分类"列表中选定常规就可以显示天数。

通过以上操作的结果如图 6-55 上半部分所示，其他文字的输入这里不再赘述。

**2. 建立计分标准表**

计分标准表如图 6-55 下半部分所示。

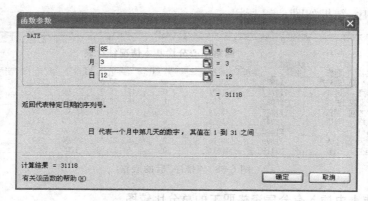

图 6-56 "函数参数"对话框

**3．计分**

(1) 计算"职称分"：选定单元格 G5，输入公式"＝IF(C5＝"教授"，B＄16，IF(C5＝"副教授"，B＄17，IF(C5＝"讲师"，B＄18，B＄19)))"，对 G6：G11 完成公式的自动填充。

(2) 计算"年龄分"：选定单元格 H5，输入公式"＝(YEAR(TODAY())－YEAR(D5))＊D＄16"，对 H6：H11 完成公式的自动填充。

(3) 计算"工龄分"：选定单元格 I5，输入公式"＝(YEAR(TODAY())－YEAR(E5))＊E＄16"，对 I6：I11 完成公式的自动填充。

(4) 计算"总分"：选定单元格 J5，输入公式"＝SUM(G5：I5)"，对 J6：J11 完成公式的自动填充，结果如图 6-57 所示。

| L12 | | =IF(AND(K12>F12,I12>=5),"有","-") | | | | | | | | | |
|---|---|---|---|---|---|---|---|---|---|---|---|
| | A | B | C | D | E | F | G | H | I | J | K | L |
| 1 | | | | 网络中心分房基本情况统计表 | | | | | | | | |
| 4 | 职工号 | 姓名 | 职称 | 生日 | 参加工作日期 | 现住房间数 | 职称分 | 年龄分 | 工龄分 | 总分 | 应住房标准 | 分房资格 |
| 5 | 0101 | 袁路 | 教授 | 13947 | 21064 | 4 | 25 | 37.00 | 55.00 | 117 | 4 | - |
| 6 | 0102 | 马小勤 | 副教授 | 16933 | 23621 | 2.5 | 20 | 33.00 | 48.00 | 101 | 3 | 有 |
| 7 | 0103 | 孙天一 | 工人 | 21399 | 30195 | 2 | 5 | 27.00 | 30.00 | 62 | 2 | - |
| 8 | 0104 | 邹涛 | 讲师 | 22727 | 31291 | 0 | 15 | 25.00 | 27.00 | 67 | 2 | 有 |
| 9 | 0105 | 邱大同 | 助教 | 27235 | 35674 | 0 | 5 | 19.00 | 15.00 | 39 | 2 | 有 |
| 10 | 0106 | 王亚妮 | 讲师 | 25082 | 33786 | 1 | 15 | 22.00 | 20.00 | 57 | 2 | 有 |
| 11 | 0107 | 吕萧 | 工人 | 21592 | 27211 | 2 | 5 | 26.50 | 38.00 | 69.5 | 2 | - |
| 12 | 0108 | 李英 | 助教 | 31118 | 40614 | 0 | 5 | 13.50 | 1.00 | 19.5 | 2 | - |

图 6-57 增加各字段后的表格

**4．计算"应住房标准"与"分房资格"**

(1) 计算"应住房标准"：选定单元格 K5，输入公式"＝IF(C5＝"教授"，C＄16，IF(C5＝"副教授"，C＄17，C＄18))"，对 K6：K11 完成公式的自动填充。

(2) 计算"分房资格"：选定单元格 L5，输入公式"＝IF(AND(K5＞F5，I5＞＝5)，"有"，"－")"，对 L6：L11 完成公式的自动填充，结果如图 6-57 所示。

**5．数据排序**

(1) 选定"分房资格"中任一单元格，选择"开始"→"排序和筛选"→"自定义排序排序"命令，出现"排序"对话框。

(2) "主要关键字"选择"分房资格"、"降序"，"次要关键字"选择"总分"、"降序"，单击

"确定"按钮排序,结果如图 6-58 所示。

| | | A | B | C | D | E | F | G | H | I | J | K | L |
|---|---|---|---|---|---|---|---|---|---|---|---|---|---|
| 1 2 3 | | | | | 网络中心分房基本情况统计表 | | | | | | | | |
| 4 | | 职工号 | 姓名 | 职称 | 生日 | 参加工作日期 | 现住房间数 | 职称分 | 年龄分 | 工龄分 | 总分 | 应住房标准 | 分房资格 |
| 5 | | 0102 | 马小勤 | 副教授 | 16933 | 23621 | 2.5 | 20 | 33.00 | 48.00 | 101 | 3 | 有 |
| 6 | | 0104 | 邹涛 | 讲师 | 22727 | 31291 | 0 | 15 | 25.00 | 27.00 | 67 | 2 | 有 |
| 7 | | 0106 | 王亚妮 | 讲师 | 25082 | 33786 | 1 | 15 | 22.00 | 20.00 | 57 | 2 | 有 |
| 8 | | 0105 | 邱大同 | 助教 | 27235 | 35674 | 0 | 5 | 19.00 | 15.00 | 39 | 2 | 有 |
| 9 | | 0101 | 袁路 | 教授 | 13947 | 21064 | 4 | 25 | 37.00 | 55.00 | 117 | 4 | - |
| 10 | | 0107 | 吕萧 | 工人 | 21592 | 27211 | 2 | 5 | 26.50 | 38.00 | 69.5 | 2 | - |
| 11 | | 0103 | 孙天一 | 工人 | 21399 | 30195 | 2 | 5 | 27.00 | 30.00 | 62 | 2 | - |
| 12 | | 0108 | 李英 | 助教 | 31118 | 40614 | 0 | 5 | 13.50 | 1.00 | 19.5 | 2 | - |

图 6-58 "排序"后的表格

**6. 在工作表中插入有分房资格职工的总分比较图**

(1) 先选定"姓名"列 B4:B7,按住 Ctrl 键选定"总分"列 J4:J7,按 F11 键,插入柱形图。

(2) 选定图表,单击鼠标右键,从弹出的快捷菜单中选择"图表选项"命令,在其对话框中的"图表标题"中输入"网络中心有分房资格分房总分比较图",在"Y 轴"中输入"分房总分"。

(3) 在"数据表"选项卡中选中"显示数据表"复选框,在图表中显示工作表。经过以上操作后的结果显示在图 6-59 中。

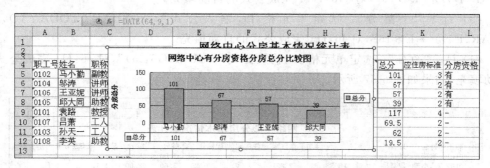

图 6-59 分房总分数据源及实现的图表

**7. 用函数 LOOKUP 查找每个人的分房资格**

(1) 建立一新工作表"分房资格查询表",输入一列要查找人的姓名。

(2) 对图 6-57 所示建好的工作表按"姓名"的"升序"排序。

(3) 在新建"分房资格查询表"的 B3 单元格输入公式"=LOOKUP(A3,网络中心分房统计表!＄B＄5:＄B＄12,网络中心分房统计表!＄L＄5:＄L＄12)",双击填充柄,完成对其余人分房资格的公式填充,得到每个人分房资格查询结果。

| | A | B | C | D |
|---|---|---|---|---|
| 1 | 查找分房资格 | | | |
| 2 | 姓名 | 分房资格 | 总分 | |
| 3 | 袁路 | - | 117 | |
| 4 | 马小勤 | 有 | 101 | |
| 5 | 孙天一 | - | 62 | |
| 6 | 邹涛 | 有 | 67 | |
| 7 | 邱大同 | 有 | 39 | |
| 8 | 王亚妮 | 有 | 57 | |
| 9 | 吕萧 | - | 69.5 | |
| 10 | 李英 | - | 19.5 | |

图 6-60 分房资格查询表

(4) 在新建"分房资格查询表"的 C3 单元格输入公式"=LOOKUP(A3,网络中心分房统计表!＄B＄5:＄B＄12,网络中心分房统计表!J5:J12)",双击填充柄,完成对其余人总分的公式填充。得到每个人分房资格查询结果,结果如图 6-60 所示。

———————— 计算机应用基础

# 习题 6

**一、选择题**

1. 在 WPS 表格中,单元格可设置自动换行,也可以强行换行,强行换行可按(　　)键。

   A. Ctrl+Enter　　　　　　　　　　　B. Alt+Enter

   C. Shift+Enter　　　　　　　　　　　D. Tab

2. 在 Sheet1 的 A3 单元格中输入公式"＝Sheet2！A1＋A2",表达式是将工作表 Sheet2 中 A1 单元格的数据与(　　)。

   A. Sheet1 中 A2 单元格的数据相加,结果放在 Sheet1 中 A2 单元格中

   B. Sheet1 中 A2 单元格的数据相加,结果放在 Sheet2 中 A2 单元格中

   C. Sheet1 中 A2 单元格的数据相加,结果放在 Sheet1 中 A3 单元格中

   D. Sheet1 中 A2 单元格的数据相加,结果放在 Sheet2 中 A3 单元格中

3. 在 WPS 表格中创建的图表和数据(　　)。

   A. 只能在同一个工作表中

   B. 不能在同一个工作表中

   C. 既可在同一个工作表中,也可在同一工作簿的不同工作表中

   D. 只有当工作表在屏幕上有足够显示区域时才可在同一工作表中

4. 中文 WPS 表格提供的筛选方式不包括(　　)。

   A. 自动筛选　　　　　　　　　　　　B. 自定义的筛选

   C. 高级筛选　　　　　　　　　　　　D. 智能筛选

5. 下列关于在 WPS 表格的单元格中输入数据的说法中,不正确的是(　　)。

   A. 若要输入电话号码 82325678,可先输入 82325678,再将其设置为文本格式

   B. 纯分数输入时,应先输入 0,空一半角空格后再输入分数

   C. 单元格可设置日期、数值和文本等不同格式

   D. 单元格中输入数字和中西文组合的混合数据,该数据应视为数值型数据

6. 关于 WPS 表格的数据筛选,下列说法中正确的是(　　)。

   A. 筛选后的表格中只含有符合筛选条件的行,其他行被删除

   B. 筛选后的表格中只含有符合筛选条件的行,其他行被暂时隐藏

   C. 筛选条件只能是一个固定的值

   D. 筛选条件不能自定义,只能由系统确定

7. 在 WPS 表格中将某一内容为"星期一"的单元格拖放填充 6 个单元格,其内容为(　　)。

   A. 连续 6 个"星期一"　　　　　　　B. 连续 6 个空白

   C. 星期二至星期日　　　　　　　　　D. 以上都不对

8. 利用 WPS 表格编辑栏的名称框不能实现(　　)。

   A. 删除已命名区域或单元格内容和格式

   B. 更改区域或单元格名称

C. 为区域或单元格定义名称

D. 选定已定义名称的区域或单元格

9. 在 WPS 表格中,下面说法不正确的是( )。

A. WPS 表格应用程序可同时打开多个工作簿文档

B. 在同一工作簿文档窗口中可以建立多张工作表

C. 在同一工作表中可以为多个数据区域命名

D. WPS 表格新建工作簿的缺省名为"文档 1"

10. 在 WPS 表格工作表中,在不同单元格输入下面内容,其中被 WPS 表格识别为字符型数据的是( )。

A. 1999-3-4      B. 34%      C. ＄100      D. 南京溧水

## 二、填空题

1. 中文 WPS 表格的分类汇总方式不包括_____。

2. 图表是一种_____工作表。

3. 在 WPS 表格中选定源单元格后单击"复制"按钮,再选中目的单元格后单击"粘贴"按钮,此时被粘贴的是源单元格中的_____。

4. 在 WPS 表格工作表中,数值型数据刚输入时的默认对齐格式是_____。

5. 利用 WPS 表格编辑栏的名称框,不能实现_____功能。

## 三、简答题

1. WPS 表格的主要功能是什么?

2. 什么是工作簿?什么是工作表?二者有什么区别?

3. 如何利用序列快速输入数据?如何自定义序列?

4. "选择性粘贴"能实现什么功能?

5. 数据删除和数据清除的区别是什么?

6. 什么是单元格的绝对引用和相对引用?如何表示它们?复制公式时有何区别?

7. 如何在数据清单中进行数据筛选?数据筛选和分类汇总有何区别?

8. 数据透视表与分类汇总有什么区别?

## 四、上机操作题

建立一个"文秘一班《计算机应用》成绩统计表格",由序号、姓名、平时成绩、笔试成绩、上机考试成绩和综合成绩组成,其中各位学生的计算机应用课程的综合成绩由平时成绩(占 20%)、笔试成绩(占 50%)和上机考试成绩(占 30%)计算得到。

要求完成下列任务:

1. 建立学生成绩统计表格。

2. 按所给比例计算综合成绩。

3. 建立学生成绩分段统计表,分段统计 $X<60,60\leqslant X<70,70\leqslant X<80,80\leqslant X<90$, $90\leqslant X<100,X=100$ 各分数段区间的学生人数。

4. 对电子表格进行适当调整与修饰。

5. 在工作表区域嵌入饼图,该图表应显示各分数段学生人数。

# 第<big>7</big>章  计算机信息安全

## 7.1  信息安全概述

随着信息化与计算机网络的发展,特别是政府上网工程和电子商务的开展,信息保护与网络安全已成为摆在我们面前刻不容缓的课题。计算机产业自从 Internet 诞生以来发生了很大变化,信息共享比过去增加了,信息的获取更公平了,但同时也带来了信息安全问题,因为信息的通道多了,也更加复杂了,所以控制更加困难了。因此,信息安全问题已经成为我们亟待解决的重大关键问题。

### 7.1.1  信息安全的基本概念

随着信息技术的发展,信息系统在运行操作、管理控制、经营管理计划和战略决策等社会经济活动各个层面的应用范围不断扩大,发挥着越来越大的作用。信息系统中处理和存储的,既有日常业务处理信息、技术经济信息,也有涉及企业或政府高层计划、决策信息,其中相当一部分是属于极为重要并有保密要求的。社会信息化的趋势导致了社会的各个方面对信息系统的依赖性越来越强。信息系统的任何破坏或故障都将对用户以至整个社会产生巨大的影响。信息系统安全上的脆弱性表现得越来越明显。信息系统的安全日显重要。

信息系统的安全性是指为了防范意外或人为地破坏信息系统的运行,或非法使用信息资源,而对信息系统采取的安全保护措施。与信息系统安全性相关的因素主要有自然及不可抗拒因素、硬件及物理因素、电磁波因素、软件因素、数据因素、人为及管理因素和其他因素。

### 7.1.2  信息安全研究的问题

信息安全包括几个方面:一是信息本身的安全,即在信息传输的过程中是否有人把信息截获,尤其是国家公文的传递;二是信息系统或网络系统本身的安全,一些人出于恶意或好奇,进入系统把系统搞瘫痪,或者在网上传播病毒。而更高层次的则是信息战,这就牵扯到国家安全问题。现在国与国之间交战已不一定是靠海、陆、空军去攻占对方的领土，可以通过破坏对方的信息系统，使对方经济瘫痪，调度失灵。网上攻防已成为维护国家主权的重要一环。

对于信息本身的安全，2001年1月1日起我国开始施行《计算机信息系统国际联网保密管理规定》，2月1日开始实施《商业密码管理条例》。其中明确要求：凡涉及国家秘密的计算机信息系统不得直接或间接地与国际互联网或其他公共信息网络相联接，必须实行物理隔离；凡涉及国家秘密的信息，不得在国际联网的计算机信息系统中存储、处理、传递；任何个人和单位不得在电子公告系统、聊天室、网络新闻组上发布、谈论和传播国家秘密信息。另外，中国有关部门规定，为了保护国家利益和经济安全，禁止中国公司购买包含外国设计的加密软件产品，国内任何组织和个人都不得出售外国商业性加密产品。

对于网络系统本身的安全，如计算机黑客，黑客的攻击方法已超过计算机病毒的种类，可植入程序的黑客手段也有十几种。

## 7.1.3　信息安全问题产生的原因

信息安全问题的出现有其历史原因。以Internet为代表的现代网络技术是从20世纪60年代美国国防部的ARPANET演变发展而成的，它的大发展始于20世纪80年代末90年代初。从全球范围看，以Internet为例，它的发展几乎是在无组织的自由状态下进行的。到目前为止，世界范围内还没有一部完善的法律和管理体系来对其发展加以规范和引导，网络自然成了一些犯罪分子"大显身手"的理想空间。

以Internet为例，它自身的结构和它方便信息交流的构建初衷也决定了其必然具有脆弱的一面。当初构建计算机网络的目的是要实现将信息通过网络从一台计算机传到另一台计算机上，而信息在传输过程中可能要通过多个网络设备，从这些网络设备上都能不同程度地截获信息的内容。这样，网络本身的松散结构就加大了对它进行有效管理的难度，从而给了黑客可乘之机。

从计算机技术的角度来看，网络是一个软件与硬件的结合体，而从目前的网络应用情况来看，每个网络上都或多或少地有一些自行开发的应用软件在运行，这些软件由于自身不完备或是开发工具不是很成熟，在运行中很有可能导致网络服务不正常或瘫痪。网络还拥有较为复杂的设备和协议，保证复杂的系统没有缺陷和漏洞是不可能的。同时，网络的地域分布使安全管理难于顾及网络连接的各个角落，因此没有人能证明网络是安全的，这便使网络安全问题变成一个风险管理问题，安全性成为概念上无法准确定义的指标。

正是网络系统的这些弱点给信息安全工作带来了相当大的难度。一方面科学家很难开发出对保障网络安全普遍有效的技术手段，另一方面又缺乏足以保证这些手段得到实施的社会环境。随着网络应用的普及，信息安全问题已成为信息时代必须尽快加以解决的重大课题。

### 7.1.4 加强信息安全法律意识

在维护信息安全的法律方面,除了《计算机信息系统国际联网保密管理规定》和《商业密码管理条例》之外,我国在 1999 年修订《刑法》中也增加了对非法侵入重要领域计算机信息系统行为刑事处罚的明确规定。1997 年,经国务院批准,公安部发布的《计算机网络国际联网安全保护管理办法》中也规定,禁止任何单位和个人未经允许进入或破坏计算机信息网络。除此之外,中国计算机安保专家认为,积极发展民族计算机工业,在技术上不受制于人,尽快发展国产计算机和软件,这才是防止国外黑客攻击,保障信息安全的长远而有效的方法。

# 7.2 计算机病毒及防治

## 7.2.1 计算机病毒概述

计算机病毒(Computer Viruses,CV)是一种特殊的具有破坏性的计算机程序,这些程序具有自我复制能力,可通过非授权入侵而隐藏在计算机系统中,满足一定条件即被激活,从而给计算机系统造成一定损害甚至严重破坏。计算机病毒不单单是计算机学术问题,而是一个严重的社会问题。

计算机病毒一般具有以下特性:

**1. 传染性**

计算机病毒的传染性是指病毒具有把自身复制到其他程序中的特性。计算机病毒是一段人为编制的计算机程序代码,这段程序代码一旦进入计算机并得以执行,它会搜寻其他符合其传染条件的程序或存储介质,确定目标后再将自身代码插入其中,达到自我繁殖的目的。只要一台计算机染毒,如不及时处理,那么病毒会在这台机子上迅速扩散,其中的大量文件(一般是可执行文件)会被感染。而被感染的文件又成了新的传染源,再与其他机器进行数据交换或通过网络接触,病毒会继续进行传染。是否具有传染性是判别一个程序是否为计算机病毒的最重要条件。

**2. 隐蔽性**

计算机病毒一般是具有很高编程技巧、短小精悍的程序。通常附在正常程序中或磁盘较隐蔽的地方,也有个别的以隐含文件形式出现,目的是不让用户发现它的存在。如果不经过代码分析,病毒程序与正常程序是不容易区别开来的。一般在没有防护措施的情况下,计算机病毒程序取得系统控制权后,可以在很短的时间里传染大量程序。而且受到传染后,计算机系统通常仍能正常运行,使用户不会感到任何异常。正是由于隐蔽性,计算机病毒得以在用户没有察觉的情况下扩散到上百万台计算机中。

**3. 潜伏性**

大部分的病毒感染系统之后一般不会马上发作,它可长期隐藏在系统中,只有在满足其特定条件时才启动其表现(破坏)模块。只有这样它才可进行广泛地传播。著名的"黑色星期五"在逢13号的星期五发作。当然,最令人难忘的便是26日发作的CIH。这些病毒在平时会隐藏得很好,只有在发作日才会露出本来面目。

**4. 破坏性**

任何病毒只要侵入系统,都会对系统及应用程序产生程度不同的影响。轻者会降低计算机工作效率,占用系统资源,重者可导致系统崩溃。由此特性可将病毒分为良性病毒与恶性病毒。良性病毒可能只显示一些画面或出点音乐、无聊的语句,或者根本没有任何破坏动作,但会占用系统资源。这类病毒较多,如 GENP、小球和 W-BOOT 等。恶性病毒则有明确的目的,或破坏数据、删除文件,或加密磁盘、格式化磁盘,有的对数据造成不可挽回的破坏。这也反映出病毒编制者的险恶用心。

**5. 衍生性**

病毒程序往往是由几部分组成,修改其中的某个模块能衍生出新的不同于原病毒的计算机病毒。

**6. 寄生性**

病毒程序一般不独立存在,而是寄生在文件中。

# 7.2.2　计算机病毒的分类

从第一个病毒出世以来,究竟世界上有多少种病毒,说法不一。无论多少种,病毒的数量仍在不断增加。据国外统计,计算机病毒以每周几十种的速度递增。

按照计算机病毒的特点及特性,计算机病毒的分类方法有许多种。按照计算机病毒的技术大致可分为:

**1. 宏病毒**

宏病毒一般是指用 VBASIC 书写的病毒程序,寄存在 Microsoft Office 文档上的宏代码中,它影响对文档的各种操作。当打开 Office 文档时,宏病毒程序就被执行,于是宏病毒就会被激活,转移到计算机上,并驻留在 Normal 模板上。从此以后,所有自动保存的文档都会"感染"上这种宏病毒。如果其他用户打开了感染病毒的文档,宏病毒又会转移到他们的计算机上。宏病毒还可衍生出各种变形变种病毒,这种"父生子,子生孙"的传播方式让许多系统防不胜防,这也使宏病毒成为威胁计算机系统的"第一杀手"。

目前国内最流行的宏病毒有 TaiWan No. 1、CAP、SetMode、July killer、OPEY. A、X97M. Draco 和 W97M. Sacep. B 等。遇到宏病毒时不必惊慌失措,用户可以选择目前一些较能妥善处理宏病毒的杀毒软件,如安全之星、金山毒霸和 KV3000 等。

**2. 邮件病毒**

邮件病毒是指利用 E-mail 的安全漏洞进行匿名转发、欺骗和轰炸等行为。通过电子邮件传播计算机病毒是近年来病毒爆发性流行的一个重要渠道,并产生了巨大的危害。

长期以来,人们对于邮件病毒的防范与处理总是处于被动挨打的状态。用户收到邮件后只要不打开附件就不会感染上病毒。但是新型的邮件病毒的邮件正文即为病毒,用户接收到带毒邮件后,即使不将邮件打开,只要将鼠标指向邮件,通过预览功能病毒也会被自动激活,如罗密欧和朱丽叶、欢乐时光、主页病毒等,也有人说这才是真正意义上的邮件病毒。

另外,在邮件的使用中还会有其他的安全隐患。电子邮件炸弹(E-mail Bomb)就是其中危害比较大的一种,指的是发件人以不名来历的电子邮件地址,不断重复地将电子邮件寄于同一收件人,由于情况就像战争中利用某种战争工具对同一个地方进行大轰炸,人们就将它形象地称为电子邮件炸弹,它是黑客常用的一种危害比较大的攻击手段。

### 3. 网络病毒

随着 Internet 的发展,网络病毒出现了,它是在网络上传播的病毒,为网络带来灾难性后果。网络病毒的来源主要有两种:

一种威胁是来自文件下载。这些被浏览的或是通过 FTP 下载的文件中可能存在病毒。而共享软件(Public Shareware)和各种可执行的文件,如格式化的介绍性文件(Formatted Presentation)已经成为病毒传播的重要途径。并且 Internet 上还出现了 Java 和 ActiveX 形式的恶意小程序。

另一种主要威胁来自于电子邮件。大多数的 Internet 邮件系统提供了在网络间传送附带格式化文档邮件的功能。只要简单地敲敲键盘,邮件就可以发给一个或一组收信人。因此,受病毒感染的文档或文件就可能通过网关和邮件服务器涌入企业网络。

### 4. 引导型病毒

引导型病毒主要通过软盘在 DOS 操作系统中传播,感染软盘中的引导区,蔓延到用户硬盘,并能感染到硬盘中的"主引导记录"。一旦硬盘中的引导区被病毒感染,病毒就试图感染每一个插入计算机的软盘的引导区。典型的病毒有大麻、小球病毒等。

### 5. 文件型病毒

文件型病毒是文件感染者,也称为寄生病毒。它运作在计算机存储器中,通常感染扩展名为 COM、EXE 和 SYS 等类型的文件。每一次激活时,感染文件把自身复制到其他文件中,并能在存储器中保留很长时间,直到病毒又被激活。典型的如 CIH 病毒等。

### 6. 混合型病毒

混合型病毒集引导型和文件型病毒特性于一体。它综合系统型和文件型病毒的特性,并通过这两种方式来感染,更增加了病毒的传染性以及存活率。

## 7.2.3　计算机病毒的传染和危害

### 1. 计算机病毒的传染

计算机病毒应以预防为主,而预防计算机病毒主要是堵塞病毒的传播途径。其主要的传播途径有以下几种:

1) 硬盘

因为硬盘存储数据多,在其互相借用或维修时,将病毒传播到其他的硬盘或软盘上。

2) 移动磁盘

移动磁盘是使用最广泛、移动最频繁的存储介质,因此也成了计算机病毒寄生的"温床",大多数计算机经常从这类途径感染病毒。

3）光盘

光盘的存储容量大,所以大多数软件都刻录在光盘上,以便互相传递。如一些非法商人就将软件放在光盘上,难免会将带毒文件刻录在上面。

4）网络

在计算机日益普及的今天,人们通过计算机网络互相传递文件、信件,这样就加快了病毒的传播速度。因为资源共享,人们经常在网上免费下载、共享软件,病毒也难免会夹在其中。

**2. 计算机病毒的危害**

计算机病毒会感染、传播,但这并不可怕,可怕的是病毒的破坏性。其主要危害有以下几方面。

（1）攻击硬盘主引导扇区、Boot 扇区、FAT 表、文件目录,使磁盘上的信息丢失。

（2）删除软盘、硬盘或网络上的可执行文件或数据文件,使文件丢失。

（3）占用磁盘空间。

（4）修改或破坏文件中的数据,使内容发生变化。

（5）抢占系统资源,使内存减少。

（6）占用 CPU 运行时间,使运行效率降低。

（7）对整个磁盘或扇区进行格式化。

（8）破坏计算机主板上 BIOS 的内容,使计算机无法工作。

（9）破坏屏幕正常显示,干扰用户的操作。

（10）破坏键盘输入程序,使用户的正常输入出现错误。

（11）攻击喇叭,会使计算机的喇叭发出响声。有的病毒作者让病毒演奏旋律优美的世界名曲,在高雅的曲调中去杀戮人们的信息财富。有的病毒作者通过喇叭发出种种声音。

（12）干扰打印机,假报警、间断性打印、更换字符。

# 7.2.4　计算机病毒的预防和清除

**1. 计算机病毒的预防**

计算机病毒防治的关键是做好预防工作,即防患于未然。

1）依法治毒

我国在 1994 年颁布实施了《中华人民共和国信息系统安全保护条例》,在 1997 年出台的新《刑法》中增加了有关对制作、传播计算机病毒进行处罚的条款。2000 年 5 月,公安部颁布实施了《计算机病毒防治管理办法》,进一步加强了我国对计算机的预防和控制工作。同时,为了保证计算机病毒防治产品的质量,保护计算机用户的安全,公安部建立了计算机病毒防治产品检验中心,在 1996 年颁布执行了中华人民共和国公共安全行业标准 GA 243-2000《计算机病毒防治产品评级准则》。我国开展病毒防治工作要严格遵循这些标准和法规,这样才能有效地保障我国的计算机病毒防治水平。

2）一些具体的防范措施

① 重要部门的计算机尽量专机专用，与外界隔绝。

② 不要随便使用在别的机器上使用过的可擦写存储介质（如软盘、硬盘和可擦写光盘等）。

③ 坚持定期对计算机系统进行计算机病毒检测。

④ 坚持经常性的数据备份工作。这项工作不要因麻烦而忽略，否则后患无穷。

⑤ 坚持以硬盘引导，需用软盘引导，应确保软盘无病毒。

⑥ 对新购置的机器和软件不要马上投入正式使用，经检测后，试运行一段时间，未发现异常情况再正式运行。

⑦ 严禁玩电子游戏。

⑧ 对主引导区、引导扇区、FAT表、根目录表、中断向量表、模板文件 Winsock.DLL、WSOCK32.DLL 和 Kernek32.DLL 等系统重要数据做备份。

⑨ 定期检查主引导区、引导扇区、中断向量表、文件属性（字节长度、文件生成时间等）、模板文件和注册表等。

⑩ 局域网的机器尽量使用无盘（软盘）工作站。

⑪ 对局域网络中超级用户的使用要严格控制。

⑫ 在网关、服务器和客户端都要安装使用病毒防火墙，建立立体的病毒防护体系。

⑬ 一旦遭受病毒攻击，应采取隔离措施。

⑭ 不要使用盗版光盘上的软件。

⑮ 安装系统时，不要贪图大而全，要遵守适当的原则。

⑯ 接入 Internet 的用户不要轻易下载使用免费的软件。

⑰ 不要轻易打开电子邮件的附件。

⑱ 要将 Office 提供的安全机制充分利用起来，将宏的报警功能打开。

⑲ 发现新病毒及时报告国家计算机病毒应急中心和当地公共信息网络安全监察部门。

**2. 计算机病毒的清除**

1）人工处理的方法

用正常的文件覆盖被病毒感染的文件；删除被病毒感染的文件；重新格式化磁盘。

2）用反病毒软件清除病毒

常用的反病毒软件有 KV3000、瑞星、金山毒霸、诺顿和江民等。需要指出的是，由于反病毒软件具有时效性，因此反病毒软件不可能清除所有的病毒，而且还需要及时的升级。

随着计算机应用的推广和普及，国内外软件的大量流行，计算机病毒的滋扰也越加频繁。这些病毒还在继续蔓延，给计算机的正常运行造成严重威胁。如何保证数据的安全性，防止病毒的破坏已成为当今计算机研制人员和应用人员所面临的重大问题。研究完善的抗病毒软件和预防技术成为目前亟待攻克的新课题。

# 7.2.5　几种典型的病毒

## 1. 特洛伊木马病毒

特洛伊木马，简称木马，也称为后门。它是一种基于远程控制的黑客工具，具有隐蔽性和非授权性的特点。特洛伊木马有两个程序：一个是服务器程序，一个是控制器程序。当用户的计算机运行了服务器程序后，黑客就可以使用控制器程序进入用户的计算机，通过指挥服务器程序达到控制用户计算机的目的。

最常见的特洛伊木马就是试图窃取用户名和密码的登录窗口，包括拨号的密码和用户名。其他的木马程序收集用户访问过的因特网站点并发送出去，或者执行其他不受欢迎的功能。

木马病毒都能够在用户计算机上下载并运行间谍程序等其他有害程序。间谍程序运行的主要后果是搜集信息，包括许多详细的用户机密信息，这对于个人用户或者企业用户来说都将造成巨大的经济损失，IT人员将被迫为此花费大量的时间去解决问题，员工的工作效率也将因寻找对付这些病毒程序骚扰的办法而大大降低。更为严重的是，窃取密码等机密信息，这意味着网络管理员必须时刻注意每一台计算机，以防止受到这类攻击。

### 2. 震荡波（I-Worm）

震荡波病毒会在网络上自动搜索系统有漏洞的计算机，并直接引导这些计算机下载病毒文件并执行，因此整个传播和发作过程不需要人为干预。只要这些用户的计算机没有安装补丁程序并接入因特网，就有可能被感染。震荡波病毒的发作特点是造成计算机反复重启。

震荡波由18岁的德国少年斯文扬森编写，该病毒跟2003年的冲击波病毒非常类似，同属于网络蠕虫，感染Windows 2000、Windows Server 2003和Windows XP系统。它是利用微软的MS04-011漏洞，通过因特网进行传播，但不通过邮件传播。蠕虫能自动在网络上搜索含有漏洞的系统，在含有漏洞的系统的TCP端口5554建立FTP文件服务器，自动创建FTP脚本文件，并运行该脚本，该脚本能自动引导被感染的机器下载执行蠕虫程序，用户一旦感染后，病毒将从TCP的1068端口开始搜寻可能传播的IP地址，系统将开启上百个线程去攻击他人，造成计算机运行异常缓慢、网络不畅通，并让系统不停重新启动。

### 3. 冲击波病毒

该病毒运行时会不停地利用IP扫描技术寻找网络上系统为Win2K或XP的计算机，找到后就利用DCOM RPC缓冲区漏洞攻击该系统，一旦攻击成功，病毒体将会被传送到对方计算机中进行感染，使系统操作异常、不停重启，甚至导致系统崩溃。另外，该病毒还会对微软的一个升级网站进行拒绝服务攻击，导致该网站堵塞，使用户无法通过该网站升级系统。

"冲击波"病毒的两个最新变种分别命名为冲击波II（Worm. Blaster. B）和冲击波III（Worm. Blaster. C）。

### 4. 蠕虫病毒

蠕虫是设计用来将自己从一台计算机复制到另一台计算机，但是它自动进行。首先，它控制计算机上可以传输文件或信息的功能。一旦用户的系统感染蠕虫病毒，蠕虫即可独自传播。最危险的是，蠕虫可大量复制。例如，蠕虫可向电子邮件地址簿中的所有联系人发送自己的副本，那些联系人的计算机也将执行同样的操作，结果造成多米诺效应（网络通信负担沉重），使商业网络和整个Internet的速度减慢。当新的蠕虫爆发时，它们传播的速度非常快。它们堵塞网络并可能导致用户(以及其他每个人)等很长的时间才能查看 Internet 上的网页。

蠕虫具有极强的传染性、设置后门程序、发动拒绝服务攻击等特征,主要利用系统漏洞进行主动传播和攻击。从近几年发生的大范围危害事件来看,蠕虫的危害性比普通病毒更大,以"红色代码"、"尼姆达"以及"SQL 蠕虫王"为代表。

无论是什么样的蠕虫,都有一个共同的特点——通过网络进行传播。因此,网络边界也就成了防御蠕虫的要塞,网关级安全产品显得尤其重要。全球著名的信息安全教育机构 SANS Institute 将蠕虫(Anti-Worm)解决方案和防火墙、IDS 等并列为安全技术中的一大类。

# 7.3　网络黑客及防火墙

## 7.3.1　黑客

"黑客"一词在信息安全范畴内的普遍含义是特指对计算机系统的非法侵入者。正是由于黑客的存在,人们才会不断了解计算机系统中存在的问题。

目前黑客已成为一个广泛的社会群体。在 Internet 上,黑客组织有公开网站,提供免费的黑客工具软件,介绍黑客手法,出版网上黑客杂志和书籍,"2600"是最为著名的一本黑客杂志。由于有黑客组织的技术交流活动的存在,使一般性的"行黑"变得比较容易,普通人也很容易通过因特网轻易学会对网络进攻方法以及下载"后门"程序。

**1. 什么是网络黑客**

黑客是指那些检查(网络)系统完整性和完全性的人。黑客(hacker),源于英语动词hack,意为"劈,砍",引申为"干了一件非常漂亮的工作"。多数黑客对计算机非常着迷,认为自己是世界上绝顶聪明的人,能够做他人所不为或不能为的事,只要他们愿意,就可肆无忌惮地非法闯入某些敏感数据的禁区或是内部网络,盗取重要的信息资源,或是与某些政府要员甚至是总统开一个玩笑,或者干脆针对某些人进行人身攻击、诽谤或恶作剧。他们常常以此为乐,作为一种智力的挑战而陶醉。

因此,黑客能使更多的网络趋于完善和安全,他们以保护网络为目的,而以不正当侵入为手段找出网络漏洞。他们通常具有硬件和软件的高级知识,并有能力通过创新的方法剖析系统。

**2. 网络黑客攻击方法**

为了把损失降低到最低限度,一定要有安全观念,并掌握一定的安全防范措施,让黑客无任何机会可乘。那么,只有了解了他们的攻击手段,才能采取准确的对策对付这些黑客。

1) 获取口令

有三种方法:一是通过网络监听非法得到用户口令,对局域网安全威胁巨大;二是在知道用户的账号后(如电子邮件@前面的部分),利用一些专门软件强行破解用户口令;三是在获得一个服务器上的用户口令文件后,用暴力破解程序破解用户口令,此方法在所有方法中危害最大。

2) 放置木马程序

木马程序可以直接侵入用户的计算机并进行破坏。当计算机连接到因特网上时,这个程序就会通知黑客来报告该计算机的 IP 地址以及预先设定的端口。黑客在收到这些信息后,再利用这个潜伏在其中的程序,就可以任意地修改计算机的参数设定、复制文件、窥视整个硬盘中的内容等,从而达到控制计算机的目的。

3) WWW 欺骗技术

在网上用户可以利用 IE 等浏览器进行各种各样的 Web 站点的访问,如阅读新闻组、咨询产品价格、订阅报纸、电子商务等。然而一般的用户恐怕不会想到有这些问题存在:正在访问的网页已经被黑客篡改过,网页上的信息是虚假的。

4) 电子邮件攻击

电子邮件攻击主要表现为两种方式:一是电子邮件轰炸和电子邮件"滚雪球";二是电子邮件欺骗。

5) 网络监听

网络监听是主机的一种工作模式,在这种模式下,主机可以接收到本网段在同一条物理通道上传输的所有信息,而不管这些信息的发送方和接收方是谁。此时,如果两台主机进行通信的信息没有加密,只要使用某些网络监听工具就可以轻而易举地截取包括口令和账号在内的信息资料。

6) 寻找系统漏洞

许多系统都有这样那样的安全漏洞(Bugs),其中某些是操作系统或应用软件本身具有的;还有一些漏洞是由于系统管理员配置错误引起的。

7) 利用账号进行攻击

有的黑客会利用操作系统提供的缺省账户和密码进行攻击,例如许多 UNIX 主机都有 FTP 和 Guest 等缺省账户(其密码和账户名同名),有的甚至没有口令。黑客用 UNIX 操作系统提供的命令如 Finger 等收集信息,不断提高自己的攻击能力。

8) 偷取特权

利用各种特洛伊木马程序、后门程序和黑客自己编写的导致缓冲区溢出的程序进行攻击,前者可使黑客非法获得对用户机器的完全控制权,后者可使黑客获得超级用户的权限,从而拥有对整个网络的绝对控制权。

## 7.3.2 防火墙

近年来,Internet 技术逐渐引入到企业网的建设,从而形成了 Intranet。Intranet 是在 LAN 和 WAN 的基础上,基于 TCP/IP 协议,使用 WWW 工具,采用防止外界侵入的安全措施,为企业内部服务,并连接 Internet 功能的企业内部网络。设置防火墙是 Intranet 保护企业内部信息的安全措施。

**1. 什么是防火墙（FireWall）**

防火墙是为了保证内部网与 Internet 之间的安全所设的防护系统。防火墙是在两个网络之间执行访问—控制策略的监控系统（软件、硬件或两者兼有），用于监控所有进、出网络的数据流和来访者。它在内部网络与外部网络之间设置障碍，以阻止外界对内部资源的非法访问，也可以防止内部对外部的不安全访问。根据预设的安全策略，防火墙对所有流通的数据流和来访者进行检查，符合安全标准的予以放行，不符合安全标准的一律拒之门外。

**2. 防火墙功能**

对于防火墙有两个基本要求：保证内部网络的安全性和保证内部网和外部网间的连通性。基于这两个基本要求，一个性能良好的防火墙系统应具有的功能是实现网间的安全控制，保障网间通信安全；能有效记录网络活动情况；隔离网段，限制安全问题扩散；自身具有一定的抗攻击能力；综合运用各种安全措施，使用先进健壮的信息安全技术；人机界面良好，用户配置方便，容易管理。

**3. 使用防火墙**

在具体应用防火墙技术时，还要考虑到两个方面：

（1）防火墙是不能防病毒的，尽管有不少的防火墙产品声称其具有这个功能。

（2）防火墙技术的另外一个弱点在于数据在防火墙之间的更新是一个难题，如果延迟太大将无法支持实时服务请求。

总之，防火墙是企业网安全问题的流行方案，即把公共数据和服务置于防火墙外，使其对防火墙内部资源的访问受到限制。作为一种网络安全技术，防火墙具有简单实用的特点，并且透明度高，可以在不修改原有网络应用系统的情况下达到一定的安全要求。

# 7.3.3 其他安全技术

**1. 加密**

数据加密技术从技术上的实现分为软件和硬件两方面。按作用不同，数据加密技术主要分为数据传输、数据存储、数据完整性的鉴别以及密钥管理技术这 4 种。

在网络应用中一般采取两种加密形式：对称密钥和公开密钥，采用何种加密算法则要结合具体应用环境和系统，而不能简单地根据其加密强度来作出判断。因为除了加密算法本身之外，密钥合理分配、加密效率与现有系统的结合性，以及投入产出分析都应在实际环境中具体考虑。在 Internet 中使用更多的是公钥系统，即公开密钥加密，它的加密密钥和解密密钥是不同的。一般对于每个用户生成一对密钥后，将其中一个作为公钥公开，另外一个则作为私钥由属主保存。常用的公钥加密算法是 RSA 算法，加密强度很高，因此十分适合 Internet 上使用。

**2. 认证和识别**

网络通过用户拥有什么东西来识别的方法，一般是用智能卡或其他特殊形式的标志，这类标志可以从连接到计算机上的读出器读出来。最普通的就是口令，口令具有共享秘密的属性。例如，要使服务器操作系统识别要入网的用户，那么用户必须把他的用户名和口令送到服务器,服务器就将它与数据库里的用户名和口令进行比较,如果相符,就通过了认证,可以上网访问。这个口令就由服务器和用户共享。更保密的认证可以用 ATM 卡和 PIN 卡。为了解决安全问题,一些公司和机构正千方百计地解决用户身份认证问题,主要有几种认证办法:双重认证,如视网膜或指纹扫描器;数字证书,这是一种检验用户身份的电子文件,也是企业现在可以使用的一种工具;智能卡;安全电子交易(SET)协议,这是迄今为止最为完整、最为权威的电子商务安全保障协议。

## 习题 7

1. 计算机信息安全包括哪几方面? 分别是什么?
2. 计算机信息安全产生的原因是什么?
3. 中国知识产权保护制定了哪些法律?
4. 什么是计算机病毒? 计算机病毒的特点是什么?
5. 计算机病毒有哪几种类型?
6. 计算机病毒是如何传播的? 如何预防计算机病毒的传染?
7. 什么是黑客? 网络黑客攻击方法有哪几种?
8. 什么是防火墙? 防火墙的作用是什么?
9. 网络病毒的来源主要有哪些渠道?
10. 怎样防止来自网络上的安全威胁?

# 参 考 文 献

[1] 段玲,康贤,王俊等. 计算机应用基础[M]. 西安:西安地图出版社,2006.

[2] 徐红云. 大学计算机基础教程[M]. 北京:清华大学出版社,2007.

[3] 卢湘鸿. 计算机应用教程(第5版)[M]. 北京:清华大学出版社,2007.

[4] 陈光华. 计算机组成原理[M]. 北京:机械工业出版社,2006.

[5] 张晨曦,王志英,沈立等. 计算机系统结构教程[M]. 北京:清华大学出版社,2009.

[6] 林福宗. 多媒体技术基础(第3版)[M]. 北京:清华大学出版社,2009.

[7] 潘爱民. 计算机网络(第4版)[M]. 北京:清华大学出版社,2004.

[8] Windows XP 主页. http://windows.microsoft.com/zh-CN/windows/products/ windows-xp.

[9] WPS Office 网站主页. http://www.wps.cn.

[10] 百度百科网站主页. http://baike.baidu.com.

[11] 维基百科网站主页. http://www.wikipedia.org.

[12] FileZilla 计划主页. http://filezilla-project.org.

[13] 万维网联盟网站主页. http://www.w3c.org.